TRAITÉ D'AGRICULTURE

Les formalités exigées par les lois ayant été remplies, tout exemplaire qui ne sera pas revêtu de la griffe de Cʜ. ᴅᴇ Mᴇɪxᴍᴏʀᴏɴ ᴅᴇ Dᴏᴍʙᴀsʟᴇ sera réputé contrefait.

Nancy, imprimerie de veuve Raybois, rue du faub. Stanislas, 5.

OEUVRES POSTHUMES

DE

C.-J.-A. MATHIEU DE DOMBASLE

TRAITÉ

D'AGRICULTURE

PUBLIÉ

Sur le manuscrit de l'auteur

PAR M. DE MEIXMORON DE DOMBASLE

SON PETIT-FILS

TROISIÈME PARTIE

BÉTAIL

PARIS

Mme Vve BOUCHARD-HUZARD | LIBRAIRIE AGRICOLE
rue de l'Eperon, 7 | rue Jacob, 26

MDCCCLXII

PREMIÈRE PARTIE

PREMIÈRE PARTIE

DU BÉTAIL. — GÉNÉRALITÉS

CHAPITRE I

DE L'ÉCONOMIE DES BESTIAUX EN GÉNÉRAL

Il est rare que l'économie du bétail soit entièrement séparée des autres branches de l'économie agricole. Cependant, dans les pays de montagnes où de vastes étendues de terrains ne peuvent être employées utilement que comme pâturages, le bétail forme souvent le principal revenu de la terre, et la culture n'en est qu'un accessoire. Au contraire, dans quelques localités où l'on peut se procurer à bas prix tout l'engrais nécessaire pour la culture des terres, par exemple dans le voisinage des villes populeuses, la culture de la terre peut presque s'affranchir des soins que donne l'économie du bétail. Du moins, la culture n'exige rigoureusement dans ces circonstances que les animaux de trait nécessaires pour l'exécution des travaux. Mais ces circonstances opposées ne sont que des exceptions ; et dans la plupart des localités, on ne

peut tirer du sol tout le profit possible sans associer l'économie du bétail à la culture de la terre; car le bétail est
un instrument indispensable pour produire le fumier, sans
lequel on ne peut obtenir du sol une série de riches récoltes. Ce que je dirai ici des diverses races de bestiaux,
se rapportera spécialement à cette classe d'entreprises
agricoles dans lesquelles l'économie du bétail est réunie à
la culture des terres.

Chaque espèce de bétail peut donner lieu à des spéculations fort diverses; et l'on ne peut pas dire en général
que telle espèce de bétail ou tel genre de spéculation est
plus profitable que les autres, car on comprend bien que
s'il en était ainsi, l'industrie s'y serait livrée de préférence,
et l'équilibre serait rétabli depuis longtemps par l'effet de
la concurrence. On ne pourrait trouver d'exception à cette
règle que pour les spéculations nouvelles, et qui n'ont pas
encore eu le temps de se niveler avec les autres industries
analogues : les mérinos, par exemple, ont offert pendant
une trentaine d'années des bénéfices évidemment supérieurs à ceux de toutes les autres espèces de bestiaux;
mais le niveau ne tarde pas à s'établir dans ce cas, et il
faut bien se garder de se livrer, par un motif semblable,
à toutes les spéculations nouvelles que l'on prône si souvent; car les nouveautés de ce genre qui obtiennent un
succès réel ne forment que de bien rares exceptions, en
comparaison du nombre de celles qui ne font éprouver
que des pertes à ceux qui s'y livrent. Il est donc prudent
de ne tenter qu'avec beaucoup de circonspection, dans
l'économie du bétail, des spéculations dont les résultats ne

sont pas connus par une expérience positive dans les circonstances où l'on veut s'y livrer. Cette circonspection est d'autant plus nécessaire, que les spéculations sur le bétail exigent en général l'avance d'un capital important, et qu'on ne peut guère y obtenir de succès qu'en les suivant longtemps avec persévérance.

Je viens de dire qu'on ne doit pas considérer une spéculation quelconque sur les bestiaux comme plus profitable en général que les autres ; mais il faudrait bien se garder d'en conclure qu'il est indifférent pour chacun d'adopter telle spéculation ou telle autre. Il existe au contraire pour chaque localité, et même pour chaque individu, des circonstances d'après lesquelles une espèce particulière de bestiaux ou un genre de spéculation sur la même espèce présentera de plus grands avantages que les autres. On ne peut donc s'attacher avec trop de soin à reconnaitre ces circonstances. Les considérations qui s'y rapportent sont puisées dans la diversité des terrains ou des modes de culture les plus propres à la production de telle plante fourragère, qui convient mieux à un genre donné de bestiaux ; dans la facilité des débouchés pour les divers produits qu'on peut tirer du bétail ; et aussi dans beaucoup d'autres circonstances. La diversité des aptitudes, des connaissances et des goûts des hommes qui se livrent aux spéculations agricoles peut aussi apporter de grandes différences dans les profits que chacun d'eux trouvera à se livrer à telle spéculation sur le bétail ; et lorsqu'un homme s'est adonné par goût, ou par l'effet de tout autre circonstance, à l'éducation, à l'entretien ou à l'engraissement

d'une espèce particulière d'animaux, il acquiert par l'habitude et l'expérience un tact et des connaissances qui
lui feront trouver du profit dans une spéculation dirigée
vers ce but, dans des conditions où il vaudrait peut-être
mieux pour d'autres se livrer à des spéculations différentes.

CHAPITRE II

DES RACES; DE L'INFLUENCE DES CROISE-MENTS ET DU RÉGIME

Les races diverses d'animaux, dans chaque espèce, sont le résultat de la diversité du régime auquel les individus ont été soumis pendant une longue suite de générations. Sur les pâturages naturels, ou dans les systèmes agricoles qui ne procurent aux animaux guère d'autre nourriture que celle que la terre produit naturellement, les races présentent, dans les diverses localités, des caractères très-tranchés. Elles se distinguent en général par la petitesse de la taille, par des formes sveltes, et par des allures agiles, dans les cantons où la nourriture est peu abondante, comme sur beaucoup de montagnes ou sur des terrains de nature aride. Lorsqu'un sol plus fertile fournit aux animaux une subsistance plus abondante et plus riche, les races prennent une plus haute stature et plus de corps; et dans les lieux bas et humides, les formes deviennent en général pesantes et massives, et les races se distinguent par la douceur, la docilité et une espèce d'indolence. Dans tous les cantons où les prairies artificielles n'ont pas encore été introduites, et où les animaux sont nourris au pâturage pendant une grande partie de l'année, ces divers caractères sont fort remarquables dans le bétail à cornes, de même que dans les chevaux et dans les bêtes à laine. Dans cet état de choses, on comprend facilement que si, dans des vues d'améliorations, on veut introduire dans un canton une race nourrie jusque-là dans un canton plus fertile, au lieu d'atteindre son but on n'éprouvera qu'une prompte dégénération de la race introduite; car elle ne trouvera plus là des aliments nécessaires pour conserver le développement qu'elle avait pris dans des circonstances plus favorables. Il en sera à peu près de même, si l'on veut dans ce cas procéder à l'amélioration par des croisements de la race indigène avec des animaux tirés de contrées plus fertiles; et dans ce dernier cas, la sous-race, qui sera le produit du croisement, ne trouvera pas dans la localité des moyens suffisants pour se soutenir avec les caractères qu'elle devrait naturellement avoir d'après sa double origine. Elle retombera bientôt au niveau de la race indigène, ou même lui sera inférieure.

Dans un état plus avancé de la culture, lorsque l'introduction des prairies artificielles et d'autres aliments produits par l'art a permis de consacrer aux bestiaux une nourriture plus abondante et plus variée, on peut avec plus de succès introduire aussi des races d'animaux qui présentent plus de taille et de développement que ceux de l'ancienne race du pays; mais il faut toujours être en garde dans ce cas contre les inconvénients que l'on rencontre nécessairement, si les animaux des races que l'on introduit exigent une nourriture plus abondante et plus substantielle que celle qu'on peut leur consacrer dans l'état où se trouve la culture; car alors, il y a encore prompte dégénération de l'espèce. Telle est la cause qui a toujours réduit à rien dans la pratique les avantages qu'on se promettait de l'introduction de certaines races étrangères, ou des croisements à l'aide de ces races, toutes les fois que ces opérations ont été tentées sans qu'on ait pris en considération la possibilité de maintenir la race introduite dans tout son développement, d'après l'état actuel de la culture dans la localité.

D'un autre côté, l'introduction des améliorations dans la culture a partout pour effet immédiat un grand accroissement dans la stature de toutes les races de bestiaux; et il suffit que la culture des prairies artificielles ait pris une certaine extension dans un pays, depuis une vingtaine d'années, pour qu'on remarque une amélioration considérable dans la taille du bétail à cornes, des chevaux et des bêtes à laine. Dans beaucoup de localités, les bestiaux trouvaient avant cette époque des pâturages plus ou moins abondants pendant l'été; mais la pénurie à laquelle ils étaient condamnés pendant l'hiver, par le défaut d'un approvisionnement suffisant en fourrage sec, arrêtait la croissance des jeunes animaux; tandis que dès qu'on a pu leur procurer pendant toute l'année une abondante nourriture, ils ont pris un développement qui, s'accroissant de génération en génération, a rendu les races presque méconnaissables. Lorsque la culture des prairies artificielles s'étend encore davantage, et qu'on y joint celle des racines alimentaires, lorsqu'on a pu ainsi substituer, pour le gros bétail, la nourriture en vert au pâturage pendant la belle saison et assurer aux animaux une abondante nourriture pendant l'hiver, les races prennent encore un nouveau développement, en même temps que le nombre des individus de chaque race se multiplie au gré des cultivateurs. Il ne faut pas croire qu'un très-long espace de temps soit nécessaire pour que l'on voie s'opérer ces changements. Si quelque personne voulait reconnaître avec quelle promptitude les races se modifient par l'effet du régime, je l'engagerais à répéter l'expérience suivante. Dans un canton où la race de bétail à cornes est chétive, que l'on prenne une vache de cette race, qu'on l'accouple avec un taureau aussi chétif qu'elle, et qu'on la nourrisse copieusement, mais sans excès, jusqu'au moment du part. Qu'on élève le veau avec soin, en le faisant boire au baquet et en lui donnant une abondante ration de lait. Après le sevrage, qu'on le nourrisse copieusement de fourrage vert pendant l'été, de bon foin et de racines pendant l'hiver. On créera ainsi un animal qui, à l'âge de 1 an, aura vraisemblablement autant de taille que les animaux de la race du pays en acquièrent communément à 3 ans, et qui différera tellement par les formes, de la race originaire, que personne ne soupçonnerait qu'il en a été extrait. Si l'on accouple ensuite entre eux des animaux ainsi élevés, on obtiendra dès la seconde génération une race que l'on pourrait regarder comme entièrement nouvelle, et dont la stature sera vraisemblablement aussi élevée que celle de la race étrangère que l'on aurait pu introduire pour la remplacer. Quant à la production du lait, l'amélioration produite par le changement de régime sera encore bien plus prompte dans les vaches; car il suffit presque partout de nourrir copieusement les individus des races chétives pour en obtenir une quantité de lait égale aux produits que l'on pourrait espérer d'animaux de races très-renommées, sinon pour chaque individu, au moins relativement à la quantité de fourrage consommée.

Ce que je viens de dire des bêtes à cornes est également applicable aux chevaux; et la taille des animaux qui proviennent de races chétives s'accroît avec une merveilleuse facilité par l'application d'une nourriture abondante dans le jeune âge. L'expérience montre aussi que les formes des chevaux se modifient d'une manière à peine croyable par l'effet des divers régimes auxquels on peut soumettre les jeunes animaux, depuis l'époque du sevrage. Cela se reconnaît avec évidence dans les cantons où l'on est dans l'usage d'acheter des poulains nés dans d'autres localités; et l'on y voit que les poulains achetés dans le même canton, et provenant de la même race, prennent ensuite des formes et des propriétés fort diverses, selon les pays dans lesquels ils ont été élevés.

Tout cela est également vrai relativement aux races des bêtes à laine, jusqu'à un certain point, cependant, si l'on ne considère qu'une localité en particulier; parce que ces animaux étant généralement nourris aux pâturages pendant l'été, les changements de régime qui sont l'effet des améliorations de la culture n'affectent leur alimentation que pendant l'hiver, à moins qu'on ne crée aussi des pâturages artificiels pour leur nourriture d'été. En ce qui concerne cette espèce d'animaux, il est nécessaire de faire remarquer ici que la race des mérinos, introduite depuis un peu plus d'un demi-siècle en France et dans d'autres parties du nord de l'Europe, présente des caractères tellement tranchés, que quelques personnes pensent qu'on doit la considérer comme une espèce à part extraite d'un autre type que la race de bêtes à laine qui se trouve répandue dans tout le reste de l'Europe, quoique ces deux espèces puissent engendrer entre elles et produire des individus féconds. En effet, les anciennes races du nord de l'Europe présentent des caractères fort divers, selon le pays qu'elles habitent et le régime auquel elles sont soumises ; mais toutes semblent évidemment dériver d'une souche commune, et les caractères qui les distinguent se conservent seulement à la condition que les animaux continuent à être soumis au même régime sous l'influence duquel la race s'est produite. Les mérinos se sont aussi modifiés dans leur taille et dans leurs formes, selon les divers régimes auxquels ils ont été soumis dans les pays où ils ont été introduits ; mais partout ils ont conservé des caractères tranchés qui les distinguent essentiellement de toutes les autres races. Faut-il croire que cette race forme réellement une espèce à part, d'une origine différente de celle des autres races ? ou doit-on supposer que le temps seul a manqué jusqu'ici, pour que cette race se nivelle avec les autres qui sont soumises au même régime qu'elle ? Il est fort difficile de décider cette question d'une manière positive ; mais la première des deux suppositions que je viens de présenter me paraît la plus vraisemblable.

A côté de l'influence du régime sur la formation des

races d'animaux, nous devons considérer les modifications
que l'on peut faire éprouver à une race par le choix des
individus de la même race que l'on accouple entre eux,
ou par le croisement avec des animaux pris dans d'autres
races. Beaucoup de races de chevaux, de bêtes à cornes,
ou de bêtes à laine, présentent des caractères particuliers
qui sont le produit des soins que l'on a pris de n'employer
à la reproduction que les animaux qui présentaient ces
caractères. Ainsi, dans le bétail à cornes, la race d'un
canton se distingue par la couleur du poil, par l'ampleur
ou la direction des cornes, par la briéveté ou l'absence
totale de celles-ci, ou par d'autres particularités de conformation. Dans les bêtes à laine, telle race est caractérisée
par les jambes ou la face brune, par la disposition ou
l'absence des cornes dans les mâles, etc. Lorsqu'une race
distinguée par quelque caractère particulier présente d'ailleurs des qualités utiles qui la font rechercher, les posses-
seurs attachent souvent beaucoup d'importance à ces caractères, quoique forts insignifiants en eux-mêmes, parce
qu'ils sont un témoignage de la pureté de la race, et on
les perpétue en n'employant à la reproduction que les
animaux qui en sont pourvus.

C'est aussi en accouplant entre eux les animaux qui
présentent certaines particularités réellement utiles, que
l'on a formé beaucoup de races des plus distinguées dans
tous les genres de bestiaux : ainsi, lorsque les éleveurs se
sont attachés particulièrement soit à la finesse, soit à la
longueur de la laine dans les races ovines, soit aux formes
que l'on suppose les plus favorables à l'engraissement des

animaux ou à la force musculaire dans le bétail à cornes,
on a amélioré successivement chaque race, selon le but
que l'on se proposait. En effet, on reconnait par l'observation la moins attentive, que les individus de la même
race diffèrent souvent beaucoup entre eux par diverses
particularités; et lorsqu'on a voulu perpétuer telle particularité dans la conformation du corps ou dans les caractères de la laine, il a suffi de n'employer à la production
que les animaux qui les présentent; et en choisissant constamment parmi les extraits ceux qui offrent cette particularité au degré le plus élevé, on forme des races qui se
distinguent essentiellement de la race originaire. Parmi les
chevaux, c'est par des soins de cette nature que l'on a
formé les races les plus renommées soit par l'élégance de
leurs formes, soit par leur vigueur ou d'autres qualités
utiles. C'est ainsi qu'en supposant un régime donné pour
les bestiaux, les soins de l'homme peuvent encore améliorer les races, non pas en leur donnant plus de taille que
ne comporte le régime, ce qui est impossible, mais en
procurant aux animaux des qualités qui leur donnent plus
de prix ou qui les rendent plus utiles, selon le but auquel
on les destine.

C'est ici que les accouplements judicieux avec des animaux pris dans d'autres races, ou ce qu'on nomme communément les *croisements,* peuvent être d'un grand secours à l'éleveur expérimenté qui se rend bien compte de
l'effet qu'il produira en accouplant ensemble des animaux
de races différentes; mais ces croisements ne doivent jamais
être tentés avec l'intention de produire une race de plus

grande de taille que celle que comporte le régime auquel on peut la soumettre; et comme toute race prend très-promptement cette taille sans aucun croisement, et par la seule amélioration du régime, on peut en conclure que ce n'est jamais dans le but d'accroître la taille, que l'on doit opérer des croisements avec d'autres races. On ne doit le faire, d'ailleurs, qu'avec un but bien déterminé de modifier certaines formes ou certaines particularités de la race qu'on veut améliorer, et ces modifications doivent être toujours dirigées vers un but d'utilité réelle, et non vers des beautés de formes qui n'ont rien que d'idéal et d'arbitraire. Dans l'espèce chevaline, néanmoins, il convient souvent de diriger l'amélioration vers une certaine élégance de formes qui ajoute réellement à la valeur des animaux, par l'effet de la disposition des acheteurs à attacher du prix à certaines formes, qui souvent ne constituent que des beautés de convention. Cette particularité se fonde sur cette circonstance que les chevaux sont un objet de luxe ou d'agrément autant que d'utilité, pour un grand nombre d'acheteurs; et l'on ne pourrait l'appliquer raisonnablement à aucune autre des espèces de bestiaux que produit l'agriculture.

On a beaucoup parlé des immenses succès qu'a obtenus, vers le milieu du siècle dernier, l'Anglais *Bakewell* dans l'amélioration des diverses races de bestiaux; et d'après ce que rapportent les contemporains de cet agriculteur judicieux et éminemment observateur, il avait réellement acquis un tact admirable, qui lui faisait prévoir à l'avance les modifications qu'il apporterait dans les formes des animaux en accouplant telle femelle avec tel mâle de la même race ou de races diverses, d'après les différences de conformation qui existaient entre ces deux individus. Mais il ne faut pas oublier que cet éleveur célèbre travaillait à l'époque même où le système de culture alterne a commencé à se généraliser en Angleterre, c'est-à-dire à l'époque où il pouvait combiner avec l'art des accouplements les immenses ressources que lui offrait un régime alimentaire plus abondant et plus varié. Par la seule force des choses, les races d'animaux ont dû se modifier singulièrement en Angleterre à cette époque, comme cela se voit aujourd'hui en France, dans les cantons où les méthodes de culture alterne s'introduisent. C'est dans cette période de l'éducation des animaux, que l'on remarque les différences individuelles les plus tranchées entre ceux de la même race, d'après l'influence du régime auquel ont été soumis les jeunes animaux ou leurs ascendants; et c'est par conséquent alors que l'éleveur trouve les plus grandes ressources pour choisir les types améliorateurs dont il veut faire usage.

Il ne faut pas croire, en effet, que l'introduction de la culture alterne produira les mêmes effets sur tous les individus d'une race d'animaux : le régime auquel ils seront soumis dans diverses exploitations ou dans divers cantons, variera selon les produits que chacun demande à ses terres; dans un système de culture qui se prête à la production d'un grand nombre de récoltes, et des combinaisons diverses qui en résulteront pour le régime des animaux, il naîtra des différences individuelles que l'homme habile reproduira à volonté par les accouplements et par le régime pour en constituer des races, selon les vues qu'il se propose. A cette période de l'art de la culture, les races d'animaux sont comme une cire molle qui peut recevoir toutes les impressions sous la main d'un praticien observateur et judicieux. C'est seulement à une telle époque, qu'il peut apparaître un *Bakewell*.

C'est surtout sur les races d'animaux destinées à l'engraissement, que cet éleveur a obtenu des succès auxquels il a dû sa célébrité. On sait que dans le bétail à cornes, dans les bêtes à laine et dans les porcs, les races qui doivent leur origine soit à lui, soit à ses imitateurs, se distinguent par certaines formes qui ont entre elles beaucoup d'analogie dans toutes les races ; partout, ce sont des animaux présentant un très-grand volume de corps relativement à la longueur des jambes, un corps arrondi en forme de tonneau, une épine dorsale formant une ligne droite depuis le garrot jusqu'à la naissance de la queue, des os petits relativement au volume des chairs, etc. Ce sont là les caractères auxquels on attribue le plus généralement l'aptitude des animaux à prendre facilement la graisse, et spécialement à pouvoir s'engraisser jeunes. Mais, que l'on essaie de nourrir très-copieusement dès leur jeune âge des animaux des races communes, comme je l'ai dit plus haut, en faisant usage des aliments que fournit la culture alterne, par exemple de la luzerne ou du trèfle vert en été, des racines et de bons fourrages secs en hiver. Qu'on tienne, d'ailleurs, les jeunes animaux dans une situation où ils prennent peu d'exercice, et l'on trouvera qu'ils se rapprochent déjà d'une manière très-remarquable des formes que je viens de décrire ; en sorte que la faculté de prendre la graisse et de s'engraisser jeune est précisément le résultat de l'habitude que contractent les organes, chez les animaux qui ont été constamment maintenus dans un haut état d'embonpoint pendant toute la durée de leur croissance. En faisant choix parmi les animaux élevés ainsi de ceux qui présentent ces caractères au plus haut degré, pour les accoupler entre eux, et en continuant de leur appliquer les mêmes soins de régime, on créera des races qui se rapprocheront toujours davantage de la limite extrême de ces caractères ; limite que l'on ne doit pas dépasser, parce que au delà on tomberait dans le grave inconvénient de créer des animaux qui conserveraient à peine la faculté de se mouvoir. On s'est déjà beaucoup rapproché de cette limite en Angleterre, dans plusieurs races de bêtes à laine ou de porcs dont la conformation et l'organisation ont été tellement modifiées, que ces animaux ne prennent plus que le mouvement nécessaire pour se procurer leur subsistance dans des lieux où elle se trouve placée copieusement autour d'eux et qu'ils pourraient difficilement supporter la fatigue d'un voyage un peu long. Tel est le principal secret de *Bakewell* et des éleveurs anglais, pour la formation des races d'animaux destinées à la boucherie ; et c'est d'après ces principes que l'on doit se diriger pour améliorer sous ce rapport nos races indigènes, ou pour conserver avec leurs caractères celles qui ont des qualités améliorées par ces procédés. Mais on se trompera toujours, lorsqu'on croira atteindre ce but par l'introduction d'une race améliorée ou par des croisements avec des animaux choisis dans cette race, si l'on ne place pas en première ligne les conditions de régime parmi les moyens de conserver l'amélioration.

CHAPITRE III

DE L'INFLUENCE DE LA TAILLE DES MALES ; ET DES EFFETS DE LA CONSANGUINITÉ

———

Lorsqu'on veut améliorer une race chétive d'animaux, rien n'est plus commun que de voir les éleveurs chercher à grandir la race, en choisissant parmi les individus les mâles de la plus grande taille, ou même en faisant venir d'autres cantons, pour le croisement, des mâles de races plus élevées. C'est là la faute la plus grave que l'on puisse commettre dans l'amélioration des races de bestiaux ; et l'expérience montre que toutes les fois que l'on accouple une femelle de petite taille avec un mâle plus grand qu'elle, relativement à la proportion de taille que doivent avoir les individus des deux sexes dans l'espèce, les animaux qui naissent de cette union sont d'une conformation vicieuse, hauts sur jambes, étroits de poitrine et décousus dans tout leur ensemble, de sorte qu'ils ne peuvent en aucune façon former le type d'une race améliorée. La taille du mâle exerce de l'influence sur celle du fœtus ; mais pour que celui-ci puisse se développer librement et produire un animal bien conformé, il faut que *l'utérus* dans lequel il se développe ait une capacité analogue à sa taille ; et lorsqu'un fœtus de grande dimension se trouve resserré dans la capacité étroite de l'utérus d'une petite femelle, il est impossible que sa conformation n'en souffre pas; et l'expérience montre que c'est ordinairement par les défauts que j'ai indiqués plus haut, que se manifeste l'état de gène dans lequel s'est trouvé le fœtus pendant la gestation. En outre, le part est plus laborieux et plus assujetti à des accidents, lorsque le volume du fœtus est ~~ainsi~~ disproportionné avec la taille de la mère.

Lorsqu'au contraire on a employé à la reproduction un mâle de taille relativement plus petite que la femelle, le fœtus se trouve dans les conditions les plus favorables pour son développement, et pour qu'il produise un animal bien conformé. L'animal nouveau-né sera, à la vérité, plus petit que s'il provenait d'un mâle de plus grande taille; mais en supposant qu'on lui consacre, dans son jeune âge, une nourriture assez abondante, il sera d'aussi grande taille lorsqu'il arrivera à l'âge adulte; car c'est du régime auquel sont soumis les jeunes animaux, que dépend principalement la taille qu'ils acquièrent. On connait fort bien ces vérités en Suisse, où l'on a apporté tant d'attention à l'éducation du bétail à cornes; et l'on remarque dans ce pays, que le taureau est généralement le plus petit animal du troupeau. Cette règle forme également un des points fondamentaux de l'art de la propagation des chevaux : on la connait fort bien en Angleterre, et les éleveurs ont coutume de dire, à cette occasion, que c'est dans le sac à avoine qu'il faut chercher la taille du cheval, et non pas dans celle de l'étalon. Dans les bêtes à laine, on a remarqué également que l'on produit des animaux d'une conformation très-vicieuse, lorsqu'on veut grandir une race par l'introduction de béliers pris dans une autre race plus grande.

D'après ce que j'ai dit dans la section précédente, on voit que dans les tentatives de ce genre on commet une double faute. La première est d'accoupler un grand mâle avec une petite femelle; et la seconde est d'introduire dans la race du pays le sang d'une race plus forte que ne le comporte le régime auquel elle est soumise; aussi, les améliorations tentées dans cette direction ont-elles toujours échoué. C'est par l'amélioration du régime qu'il faut d'abord élever la taille et accroître le volume des races indigènes trop chétives; ensuite on cherchera soit dans les animaux qui en proviendront, soit dans quelque race étrangère, des mâles propres à modifier les formes, par des accouplements judicieux, mais en s'astreignant constamment à la règle de ne jamais dépasser pour la taille des mâles que l'on emploie celle des femelles avec lesquelles on les accouple.

Lorsqu'on veut créer une race nouvelle par l'accouplement de deux individus, ou du même mâle avec plusieurs femelles, cette race n'est d'abord qu'une famille; et l'on a agité la question de savoir s'il convient de continuer l'amélioration en choisissant dans la même famille les individus reproducteurs, ce qu'on nomme propager la race *en dedans*, ou en procédant par des croisements avec des individus tirés d'autres familles. On ne doit certes pas proscrire sans réserve des accouplements entre les individus d'une même famille ; mais, quoique quelques personnes aient contesté les inconvénients qui résultent de l'emploi de cette pratique, les faits les révèlent avec tant d'évidence, que les éleveurs ne peuvent se dispenser de prendre en grande considération une vérité qui semble reposer sur les lois que la nature a tracées. Ce qui peut avoir induit en erreur quelques personnes, c'est que, lorsqu'il n'y a pas consanguinité complète, les accouplements se suivent, quelquefois du moins, pendant un certain temps dans une même famille, sans qu'il en résulte d'inconvénients bien sensibles. Mais c'est dans les cas de consanguinité complète, qu'il faut étudier les effets de ces accouplements ; et alors il ne peut exister aucun doute. La consanguinité n'est complète que lorsque les deux individus soumis à l'accouplement sont nés du même père et de la même mère, car alors c'est bien le même sang qui circule dans les veines des deux individus. C'est surtout dans les espèces où les femelles mettent bas plusieurs petits à la fois, que l'on rencontre le plus fréquemment ces accouplements entre des individus complétement consanguins. Ainsi, dans les porcs, les pigeons ou les chiens, il arrive assez souvent qu'un mâle et une femelle nés de la même portée s'accouple ensemble ; et c'est alors que l'on remarque, avec le plus d'évidence, les funestes effets de la consanguinité. Ils se font quelquefois peu sentir dès ce premier accouplement ; mais ils seront déjà très-remarquables, si l'on accouple ensemble soit le frère et la sœur provenant de cette union, soit le père et la mère avec un individu de l'autre sexe, né de leur accouplement. Dans tous ces cas, en effet, la consanguinité reste complète entre tous les individus qui participent à la propagation. Les effets que l'on observe alors sont une dégénération très-remarquable de l'espèce, relativement à la taille, et la diminution de la fécondité chez les femelles, qui ne produisent plus qu'un petit nombre de petits, chétifs au moment de leur naissance et jouissant de peu de vitalité, en sorte que la plupart d'entre eux succombent dans leur jeune âge. Pour les porcs en particulier, j'ai lieu de croire, d'après les observations réitérées que j'ai faites dans ma pratique, que c'est à cette circonstance que l'on doit le défaut de succès de beaucoup de tentatives qui ont été faites pour la propagation des races améliorées, et dans lesquelles on est généralement dans l'usage de faire venir une paire de jeunes porcs, mâle et femelle, provenant ordinairement de la même portée. On forme ainsi une famille que l'on est forcé en quelque sorte de propager en dedans, parce que l'on ne trouve pas d'individus de la même espèce dans la localité; et cette famille s'éteindra au bout de quelques générations, ou l'on se déterminera à l'abandonner comme inféconde. Mais si l'on se procure un mâle pris dans une autre famille de la même espèce, on verra la fécondité reparaître aussitôt chez les femelles; et il en sera de même si l'on croise cette race en accouplant les individus de cette famille avec des animaux de l'ancienne race du pays. Mais dans ce dernier cas, on créera une race de métis, au lieu de la race pure qu'on voulait propager.

Dans les espèces d'animaux dont les femelles ne produisent qu'un petit à la fois, les effets occasionnés par les accouplements consanguins sont beaucoup moins sensibles, parce qu'il est rare que les degrés de parenté soient aussi rapprochés entre les individus que l'on accouple ensemble. Dans la race du cheval, par exemple, il arrivera bien rarement que l'on emploie à la propagation un étalon et une jument provenant du même père et de la même mère; et si l'on accouple un étalon avec une jument qui est sa propre fille, il n'y a encore que demi-consanguinité, puisque cette jument est née d'une mère qui n'était vraisemblablement pas du même sang. Dans cette espèce, on aurait beaucoup de peine à former des accouplements complétement consanguins, quand même on voudrait les produire à dessein. Les races ovines sont à peu près dans le même cas, celles du moins où il ne naît généralement qu'un agneau à chaque portée. En effet, si un bélier a sailli 30 brebis, et qu'on choisisse ensuite parmi les agneaux qui en proviendront un bélier pour faire la monte deux ans plus tard, on conçoit bien que parmi toutes les femelles nées dans la même année ce bélier n'en trouvera pas une qui soit sa sœur de père et de mère; et il ne pourrait en trouver qu'une seule parmi toutes les brebis nées dans chacune des années précédentes, si son propre père a déjà été employé à la monte dans ces années et si sa mère était déjà alors en âge de gestation. Pour toutes les autres, il n'y aura que demi-consanguinité. Les chances de consanguinité complètes ou même d'accouplements à des degrés de parenté très-rapprochés diminuent encore beaucoup dans les troupeaux nombreux où l'on emploie plusieurs béliers à faire la monte chaque année; et cependant les observateurs attentifs ont très-bien remarqué les inconvénients qui résultent des accouplements de ce genre. Dans beaucoup de cantons, on attache une grande importance à introduire chaque année dans les troupeaux de brebis, des mâles tirés d'un autre troupeau ; et partout on ne doit pas manquer de le faire, du moins de temps à autre. Dans la propagation des chevaux et du bétail à cornes, on fera bien aussi d'éviter, dans les accouplements, les degrés de parenté trop rapprochés.

CHAPITRE IV

DE LA NOURRITURE DES BESTIAUX

PREMIÈRE SECTION

Valeur comparative de divers aliments

Dans un état peu avancé de l'art de la culture, c'est au pâturage que les bestiaux prennent la plus grande partie de leur nourriture; souvent même ils ne reçoivent aucun aliment dans les étables pendant une grande partie de l'année. Mais à mesure que les procédés agricoles se perfectionnent, on sent combien il est préférable de nourrir les animaux dans l'intérieur des étables, et en même temps on acquiert les moyens de le faire par la variété des récoltes que l'on y produit. Par cette méthode, une étendue de terre beaucoup moindre suffit pour l'entretien du bétail, et l'on augmente dans une énorme proportion la quantité de fumier que produisent les animaux. En Angleterre, un système différent s'est introduit dans la culture perfectionnée. On tient nuit et jour les bestiaux dans des enclos où l'on a cultivé les plantes qui doivent former leur nourriture; et les animaux ainsi resserrés dans un espace circonscrit, amendent par leurs excréments chaque enclos,

qui doit, dans les années suivantes, produire d'autres espèces de récoltes. Je n'ai pas à m'occuper ici d'examiner
ce système, qui s'est propagé par l'effet de circonstances
locales; je dirai seulement que les agriculteurs les plus
éclairés de cette nation en sentent fort bien les inconvénients, et vantent les avantages de la nourriture à l'étable.

On trouve aussi dans quelques cantons de la France, et
spécialement dans le Charolais et dans quelques parties de
la Normandie, un système particulier de nourriture des
bestiaux, pour l'élève ou l'engraissement, dans des pâtures
closes où les animaux restent la nuit comme le jour, et que
l'on nomme, selon les lieux, *herbage*, *prés d'embouche*, etc.
Ce sont ordinairement des terrains d'une haute fertilité,
quelquefois préparés à cet usage par des moyens fort
dispendieux, mais qui offrent ensuite un produit élevé
avec peu d'embarras et de frais. A une époque où l'on
ne savait pas encore tirer des terres arables tout le produit dont elles sont susceptibles à l'aide des méthodes
perfectionnées de culture, on faisait grand cas de ces her-
bages; mais pour les sols de haute fertilité qui les composent généralement, il est certain qu'avec de bonnes méthodes de culture alterne on peut en tirer un produit net
encore beaucoup plus élevé, et nourrir à l'étable le nombre
de bestiaux qu'ils entretiennent avec une partie seulement
de l'étendue de terre qui leur est aujourd'hui consacrée.
Dans l'état actuel de l'art, si l'on excepte les terrains de
montagnes, et les autres sols qui, par leur nature ou leur
position, ne sont propres qu'à former des pâturages, le mode
d'entretien le plus profitable du bétail est certainement la

nourriture à l'étable. On ne peut pas adopter cette méthode immédiatement dans toutes les localités, car il faut préalablement créer en fourrages artificiels et en racines des moyens de nourrir ainsi les bestiaux; et il faut souvent du temps pour obtenir un tel résultat dans beaucoup de localités. Mais c'est là le but vers lequel on doit tendre dans presque tous les cas où l'on veut améliorer la culture d'une exploitation.

On doit toutefois excepter de cette règle les bêtes à laine, auxquelles l'exercice et le grand air sont à peu près indispensables, et pour lesquelles il convient de créer des pâturages pour la belle saison, lorsqu'on n'en possède pas de naturels. Mais pendant l'hiver, on procure aux animaux de cette espèce, dans les méthodes de culture alterne, des aliments qui leur manquent généralement dans l'ancien système des pâturages, et qui permettent d'entretenir des races plus fortes et d'une plus grande valeur pour les produits en chair et en toisons.

Dans la nourriture à l'étable, il serait fort important de posséder des données exactes sur la valeur nutritive des divers aliments dont on peut nourrir les bestiaux. Quelques savants ont voulu employer l'analyse chimique pour acquérir ces connaissances; mais les résultats que l'on obtient ainsi méritent peu de confiance, d'abord parce que la chimie est encore peu avancée dans la connaissance des divers composés que l'on rencontre dans les végétaux; et ensuite parce que les connaissances que l'on possède sur les moyens par lesquels la nature produit l'alimentation chez les animaux, sont encore bien moins avancés que les connaissances sur la nature chimique des aliments. On peut dire que presque tous les faits qui se rapportent aux principales fonctions des êtres organisés sont encore pour nous un profond mystère, malgré quelques découvertes importantes qui pourront peut-être se rattacher quelque jour à une théorie générale. Jusque-là, on ne peut attendre de la science que des données fort problématiques sur les effets que doivent produire diverses espèces d'aliments. Relativement à quelques-unes des substances que l'on connaît le mieux, l'analyse peut bien nous apprendre dans quelle proportion elles se rencontrent dans un végétal ou dans une de ses parties. Ainsi, on saura que telle racine ou telle graine contient en telle proportion le sucre, la fécule, la fibre végétale, des sels de telle nature. Mais il entre aussi dans la composition des végétaux beaucoup d'autres substances qui sont infiniment moins connues que celles-là, et qu'il est impossible de distinguer entre elles dans l'état actuel de la science. Je citerai en particulier les substances *azotées* qui semblent jouer un rôle si important dans la nutrition des animaux : en effet, le plus grand nombre des substances que l'on rencontre dans les végétaux se composent de trois principes, le *carbone*, l'*oxigène* et l'*hydrogène*; et l'analyse nous montre ces trois principes dans les mêmes proportions, par exemple dans le sucre, la fécule et la fibre végétale, en sorte que nous ne savons pas encore pourquoi l'une de ces substances est à cet état plutôt qu'à un autre. Mais un quatrième principe vient s'unir aux trois que je viens de nommer, dans quelques substances végétales, c'est l'*azote*, et l'on a nommé

azotées ou *animalisées*, les substances végétales dans lesquelles entre ce principe, parce qu'elles se rapprochent
ainsi des substances animales qui sont composées des
mêmes principes. On sait, par exemple, que le *gluten*, qui
forme une des substances constituantes du grain de froment, doit se ranger dans cette classe ainsi que *l'albumine*,
que l'on trouve en particulier dans les racines de betteraves. Mais il existe dans d'autres végétaux des substances azotées qui se rapprochent plus ou moins de l'une
ou de l'autre de ces deux substances, et d'autres qui en diffèrent beaucoup et qu'on n'est pas même sûr d'avoir pu
isoler jusqu'ici pour les soumettre à l'examen. Il en est de
même de beaucoup de substances ternaires ou non azotées, que l'on ne connait encore que très-imparfaitement,
ou dont l'existence est niée par quelques savants, tandis
qu'elle est affirmée par d'autres.

Dans cet état de la science, comment l'analyse chimique
pourrait-elle nous fournir des données positives sur les
propriétés des divers aliments? On peut bien savoir que
tel végétal contient dans telle proportion des substances
solubles dans l'eau froide, dans l'eau bouillante, dans
l'alcool froid ou chaud, etc. Mais quelle est la nature de
ces substances, et surtout quel effet un poids semblable de
chacune d'elle peut y produire comme aliment? c'est là
ce qu'on ignore entièrement. On sait bien, vaguement, que
certaines substances, parmi celles qui sont solubles, sont
plus nutritives à poids égal que d'autres qui jouissent de
la même propriété; mais les rapports de faculté nutritive
sont ignorés même pour celles de ces substances que l'on

connait le mieux; et pour une multitude d'autres, on n'a aucune donnée à cet égard.

C'est donc uniquement par des expériences faites directement sur les animaux, qu'il est possible d'apprécier la faculté nutritive des divers aliments qu'on leur destine le plus communément. Malheureusement, il a été fait jusqu'à ce jour très-peu de recherches expérimentales de cette nature; en sorte que nous sommes forcés de nous contenter, dans le plus grand nombre des cas, de certaines données qui ont été fournies par l'expérience et la pratique des cultivateurs. On sait par exemple, en général, que les fourrages artificiels de la famille des légumineuses à l'état sec, c'est-à-dire le foin de luzerne, de trèfle, de sainfoin, de vesce, etc., est au moins aussi nutritif que le meilleur foin des prairies naturelles. *Thaër* estime même que leur valeur nutritive est un peu supérieure, c'est-à-dire dans le rapport de 110 à 100, et j'ai lieu de croire que son opinion est fondée. Cependant, la valeur des foins naturels varie infiniment dans les divers prés d'où on les tire. Dans les prés bas, fortement arrosés, ou soumis à une forte irrigation, le foin ne possède qu'une propriété nutritive fort inférieure; et il est certaines qualités de foins naturels qui sont si nutritifs, qu'on peut vraisemblablement les regarder comme au moins égaux aux meilleurs fourrages artificiels. Ces foins sont fournis par quelques prairies plus sèches qu'humides, ne contenant que d'excellentes espèces d'herbes fines, et d'un produit généralement peu abondant. Je ne pense pas non plus qu'on doive regarder comme complétement égaux entre eux les divers

foins de plantes légumineuses; et en supposant que toutes
ces plantes aient été coupées dans le moment le plus favorable, c'est-à-dire à l'époque de la pleine floraison et
que la dessiccation ait été parfaitement exécutée, il me
semble incontestable que le foin d'esparcette ou sainfoin
est supérieur à tous les autres pour la faculté nutritive. On
ne pourrait attribuer une valeur plus élevée qu'à la
lentille coupée et desséchée à l'époque de la floraison;
mais il est bien rare qu'on emploie cette plante à produire du foin, parce que ce produit est fort peu abondant. La luzerne sèche devrait, je pense, être placée
immédiatement après l'esparcette; et le trèfle, auquel on
peut assimiler le foin des vesces, viendrait ensuite. Quant
au foin obtenu de certaines espèces de graminées cultivées
isolément, comme le *raygrass*, le *fromental*, le *timothy-
grass*, etc., je pense qu'il doit être considéré comme inférieur en faculté nutritive à celui des plantes légumineuses
dont j'ai parlé, et même des bons foins de prairies naturelles.

Toutes les parties des plantes herbacées ne sont pas
également nutritives aux diverses époques de leur croissance. Avant l'époque de la fructification, les principes
nutritifs sont répandus dans toutes les parties des tiges
et des feuilles; mais à mesure que les semences se forment, ces principes s'y accumulent, et les autres parties
de la plante perdent beaucoup de leurs propriétés nourrissantes pour les bestiaux. C'est pour cela que la paille
des céréales, et les tiges des plantes légumineuses dont
on a récolté les graines, sont beaucoup moins nourris-

santes que les mêmes plantes fauchées à l'époque de la floraison. On ne connaît pas exactement le rapport de la valeur nutritive des diverses espèces de paille, comparée à celle du foin. Cependant, sans avoir égard à quelque différence qui existe certainement sous ce rapport entre les pailles des diverses espèces de céréales, on peut admettre sans erreur grave que celles que les bestiaux mangent volontiers, comme les pailles de froment, d'avoine et d'orge, possèdent une valeur nutritive approximativement égale à la moitié de celle du bon foin. Mais les forces de la végétation qui portent les principes nutritifs vers les semences à l'époque de leur formation ne les y accumulent pas tellement, que les parties qui avoisinent immédiatement les graines n'en conservent pas une proportion beaucoup plus considérable, relativement à leur poids, que les autres parties du végétal. Ainsi, les balles du froment sont beaucoup plus nutritives que la paille; et il est vraisemblable que ces balles, que l'on connaît dans les fermes sous le nom de menue-paille, ont une valeur à peu près égale à celle du foin à poids égal. Les siliques du colza et de la navette, que l'on obtient en grande abondance au moment du battage de ces grains, forment aussi une bonne nourriture pour les bestiaux, et les moutons en particulier les mangent très-volontiers sans aucune préparation. D'après mes expériences, j'ai lieu de croire qu'on peut leur attribuer une valeur nutritive approximativement égale à celle du foin, quoique les tiges de colza et de navette, d'où ces siliques ont été extraites, ne présentent qu'un aliment que dédaignent tous les bestiaux. Les plantes herbacées coupées avant l'époque de la floraison, ainsi que cela a lieu pour les regains des prairies naturelles, possèdent une valeur nutritive supérieure à celle du foin des mêmes prairies, comme on le reconnait fort bien lorsqu'on donne du regain aux vaches laitières, aux brebis nourrices, aux bœufs ou aux moutons à l'engrais. Mais le fourrage en cet état convient moins aux chevaux, par quelque cause encore peu connue.

On a souvent cherché à savoir quel est le rapport de facultés nutritives entre les fourrages secs et les mêmes récoltes consommées en vert au ratelier. Il est entièrement impossible de résoudre cette question d'une manière générale ; car la faculté nutritive des fourrages verts varie selon beaucoup de circonstances, mais surtout selon l'état plus ou moins avancé de la végétation, et selon l'état de sécheresse ou d'humidité du sol et de l'atmosphère. Je prendrai la luzerne pour exemple ; mais ce que je vais en dire pourra s'appliquer également aux autres fourrages. Si l'on fauche une luzerne encore fort jeune, c'est-à-dire lorsque sa hauteur n'est que de 12 à 15 pouces (33 à 40 centimètres), la plante est fort aqueuse en cet état, et se réduirait peut-être au sixième de son poids si on la faisait sécher pour la convertir en foin, surtout si la saison est humide. Plus tard lorsque les plantes sont en pleine floraison, la diminution sera moindre, et la plante verte pourra se réduire par la dessiccation, au cinquième ou au quart de son poids. La diminution sera encore moins considérable dans un état plus avancé de la fructification. Mais, dans toutes ces périodes, la diminution sera d'autant moins considérable que le sol et l'atmosphère sont plus secs ; car les plantes contiennent alors moins d'eau de végétation. Une forte pluie qui tombera après une longue sécheresse, pourra accroître dans une proportion très-considérable le poids des plantes vertes contenues par un espace donné de terrain ; tandis que si l'on fauche ces plantes immédiatement après la pluie, pour les convertir en foin, elles n'en produiront presque pas davantage que si elles eussent été coupées avant d'avoir reçu ce surcroît d'humidité.

On peut juger facilement, d'après cela, qu'il est impossible d'établir un rapport constant, relativement à la faculté nutritive, entre les plantes consommées en vert et le foin qui aurait été le résultat de leur dessiccation. On ne pourrait donc rationner au poids les animaux qu'on nourrit de fourrages verts, quand même on pourrait obtenir toujours les plantes exemptes d'eau adhérente à la surface de leurs feuilles, ce qui n'est pas possible dans la pratique ; et cette eau augmente souvent beaucoup le poids du fourrage vert. On ne peut apprécier la valeur réelle du fourrage consommé par les animaux nourris ainsi, qu'en leur en distribuant à discrétion, mais sans dilapidation, et en considérant la quantité de foin sec qu'il eût fallu distribuer aux animaux pour remplacer ce fourrage vert. Ainsi, si l'on sait qu'une ration journalière de 10 kilogrammes de foin, outre celle de grains, est nécessaire par cheval, on considérera la quantité de fourrages verts, de quelque espèce que ce soit que chaque cheval consommera, comme formant l'équivalent de 10 kilogrammes de foin. Mais, dans la comptabilité, il conviendra d'assigner une valeur moins élevée à la ration de fourrages verts qu'à celle de foin ; d'abord parce que les fourrages consommés verts sont exempts des frais et des chances de dessiccation, et ensuite parce que les animaux, pour être également bien nourris, ne consomment pas en fourrage vert la quantité qui eût été nécessaire pour former par la dessiccation la quantité qu'elle remplace dans la ration. En effet, quoique tout nous porte à croire que le fourrage, en se desséchant, ne perd réellement que de l'eau, il est certain que diverses substances, qui tournent au profit de l'alimentation dans le fourrage vert, échappent aux forces de la digestion, lorsqu'elles ont été durcies et comme raccornies par l'effet de la dessiccation. Il serait fort difficile de déterminer avec exactitude l'étendue de cette diminution des propriétés alimentaires des plantes herbacées par leur conversion en foin ; et cette étendue doit varier selon diverses circonstances. On ne pourrait guère mieux apprécier rigoureusement le chiffre auquel on doit porter l'accroissement de valeur qu'on doit attribuer au foin récolté en bon état pour compenser les frais et les chances souvent fâcheuses de la dessiccation. Il faut bien ici, dans une comptabilité régulière, adopter une base dans laquelle il reste toujours quelque chose d'arbitraire. Je pense toutefois qu'il est raisonnable de n'évaluer la ration de fourrages verts qui remplace une quantité donnée de foin, qu'aux deux tiers de la valeur que l'on attribue à ce foin dans la comptabilité.

Les grains possèdent en général une valeur nutritive

beaucoup supérieure à celle du foin. Si on calculait cette valeur à la mesure, elle varierait infiniment entre les diverses espèces de grains ; mais si on la compte au poids, ces différences sont beaucoup moins fortes ; et si l'on note avec attention les résultats des observations que nous fournit la pratique, on trouvera que les diverses quantités de grains prises à la mesure que l'on emploie pour produire un effet semblable, correspondent à peu près au même poids. Il m'a paru cependant que les pois et les vesces en particulier possèdent, à poids égal, une valeur nutritive supérieure à celle des grains que l'on applique le plus communément à la nourriture des bestiaux, c'est-à-dire l'orge, le sarrasin et l'avoine. Pour cette dernière, elle présente certainement parmi tous les grains celui qui possède la moindre valeur nutritive, non-seulement à mesure égale, mais même à égalité de poids ; et l'on en trouve la cause dans la grande proportion de son poids qui est formé par les enveloppes, lesquelles sont beaucoup moins nourrissantes que l'amande ou le grain proprement dit. Cette proportion varie beaucoup selon les diverses qualités d'avoine : d'après des expériences où les enveloppes et les amandes d'avoine ont été séparées avec soin et pesées à part, j'ai trouvé que dans les bonnes qualités de ce grain les balles forment environ un quart du poids total, et la proportion monte au tiers dans des avoines de qualité moindre quoique encore fort bonnes. Dans des avoines de qualité inférieure, c'est-à-dire légères à la mesure, le poids de l'amande n'est souvent que de la moitié du poids total du grain, le reste étant formé par les balles.

D'après mes expériences, l'orge de bonne qualité possède, à poids égal, une valeur nutritive un peu plus que double de celle du foin, et 47 kilogrammes d'orge représentent à cet égard 100 kilogrammes de foin. Pour les pois, j'évaluerais cette proportion à 40 environ, mais d'après des données qui n'ont pas la même précision que celles qui m'ont conduit au résultat relatif à l'orge. Il est vraisemblable que le froment pourrait être assimilé aux pois. Le seigle, les féveroles et le maïs doivent posséder des valeurs nutritives intermédiaires entre celles des pois et de l'orge. Celle du sarrasin doit être un peu inférieure à celle de ce dernier grain, et l'avoine doit vraisemblablement être placée la dernière dans cette échelle. Toutefois, pour la nourriture des chevaux, ce grain possède, probablement dans quelque principe résidant dans ses enveloppes ou balles, une propriété stimulante qui compense jusqu'à un certain point l'infériorité qu'offre l'avoine, sous le rapport de la faculté nutritive. Cette observation se rapporte principalement aux chevaux dont le service exige une marche très-accélérée ; car pour les chevaux de trait, les autres grains peuvent remplacer l'avoine avec un grand profit dans beaucoup de cas. D'après ce que je viens de dire sur la valeur comparée des divers grains selon leur poids, on pourra facilement déduire la valeur de chacun d'eux à la mesure, par la comparaison du poids de l'hectolitre pour chaque espèce de grains. En calculant ainsi, on trouvera qu'il y a, dans beaucoup de circonstances, un profit réel à consacrer à la nourriture des animaux des espèces de grains qu'on ne leur donne pas communément.

Les tourteaux de plantes oléagineuses se rapportent aussi à la catégorie des grains; mais comme on en a extrait l'huile, qui paraît former un de leurs principes les plus nutritifs, ils ont moins de valeur à poids égal que les grains entiers. J'ai trouvé, par des expériences directes, que 57 kilogrammes de tourteaux de lin sont égaux à 100 kilogrammes de foin pour la propriété nutritive. Les tourteaux de *colza* et de *navette* n'ont vraisemblablement qu'une valeur inférieure à celle-là; d'ailleurs, les propriétés âcres qu'ils possèdent ne permettent pas de les faire consommer en grande proportion par les animaux. Cependant, distribués en petite quantité, ils contribuent efficacement à l'engraissement du bétail à cornes et des moutons. Les tourteaux de *cameline* sont rebutés par tous les animaux. Je manque de données expérimentales sur l'emploi des tourteaux d'*œillette* et de *noix;* mais il est vraisemblable qu'ils doivent être peu inférieurs à ceux de lin. Les *faînes* produisent des tourteaux très-grossiers et remplis des enveloppes ligneuses de ce fruit, qui les composent en grande proportion. Cependant, les bêtes à cornes et les moutons les mangent volontiers, et n'en éprouvent aucun inconvénient, lorsqu'on n'en forme que le tiers ou le quart de la ration journalière. Leur propriété nutritive paraît un peu supérieure à celle du foin, à poids égal. Tous les tourteaux doivent être consommés frais, parce qu'ils s'altèrent promptement s'ils ne sont pas logés dans un lieu très-sec, et cette altération se manifeste par la moisissure à la surface. Les tourteaux de colza et de navette sont ceux qui peuvent le mieux se conserver.

Le son de froment n'est pas apprécié à toute sa valeur par quelques personnes comme aliment du bétail. Sans doute, le son a d'autant plus de valeur, qu'il est mêlé à plus de débris de farine; mais en supposant même une mouture très-parfaite et le son réduit presque uniquement à la pellicule du grain de froment, comme il se rencontre dans le commerce, ses propriétés nutritives sont encore beaucoup supérieures, à poids égal, à celles du meilleur foin. D'après quelques expériences que j'ai faites sur du bétail à cornes, 60 à 70 kilogrammes de son équivaudraient à 100 kilogrammes de foin.

Quant aux racines, la valeur nutritive de plusieurs d'entre elles est assez bien connue aujourd'hui. D'après des expériences que j'ai lieu de croire fort exactes, j'ai trouvé que 100 kilogrammes de foin sont représentés pour la valeur nutritive par les quantités suivantes :

Pommes de terre de très-bonne qualité 187 kilogrammes.
Betteraves blanches de Silésie........ 220 —
Betteraves champêtres.............. 261 —
Carottes......................... 307 —

Les pommes de terre de bonne qualité surpassent donc un peu en propriétés nutritives la moitié de leur poids de foin; mais il est des variétés très-aqueuses de ce tubercule qui seraient bien loin d'avoir cette valeur, et qui ne dépasseraient certainement pas celle des betteraves champêtres. Je n'ai pu soumettre à mes expériences ni les navets et rutabagas, ni les panais, ni les topinambours; mais d'après l'opinion générale des cultivateurs, les navets sont beaucoup moins nutritifs, à poids égal, que les betteraves

champêtres, et les rutabagas s'en rapprochent vraisemblablement beaucoup. On considère les panais comme à peu
près égaux aux carottes ; mais j'ai lieu de croire qu'ils leur
sont supérieurs. Quant aux topinambours, leur valeur nutritive est fort peu élevée. Il en est de même des feuilles de
choux, dont on estime qu'il faut environ 600 kilogrammes
pour former l'équivalent de 100 kilogrammes de foin.

Il serait fort difficile d'assigner une valeur déterminée
aux résidus des brasseries, des distilleries de grains ou de
pommes de terre, et des amidonneries. Ces résidus offrent
toutefois une ressource fort importante pour la nourriture
des bestiaux, dans le voisinage des fabriques de ce genre.
Ceux des brasseries se nomment *drèche* et se composent
des grains de malte concassés et épuisés, par le lavage, de
la plus grande partie de la fécule que contenait l'orge, et
qui a été convertie en matière sucrée soluble, par les procédés du brasseur. La drèche est cependant encore fort
nourrissante, et convient spécialement à l'engraissement
du bétail et à la nourriture des vaches laitières. Elle
s'altère promptement; mais on peut la conserver, en la
mettant à l'abri du contact de l'air par le tassement dans
des tonneaux ou des citernes. Les résidus de distillerie de
grains et de pommes de terre se présentent sous forme
liquide ou demi-pâteuse. Les substances employées ont
perdu une grande proportion de leur matière nutritive par
la conversion d'une forte partie de la fécule en alcool, et
cette proportion peut varier beaucoup selon que la production d'esprit a été plus ou moins considérable, ou selon
qu'on a ajouté une plus ou moins grande quantité de

grains aux pommes de terre ; mais je pense qu'on ne
retrouve guère en général dans ces résidus plus du quart
ou du tiers des substances nutritives contenues dans les
matières employées. Comme la fermentation acide accompagne toujours la fermentation vineuse dans ces opérations, les résidus de distillerie sont fort agréables au
bétail à cause de leur saveur acidulée. Ils en consomment
une grande quantité, et un bœuf de grande taille boit fort
bien un hectolitre de résidu de distillerie par jour. Les
résidus d'amidonnerie forment une pâte épaisse acidulée et
très-nutritive, parce qu'elle se compose, pour la plus
grande partie, de la matière glutineuse du froment dont
on a extrait l'amidon. C'est surtout pour l'engraissement
du bétail que ces résidus conviennent, ainsi que ceux de
distillerie.

DEUXIÈME SECTION

Préparation et distribution des aliments

On a beaucoup préconisé, et peut-être outre mesure, la
méthode qui consiste à découper ou hacher les fourrages,
au lieu de les présenter entiers aux bestiaux. Cette méthode toutefois présente des avantage réels dans beaucoup
de cas : toutes les fois qu'on veut mêler ensemble plusieurs espèces d'aliments, le mélange ne peut s'opérer
parfaitement qu'en hachant les fourrages qu'on y emploie :
et si l'on se contente, comme on le fait communément,

de mélanger à la fourche du foin sec avec des fourrages verts ou avec de la paille, les animaux sauront bien démêler l'espèce qu'ils appètent le plus, et laisseront perdre au moins une bonne partie de la substance qu'on avait voulu les forcer à consommer par ce procédé. Les mélanges de ce genre sont fort importants dans beaucoup de circonstances : par exemple il importe de ne pas passer brusquement de la nourriture sèche à la nourriture verte, dans le régime du bétail à cornes et des chevaux. Ainsi, on commencera par supprimer pendant une huitaine de jours un quart de la ration de foin, pour le remplacer par de la luzerne ou d'autres fourrages verts. Pendant une seconde semaine, le remplacement aura lieu pour moitié de la ration, et pendant une semaine encore pour les trois quarts. Ce n'est qu'à l'aide de cette précaution que l'on peut éviter de graves accidents, dans la transition d'un régime à un autre. Mais cette précaution n'est efficace qu'autant qu'on hache les deux espèces de fourrages dont on veut opérer le mélange. Il en est de même lorsque, par motif d'économie ou par tout autre, on veut faire consommer aux animaux une proportion un peu considérable de paille. En hachant cette dernière et en la mêlant avec du foin également haché, on règle à volonté la proportion dans laquelle les bestiaux consomment ces deux aliments.

Les fourrages hachés se distribuent dans des crèches, qui doivent être à cet effet larges et profondes ; et l'on évite ainsi l'inconvénient fort grave qu'offre la distribution des fourrages dans les rateliers, où il s'en perd toujours une quantité assez considérable, si l'on ne met pas un soin minutieux à ramasser les brins de fourrage que les animaux font tomber sous leurs pieds. C'est sur cette circonstance que se fonde le fait observé par beaucoup de personnes, savoir que le bétail peut s'entretenir aussi bien avec une quantité moindre de fourrages, lorsqu'on le lui présente haché.

Il est de même fort utile de faire égruger ou moudre grossièrement les grains que l'on fait consommer aux animaux. L'expérience démontre, en effet, que lorsqu'on leur donne les grains entiers, beaucoup de ces derniers échappent à la mastication, et passent dans les excréments sans avoir été digérés en aucune façon, puisqu'ils conservent encore la propriété de germer. Tous les grains qui se retrouvent ainsi entiers dans les excréments des animaux, sont perdus pour la nutrition ; et ils se trouvent souvent en proportion considérable, surtout lorsque le bétail est nourri de fourrages verts. On pourrait croire que cet inconvénient n'est pas à craindre dans la nutrition du bétail à cornes, à cause de la faculté qu'il possède de ruminer ; mais il se présente pour ces animaux de même que pour les chevaux. On observe même ce fait chez les porcs, surtout lorsqu'ils mangent du seigle non moulu. C'est pour éviter cet inconvénient qu'il convient d'égruger l'avoine et les autres grains que l'on fait consommer par le bétail de toute espèce. Le grain égrugé se mêle mieux aussi à la paille hachée ou aux balles de grains, mélange qui est fort utile lorsqu'on fait consommer aux chevaux des grains très-nutritifs sous un petit volume, comme les féveroles, les pois, le maïs, etc.

Cette opération peut se faire dans les moulins ordinaires, en se dispensant de soumettre au blutage la farine grossière qui sort des meules. On peut l'exécuter aussi à l'aide d'une machine composée de deux cylindres en fonte semblables à ceux dont on fait usage pour écraser les graines dans la fabrication de l'huile. Ces cylindres unis écrasent fort bien l'avoine et l'orge ; mais pour le sarrasin, le maïs et les féveroles, il est nécessaire que les cylindres reçoivent de légères cannelures à leur surface, afin que les grains s'engagent mieux entre eux. Un cylindre alimentaire en bois, du même diamètre que les deux premiers, et placé au-dessus d'eux, ferme le fonds de la trémie dans laquelle on verse le grain qu'on veut égruger ; et ce dernier cylinlindre présente à sa surface des cavités dont chacune peut contenir quelques graines ; en sorte que, dans sa rotation, il alimente les deux cylindres écraseurs. Cette machine est fort commode pour l'usage des exploitations rurales ; et dans la Grande-Bretagne, on la trouve dans beaucoup de fermes. Elle peut à la rigueur fonctionner à bras ; cependant il vaut mieux la faire mouvoir par un cheval attelé à un manége qui peut écraser environ deux hectolitres de grains par heure. Les grains, en sortant de cette machine, ne sont pas réduits en farine, mais seulement aplatis et écrasés, ce qui suffit pour que les forces digestives de l'estomac des animaux exercent leur action sur la substance intérieure du grain.

Parmi les diverses racines dont on nourrit le bétail, on ne trouve que la pomme de terre pour laquelle la cuisson soit réellement utile ; et encore c'est seulement pour le cas où cette racine doit entrer pour une grande proportion dans la nourriture des animaux. Il ne paraît pas, en effet, que la cuisson accroisse beaucoup la propriété nutritive des pommes de terre; mais on peut sans inconvénient en faire consommer sous cette forme des quantités presque indéfinies; tandis que si la pomme de terre est crue, elle ne peut entrer dans la ration des animaux pour une proportion un peu considérable, sans qu'il en résulte un dérangement de santé qui se manifeste communément par des déjections alvines très-liquides, et présentant une odeur particulière. Les animaux peuvent néanmoins s'accoutumer jusqu'à un certain point à supporter sans inconvénient d'assez fortes rations de pommes de terre crues; mais pour des vaches qui n'y sont pas habituées par un régime prolongé pendant fort longtemps, on commence souvent à observer les effets nuisibles des pommes de terre crues, lorsqu'on leur en fait consommer 4 ou 5 kilogrammes par jour, c'est-à-dire environ le quart de la ration totale. Quant aux betteraves et aux carottes, il n'y a aucun motif raisonnable de les soumettre à la cuisson; car le bétail à cornes et les moutons les mangent aussi volontiers crues que cuites, et l'on peut donner ces racines en toute proportion sans aucun inconvénient. Il n'y a d'ailleurs aucune bonne raison de croire que la cuisson puisse accroitre d'une manière appréciable la propriété nutritive de ces racines. On se contente donc de les découper, afin que les bestiaux puissent les consommer plus commodément. Cette opération s'exécute à l'aide de couperacines de diverses formes, et pour le service des bergeries, comme il est bon que les racines soient découpées en très-petits fragments, on fait quelquefois usage d'un couteau en forme d'S fixé à un manche en bois, et à l'aide duquel on divise les racines placées dans une auge. Il est nécessaire de diviser également les pommes de terre que l'on donne crues aux bêtes à cornes ou aux moutons, parce qu'autrement il arrive souvent qu'une pomme de terre s'introduisant entière dans le gosier donne lieu à de graves accidents. Néanmoins les porcs mangent des racines de tous genres beaucoup plus volontiers cuites que crues; il convient donc d'en opérer la cuisson lorsqu'on veut les leur faire consommer en proportion un peu considérable, comme cela doit avoir lieu pour l'engraissement.

C'est par l'intermédiaire de la vapeur de l'eau, que la cuisson des pommes de terre s'opère avec le plus de facilité. Il ne faut pas croire toutefois qu'on puisse cuire les pommes de terre par ce moyen à l'aide d'une moindre quantité de combustible, comme le supposent quelques personnes. La vapeur n'est ici qu'un moyen de transmettre la chaleur produite par le foyer dans la masse des racines, que je suppose placées dans un tonneau ou tout autre vase séparé de la chaudière dans laquelle on tient l'eau en ébullition; car la vapeur ne produit par elle-même aucune chaleur : elle ne fait que transmettre aux corps avec lesquels elle se trouve en contact au moment de sa condensation la chaleur qu'elle avait absorbée à l'instant où l'eau s'est convertie en vapeur. Cependant, comme on peut, par cette méthode, opérer la cuisson d'une assez grande masse de pommes de terre à l'aide d'une chaudière de petite dimension, elle est économique pour la construction de l'appareil et fort commode dans son emploi. D'ailleurs si l'on veut faire plusieurs cuites successives, cette méthode présente réellement de l'économie pour le combustible, parce que l'eau chauffée à l'ébullition par cette opération reste dans la chaudière et perd peu de sa chaleur, pendant qu'on vide le tonneau pour l'emplir de nouvelles pommes de terre. Lorsque la consommation est un peu considérable, il vaut encore bien mieux par ce motif établir près de la chaudière deux tonneaux dans lesquels on opère successivement la cuisson ; en sorte qu'on tire de l'un les pommes de terre cuites et qu'on l'emplit de nouveau, pendant qu'on opère la cuisson dans l'autre. De cette manière il n'y a pas de chaleur perdue, parce que l'eau contenue dans la chaudière ainsi que le massif de maçonnerie qui enveloppe cette dernière ne se refroidissent pas, ou du moins ne se refroidissent qu'une fois lorsque toutes les opérations sont terminées.

La chaudière que l'on emploie à cet usage doit être couverte à peu près comme celle des alambics. Un tuyau de 6 ou 8 centimètres (2 ou 3 pouces) de diamètre partant de la surface supérieure de la chaudière, conduit la vapeur sous un faux fonds placé dans le tonneau à 8 centimètres (3 pouces) au-dessus du fonds, en sorte que la vapeur se répand dans cet espace vide, et pénètre dans la masse des pommes de terre à travers les ouvertures pratiquées dans le faux fonds. Ces ouvertures doivent être nombreuses, de forme allongée, afin que les pommes de terre ne les obstruent pas, et plus larges par le bas qu'en dessus, afin que les débris de pomme de terre qui s'y insinuent, ne s'y arrêtent pas. Le tonneau placé debout est ouvert par le haut; et l'on ménage dans la partie inférieure, au point de son pourtour le plus commode pour le service, une portière de 15 à 17 centimètres (6 à 7 pouces) de largeur, sur un peu plus de hauteur, pour l'extraction des pommes de terre cuites. Une chaudière de 67 centimètres (2 pieds) de diamètre suffit parfaitement pour faire cuire avec promptitude 5 à 6 hectolitres de pommes de terre dans un tonneau; et on peut l'accompagner de deux tonneaux de cette contenance, au moyen de deux tuyaux partant de sa surface supérieure. Les tuyaux doivent, dans cette combinaison, être munis de robinets, afin que l'on puisse intercepter la communication de la vapeur avec le tonneau dont la cuisson est terminée; mais lorsqu'on n'a qu'un tonneau l'emploi du robinet est inutile. Le liquide qui se condense dans les tonneaux de cuisson doit s'évacuer par un tuyau adapté à un trou pratiqué dans le fonds du tonneau; car ce liquide contient des principes fétides et nuisibles. Afin d'éviter que la vapeur ne sorte par ce tuyau, on le recourbe sur lui-même en forme de siphon de 6 ou 8 centimètres (2 ou 3 pouces) de hauteur, en sorte que les deux branches du siphon qui sont placées au-dessous du niveau de l'orifice extérieur du tuyau restent constamment remplies de liquide.

La cuisson comme préparation des aliments est utile aux fourrages secs, aussi bien qu'aux pommes de terre mais par un motif différent; car la dessiccation ayant en quelque sorte raccorni les substances nutritives contenues dans le foin ou dans les autres fourrages du même genre, la cuisson sert à les détremper et à les rendre plus accessibles aux forces digestives des animaux. C'est sur ce fait que se fonde l'utilité de la conversion des aliments secs en *soupes*, comme on le pratique en Flandre et dans plusieurs autres cantons où l'on apporte beaucoup de soin à l'entretien du bétail. On peut soumettre à la cuisson les fourrages hachés, en les faisant bouillir dans des chaudières avec de l'eau ; mais il est beaucoup plus commode et plus économique de se contenter de verser de l'eau bouillante dans des cuviers, sur les fourrages hachés. En couvrant avec soin le cuvier et en laissant le tout en macération pendant 12 ou 24 heures, le foin se ramollit fort bien et il n'est pas vraisemblable qu'il soit sensiblement moins nutritif après cette préparation que lorsqu'il a bouilli dans l'eau. On pourrait aussi opérer cette macération à la vapeur, en emplissant de fourrages préalablement humectés le tonneau dans lequel on fait cuire les pommes de terre ; mais il vaut mieux dans ce cas que le fourrage ne soit pas haché, parce qu'il se tasse moins et que la vapeur s'introduit mieux dans la masse. Du foin haché et humecté convient parfaitement bien, au contraire, pour en former une couche de 5 à 6 centimètres d'épaisseur (quelques pouces) au-dessus de la masse de pommes de terre que l'on soumet à la cuisson : cette couverture retient la vapeur dans la masse et accélère l'opération. Lorsqu'on n'emploie pas une couverture de ce genre, on la remplace par un vieux linge humecté, ou par quelque autre chose d'analogue.

On écrase les pommes de terre cuites et encore chaudes dans une cuve, et l'on peut y mêler alors les fourrages secs préalablement convertis en soupes. On y mêle également le grain réduit en farine ou égrugé, lorsqu'on veut en donner aux animaux. Pour les porcs, et même pour les bœufs à l'engrais, il est fort utile de faire aigrir cette pâtée, parce que les animaux en sont alors plus avides et en consomment davantage. A cet effet, on fait cuire des pommes de terre à la fois pour une huitaine de jours, on les écrase encore chaudes en y mêlant de la farine, ainsi qu'une portion de la cuve précédente qu'on a dû conserver afin de servir de levain. La masse s'aigrit ainsi fort promptement; on la délaie avec de l'eau en consistance convenable, au moment où on la distribue aux animaux.

Pour les animaux de tous genres, il est fort important de distribuer la nourriture avec régularité ; mais pour le bétail à l'engrais en particulier, on doit s'astreindre à des heures parfaitement fixes, et que les animaux connaissent bientôt aussi bien que ceux qui leur distribuent la nourriture. Dans la distribution des fourrages verts, cette précaution offre une importance particulière, parce que la plupart des accidents de météorisation sont dus à la négligence par laquelle on avait laissé attendre aux animaux leur repas au delà de l'heure accoutumée. L'avidité avec laquelle ils dévorent alors le trèfle ou la luzerne ne peut guère manquer d'avoir des suites fâcheuses. Par le même motif, on ne doit jamais donner en une seule fois tout le repas en fourrage vert, même en supposant que les animaux n'ont que leur appétit accoutumé. On commencera donc par leur distribuer un tiers ou un quart de la ration. Lorsque cette portion est mangée, on leur en distribue encore à peu près autant; et l'on continue ainsi, en ayant soin de proportionner la quantité des dernières portions à l'appétit qu'on reconnait encore aux animaux. En faisant ainsi durer le repas pendant une heure et demie ou deux heures, le fourrage est mis mieux à profit, parce que les animaux n'en gàtent pas; et rien n'est plus rare que les accidents de météorisation avec ce régime, bien qu'on laisse consommer aux animaux du trèfle et de la luzerne entièrement à leur discrétion. La même règle doit s'observer pour le bétail à l'engrais, en composant chaque portion du repas d'une espèce particulière d'aliments, car les animaux en consomment davantage à l'aide de la variété, et on conserve pour la fin du repas, ceux dont ils sont le plus avides. Dans la distribution des fourrages secs aux bœufs de trait et aux chevaux, la précaution de fractionner les repas est aussi fort utile, quoique d'une moins haute importance que dans les cas que je viens de citer.

On a fréquemment recommandé d'éviter de donner aux animaux les fourrages verts mouillés de pluie ou de rosée, parce qu'on a supposé que certaines plantes dans cet état présentent plus de dangers pour la météorisation. Une telle précaution serait d'une exécution entièrement impossible dans la pratique; car dans certaines saisons pluvieuses, les plantes que l'on fauche sont presque toujours mouillées. Mais cette opinion n'a d'ailleurs aucun fondement; et le trèfle et la luzerne fauchées humides n'occasionnent pas plus d'accidents de météorisation que lorsque ces plantes ont été coupées après qu'elles ont été ressuyées. Les bergers savent bien que, au contraire, c'est dans les temps secs que l'on a le plus à craindre la météorisation pour les troupeaux qui vivent au pâturage sur des trèfles ou autres plantes de ce genre. Les plantes sont, en effet, beaucoup plus nutritives alors à volume égal, ce qui accroit le danger de la météorisation, qui n'est qu'une espèce d'indigestion. Si l'on doit éviter de faire pâturer à la rosée ces plantes, de même que toutes les autres, par les bêtes à laine, ce n'est pas par crainte de la météorisation, mais pour éviter la pourriture ou cachexie aqueuse, qui est le résultat ordinaire du pâturage à la rosée ou après la pluie. Lorsqu'on a rentré des fourrages verts fauchés humides, il est nécessaire au reste de prendre des précautions pour empêcher que la masse ne s'échauffe, ce qui arrive promptement dans cette circonstance ; et alors le fourrage vert prend une odeur et une saveur qui le font rebuter par les bestiaux. Afin d'éviter cet échauffement, on doit décharger immédiatement la voiture qui a amené le fourrage vert et étendre ce dernier dans une grange ou sous un hangar, en couche peu tassée et de 33 centimètres (1 pied) d'épaisseur au plus. On retourne cette couche pour lui donner de l'air, lorsqu'on a lieu de craindre qu'elle ne s'échauffe. Cette précaution est nécessaire dans tous les cas, lorsqu'on fait usage de fourrages verts ; mais on doit y apporter une attention plus rigoureuse encore, lorsque les fourrages ont été fauchés humides.

Rien n'est plus commun que d'entendre vanter l'usage
d'administrer aux bestiaux du sel, soit en ration journalière, soit à des époques plus ou moins rapprochées. J'ai
partagé pendant longtemps, à cet égard, l'opinion générale, qui a certainement sa source dans l'instinct qui porte
généralement les animaux à manger avec plaisir les aliments salés, ou même le sel en nature. Cependant,
je me suis livré à des expériences réitérées sur ce sujet ;
et en cherchant à déterminer sans aucune prévention les
avantages que l'on peut tirer de cette méthode, j'ai trouvé
que les effets du sel ont été nuls ou presque nuls dans
tous les cas que j'ai observés, en soumettant l'emploi de
cette substance à des expériences comparatives dans la
nourriture des bestiaux à l'engrais ou des vaches laitières.
Je ne lui ai point reconnu plus d'utilité pour les bêtes à
laine, du moins pour celles qui n'en avaient pas contracté
l'habitude par un long usage. Je n'ai pas vu que dans
aucun cas il fût possible de faire consommer aux animaux
une plus forte ration d'aliments à l'aide d'une addition de
sel, ou que ces aliments leur profitassent davantage. Il
faut toutefois excepter les cas où l'on fait usage de fourrages avariés ; par exemple, le foin atteint de moisissure.
Il est certain qu'on peut alors, à l'aide d'une aspersion
d'eau salée, masquer la saveur désagréable du fourrage
et déterminer ainsi les animaux à le manger avec moins
de dégoût ; mais si le sel ne corrige pas, dans ce cas,
la propriété malfaisante de ces aliments de mauvaise
qualité, il n'y a pas grand avantage à l'employer ; et
quoiqu'on ait affirmé souvent que le sel est dans ce cas

un correctif efficace , j'avoue que cette assertion n'est fondée à mes yeux sur aucun fait concluant. On entend souvent citer comme preuve irrécusable, telle exploitation où l'on a fait consommer sans inconvénients , à l'aide d'une addition de sel, des fourrages de mauvaise qualité ; mais, on n'a pas recherché si dans beaucoup d'exploitations voisines on n'a pas fait consommer de fourrages également détériorés, sans aucune addition, et sans en avoir éprouvé plus d'inconvénients. Ce qui est certain, c'est que, quoique les fourrages détériorés soient fréquemment la cause de diverses maladies chez les animaux, il arrive très-souvent aussi que leur usage n'a pas présenté d'inconvénient sensible; et il n'est guère de cultivateur qui ne puisse trouver dans sa pratique des exemples de ce fait. Il n'y a donc pas de conséquence rigoureuse à tirer de quelques faits isolés de cette nature.

En émettant ici l'opinion qu'ont laissé dans mon esprit des observations réitérées pendant plus de vingt ans sur l'emploi du sel dans la nourriture des bestiaux, je n'ai pas l'intention de présenter cette opinion comme démontrée, et la question comme irrévocablement décidée. J'ai voulu seulement avertir les praticiens qu'ils feront bien de se tenir en garde contre les conséquences trop générales qu'on a tirées de quelques faits, sans doute réellement observés. Il restera à déterminer les cas dans lesquels l'emploi du sel peut être réellement utile; mais la vérité sur ce point, comme sur tout autre, ne sera trouvée que par les observateurs attentifs et judicieux qui consulteront les faits avec suite et persévérance, et avec un esprit entièrement dégagé de toute opinion fixée à l'avance ; car une telle opinion est un véritable préjugé, fût-elle partagée par un très-grand nombre de personnes.

Un fait fort remarquable vient à l'appui de l'opinion dubitative que j'émets ici : la croyance aux merveilleux effets du sel pour l'entretien du bétail était générale en Angleterre, de même que chez nous ; et les agriculteurs les plus renommés réclamaient avec instance, par ce motif, la diminution ou la suppression du droit fort élevé qui pesait sur le sel en Angleterre comme en France. Ce droit a été totalement supprimé en 1826, et chacun s'attendait à un accroissement très-considérable de la consommation de cette denrée, par l'emploi qu'en feraient les cultivateurs dans le régime diététique des bestiaux. De vastes entreprises industrielles furent dirigées vers ce but dans l'exploitation des salines, par la formation de magasins et d'entrepôts. La demande de sel s'accrut en effet durant la première année, mais elle se ralentit bientôt ; et la consommation se réduisit dans les années qui ont suivi et jusqu'à ce jour, à très-peu de chose près, aux mêmes limites qu'elle avait avant la supression du droit. On ne donne pas plus de sel au bétail aujourd'hui en Angleterre, qu'on n'en donnait lorsqu'il était grevé d'un droit considérable ; et de nombreux spéculateurs ont éprouvé de grandes pertes, par suite d'un résultat aussi inattendu. J'avais connaissance de ces faits par mes relations particulières ; mais ils ont été exposés avec clarté et appuyés sur des documents officiels, dans une brochure publiée en 1833 par M. *Clément Desormes*, au retour d'un voyage qu'il venait de faire en Angleterre. Il est évident que l'accroissement immédiat dans la demande du sel, aussitôt qu'on a pu l'obtenir à très-bas prix, était causée par les nombreuses tentatives faites par les cultivateurs pour appliquer cette substance à l'entretien du bétail; et il est également évident que la consommation ne s'en est restreinte que parce qu'ils ont reconnu qu'ils ne trouvaient pas dans cet emploi les avantages qu'ils s'en étaient promis. Il y a quelque chose de fort significatif dans un tel résultat, observé dans un pays où l'on apporte autant de soins qu'on le fait en Angleterre, pour tout ce qui tient à l'économie du bétail.

TROISIÈME SECTION

Rationnement des animaux

Il est fort rare que les cultivateurs assignent une ration fixe aux animaux de diverses espèces; et l'on remarque chez la plupart d'entre eux une vive répugnance contre cet usage. Quelques-uns disent même très-sérieusement que les bestiaux ne peuvent prospérer si on les astreint à une ration déterminée. Il est évident que cette opinion dépend du défaut d'habitude d'ordre et de bonne administration qui se fait généralement remarquer chez les cultivateurs, surtout dans les cantons où l'art est encore peu avancé. Il est impossible cependant que le cultivateur se rende compte des consommations journalières de tous les animaux qu'il entretient, s'il ne les soumet pas à un ordre déterminé; et comme les consommations de ce genre occupent une place très-considérable dans la dépense d'une exploitation rurale, on ne conçoit pas qu'il soit possible d'en soumettre les opérations à une comptabilité tant soit peu régulière, si on ne s'en rend pas un compte exact. Comment serait-il possible de savoir si tel genre de bétail a été plus profitable que tel autre, si l'on ne connaissait la consommation faite par chaque espèce en fourrages de tout genre?

D'un autre côté, pour ce qui concerne la prospérité du bétail, il est bien clair que l'opinion des adversaires du rationnement ne pourrait être fondée que dans le cas où la ration fixée serait inférieure aux besoins réels des animaux. C'est à atteindre cette limite sans la dépasser, que doit s'attacher le chef d'une exploitation; et les rations doivent varier lorsque les circonstances l'exigent, par exemple lorsque les animaux de trait sont soumis à des travaux plus ou moins rudes. Tout ce qui dépasse les besoins réels des animaux dans les distributions journalières, ne profite en aucune façon, nuit en beaucoup de cas, et forme un objet de dilapidation qui s'étend beaucoup plus loin qu'on ne le croit, lorsque les distributions n'ont pas une mesure fixe et se font au gré des valets. Ces derniers, s'ils sont affectionnés aux animaux, comme cela arrive assez communément, seront disposés à ne laisser se perdre aucune portion des fourrages lorsqu'ils savent qu'ils ne peuvent rien leur donner au delà de ce qu'ils ont reçu; tandis qu'ils n'y mettent aucune attention, lorsqu'ils peuvent en prendre à discrétion dans la masse.

Il est donc indispensable dans toute exploitation bien administrée de faire botteler les fourrages secs, et de les distribuer chaque jour aux valets qui soignent chaque espèce de bétail. Cela suppose que les fenils ou magasins à fourrages sont fermés, et que les valets ne peuvent y aller qu'à heure fixe, pour recevoir la distribution faite par un homme de confiance. Le bottelage du foin étant un travail d'hiver, n'est pas fort coûteux; et l'on trouvera presque partout à le faire exécuter à raison de 1 fr. pour 1,000 kilogrammes en supposant qu'on fasse des bottes de 10 kilogrammes ce qui me semble préférable, pour ceci, à l'usage de plusieurs cantons où l'on fait des bottes plus petites. C'est là une dépense bien modique, en comparaison des grands avantages qui en résultent. Les racines seront de même enfermées dans des magasins, et distribuées chaque jour, en prenant pour mesure la hotte ou le vase dans lequel on les transporte et dont on doit connaître la contenance et le poids. Pour les grains, cette régularité dans la distribution est encore bien plus importante, et ne se néglige que dans les exploitations abandonnées au plus impardonnable désordre.

Si l'on a tenu note, comme on doit toujours le faire, de la quantité des fourrages secs rentrés, en comptant avec exactitude les voitures dont on apprécie approximativement le poids, et si l'on a inscrit également les quantités rentrées en racines de chaque espèce, le chef de l'exploitation pourra, au moyen de la régularité des distributions journalières, faire au commencement de l'hiver son plan de la consommation des fourrages; c'est-à-dire donner grossièrement le budget de la consommation journalière pour, chaque espèce de bétail. A diverses fois, dans le cours de l'hiver, un simple relevé des consommations faites jusque-là en fourrages et en racines de chaque espèce lui apprend où il en est, et comment il doit régler ses opérations pour arriver à l'époque des fourrages verts sans éprouver de déficit d'aucun article, et sans laisser en magasin plus de fourrages qu'il ne lui convient d'en conserver. A défaut de ce moyen de répandre la lumière sur les consommations du bétail, il n'arrive que trop souvent qu'après avoir dilapidé la nourriture avec profusion pendant quelque temps, on est forcé de faire jeûner les animaux pendant le reste de l'hiver.

Dès qu'on soumet les animaux à une ration fixe, on comprend combien il importe de déterminer cette ration au taux le plus convenable ; car il y a une grande latitude dans la quantité d'aliments qu'on peut faire consommer par les bestiaux. Et sans prendre en considération l'espèce des aliments consommés, il y a dans tous les cas une quantité à laquelle il faut se fixer dans la ration journalière, parce qu'elle est plus profitable que toutes les autres ; mais cette quantité peut varier selon les circonstances, et selon le but qu'on a en vue. Dans la ration journalière que l'on distribue aux animaux, il y a une portion qui est nécessaire au soutien de leur existence, sans augmentation ni perte du poids de leur corps, et en admettant qu'ils ne sont soumis à aucun travail : c'est ce que j'appellerai la ration d'entretien. Ainsi, en supposant que des bœufs du poids moyen de 500 kilogrammes, poids vivant, exigent une ration de 10 kilogrammes de foin par tête et par jour, ou l'équivalent en aliments d'autre espèce pour conserver le même poids en restant à l'étable, nous dirons que la ration d'entretien de ces animaux est de 2 kilogrammes de foin pour 100 kilogrammes de leur poids en vie. Il est vraisemblable que la ration d'entretien est proportionnelle au poids du corps des animaux de la même espèce, quoique la diversité des races puisse bien y apporter quelque différence. Mais cela suppose qu'il y a aussi égalité, du moins approximative, dans l'état d'embonpoint. Il semble aussi résulter d'expériences que j'ai faites sur ce sujet, que la ration d'entretien s'accroit à mesure que les animaux prennent de la graisse, dans une plus grande proportion que l'augmentation du poids de leurs corps; en sorte que chaque quintal de ce poids exige une plus forte ration d'entretien pour des animaux déjà avancés dans l'engraissement, que pour les mêmes animaux maigres. D'après les expériences dont je viens de parler, la ration d'entretien de bœufs encore maigres s'est trouvée de 2 kilogrammes, 2 pour 100 kilogrammes de leur poids en vie. Dans d'autres expériences du même genre, j'ai trouvé que la ration d'entretien de moutons mérinos adultes et encore maigres, quoiqu'en bon état de chair, était de 3 kilogrammes, 4 pour 100 du poids des animaux. J'ai obtenu un résultat semblable avec des moutons de la grande race du Wurtemberg.

Il est facile de comprendre que, pour les animaux que l'on destine à l'engraissement, la portion d'aliments qui forme la ration d'entretien serait complétement perdue,

si à cette portion on n'en ajoutait pas une autre destinée
à accroître le poids du corps. On pourrait, en effet, conserver pendant des mois entiers des bœufs sans que leur
valeur augmentât en aucune façon, si on ne leur faisait
consommer précisément que la ration d'entretien; et la
perte serait bien plus considérable encore si la ration
était moindre, puisque non-seulement tout le fourrage
qu'ils auraient consommé serait perdu, mais les animaux
auraient encore diminué de valeur comme de poids. Dans
ce cas, c'est donc seulement l'excédant des aliments sur
la ration d'entretien qui profite à celui qui nourrit des
bestiaux; on peut appeler cet excédant la ration de production; et il est facile de comprendre qu'il est profitable
de porter cette dernière à la quantité la plus élevée qu'il
soit possible, car on obtient ainsi plus d'effet utile avec
la même quantité totale de fourrage. En admettant, ainsi
que je l'ai dit plus haut, que la ration d'entretien d'un
bœuf soit de 10 kilogrammes de foin par jour, si on lui
en fait consommer 15 kilogrammes il y aura 5 kilogrammes, ou le 5me de la ration totale, qui formeront la ration
de production et qui seront employés à l'augmentation du
poids du corps de l'animal. Mais si l'on porte la ration à
20 kilogrammes de foin par jour, la ration de production
se trouvera de 10 kilogrammes, ou la moitié de la ration
totale; en sorte que le bœuf augmentera 4 fois plus en
poids avec une ration seulement double. C'est pour cela
qu'il est généralement reconnu par les engraisseurs expérimentés, qu'il est profitable de faire consommer aux
animaux les plus fortes rations qu'ils peuvent digérer;

ou, ce qui revient au même, de leur faire consommer une masse donnée d'aliments dans le plus court espace de temps possible.

Le calcul doit être certainement le même pour les animaux de trait, toutes les fois qu'on peut utiliser par un excédant de travail l'augmentation des rations, en sorte que les animaux ne s'engraissent pas : car alors l'excédant de la ration d'entretien, ou la ration de production, est également seule employée à réparer la déperdition causée par l'action des forces musculaires. Ainsi, en supposant des chevaux placés dant cet état moyen d'embonpoint qui favorise le mieux le développement des forces musculaires, il y aura certainement du profit à exiger d'eux le plus fort travail qu'ils peuvent supporter, en leur donnant aussi la plus forte ration que puissent comporter leurs forces digestives. Les rouliers, les maitres de poste et les entrepreneurs de messageries ont bien reconnu cette vérité; ils distribuent à leurs chevaux dans de fortes rations de grains bien plus de substances alimentaires que ceux-ci ne pourraient en digérer sous forme de fourrages verts ou secs; et des chevaux ainsi nourris tirent habituellement sur des routes en état passable une charge de 1,000 à 1,200 k. par tête; tandis que les animaux de même taille, nourris dans la plupart des exploitations rurales, ne tireraient guère que la moitié de cette charge, en consommant des rations qui forment peut-être, en matière nutritive, les trois quarts de celles que reçoivent les chevaux de rouliers. Dans beaucoup de cas, les cultivateurs trouveraient beaucoup de profit à s'approprier cet exemple.

Dans les deux cas que je viens de citer, l'homme qui entretient des animaux recueille la totalité de la ration de production dans la nature du produit qu'il recherche, c'est-à-dire en travail musculaire ou en augmentation du poids du corps des animaux; mais il est des cas où il n'en est pas tout à fait ainsi. Dans l'entretien de vaches laitières, par exemple, une portion de la ration de production est bien employée à la formation du lait, mais si la ration dépasse une certaine limite, la vache prend de la graisse, en sorte qu'une portion de la ration de production est détournée à cet usage. Cette limite de la ration, au delà de laquelle il y a production de graisse chez les vaches laitières, peut varier beaucoup selon les races et aussi pour les divers individus d'une même race. Ainsi, à ne considérer que la seule production du lait, il y a certainement du profit à ne pas donner aux vaches de très-fortes rations. Je reviendrai sur cet objet dans la deuxième section du chapitre des vaches laitières.

Les bêtes à laines se trouvent, sous le rapport de la ration de production, dans le même cas que les vaches laitières : en effet, quoique la production de laine soit plus considérable sur des moutons fortement nourris, cependant, si l'on dépasse une certaine limite dans la ration, une portion des éléments est employée aussi à la production de la graisse. Il y a donc aussi pour ce genre de bétail un terme qu'il n'est pas économique de dépasser, si l'on ne veut pas spéculer sur l'augmentation du poids du corps des animaux en même temps que sur la production de la laine. Ici, comme pour les vaches laitières, l'expérience peut seule indiquer, pour chaque race et pour chaque circonstance, la quantité à laquelle il faut fixer la ration ; et pour les deux espèces on peut établir pour règle, que les animaux étant supposés à un état moyen d'embonpoint qui favorise le mieux l'action des forces vitales, il faut fixer la ration en telle sorte, que le corps des animaux adultes n'augmentent plus de poids, lorsqu'on n'a pour but que la production du lait ou de la laine.

Pendant la période de croissance des jeunes animaux, une portion de la ration qu'ils consomment est certainement employée aussi au seul entretien du corps dans l'état où il se trouve, et une autre à son accroissement. La ration se décompose donc, encore dans ce cas, en ration d'entretien et de production ; mais il n'est pas possible de fixer ici par l'expérience le rapport de ces deux portions ; car les forces de la vie sont tellement dirigées dans cette période, qu'il y aurait encore accroissement du corps, quand même l'animal ne recevrait que sa ration d'entretien. Seulement, il y aurait alors amaigrissement, en sorte que c'est aux dépens de la graisse déjà formée que le corps se développperait ; et ce serait là une situation anormale, de laquelle on ne pourrait tirer aucune conséquence certaine relativement à ce qui se passe dans l'état régulier des choses. Quoi qu'il en soit, on peut vraisemblablement appliquer aux jeunes animaux le principe que j'ai posé relativement au bétail à l'engrais ; savoir qu'il est profitable d'accélérer le plus possible leur croissance, en leur faisant consommer de fortes rations ; et cette règle ne doit admettre de limites que dans la diminution des forces digestives qui se fait remarquer chez les animaux dont l'embonpoint dépasse une certaine limite. C'est vraisemblablement de cette diminution que dépend l'observation que j'ai faite sur l'accroissement de la ration de production, pour un poids donné du corps des animaux, à mesure que ceux-ci prennent plus d'embonpoint. Pour les jeunes animaux, au reste, il peut convenir de leur faire consommer des rations plus ou moins fortes, selon le but auquel on les destine : il serait probablement peu économique de maintenir constamment très-gras des poulains ou de jeunes bœufs destinés au service du trait ; et peut-être cela nuirait-il au développement de leurs forces musculaires ; mais pour les animaux qui doivent être engraissés aussitôt qu'ils auront acquis toute leur croissance, ou même avant cette époque, comme pour les porcs ou des bœufs qui seraient élevés uniquement pour le service de la boucherie, il est certain qu'en les nourrissant ainsi très-copieusement pendant la durée de leur croissance, on prépare mieux les organes à recevoir, à un âge peu avancé, un grand développement de la graisse. En général, presque partout c'est par défaut que l'on pèche, plutôt que par excès, dans la distribution des aliments aux bestiaux. De là, cet adage qu'ont souvent à la bouche les éleveurs expérimentés : *A bien nourrir on gagne peu ; mais à mal nourrir on perd tout.*

DEUXIÈME PARTIE

DEUXIÈME PARTIE

DE LA DIVERSITÉ DES RACES

CHAPITRE I

DE L'ÉLÈVE DES CHEVAUX

PREMIÈRE SECTION

De la diversité des races.

Les chevaux ne sont pas seulement un instrument entre les mains des cultivateurs, ils sont aussi un produit fort important pour la culture de la terre; mais, quand on considère cette double destination, on comprend combien les cultivateurs trouvent d'avantages à employer à leurs travaux les animaux destinés à la reproduction, ainsi que les jeunes animaux avant l'âge où ils sont propres à la vente. Cette combinaison est la seule base possible de la reproduction économique des chevaux : en effet, en évaluant les fourrages au prix auquel on peut en tirer parti dans l'entretien des autres espèces d'animaux, on ne peut

évaluer la nourriture d'une jument à moins de 300 ou
400 fr. par an, selon la taille, et en supposant encore qu'elle
sera assez maigrement nourrie. Si l'on n'en tire aucun
travail, c'est-à-dire si le poulain est son seul produit, ce
dernier coûtera, au moment de sa naissance, de 450 à
600 fr. pour la seule nourriture de sa mère; car on ne
peut compter raisonnablement que les juments produisent
en moyenne plus de deux poulains en trois ans. Mais la
dépense de la nourriture annuelle de la mère n'est pas la
seule, car cette mère a aussi coûté et consommé pour être
élevée; et lorsqu'elle est adulte, elle a une valeur qu'il
faudrait bien aussi imputer à la production des poulains;
en sorte que c'est vraisemblablement à 600 ou 800 fr.
qu'il faudrait porter la valeur du poulain à sa naissance,
pour couvrir seulement les frais d'entretien de la mère.

Mais si la mère a été élevée pour le service du trait,
et si on l'emploie à ce travail en même temps qu'on lui fait
produire des poulains, elle se trouve placée sous ces deux
rapports, à très-peu de différence près, dans la même
position qu'un cheval hongre; et l'on ne doit plus imputer
à la production du poulain que la perte d'un mois au
plus sur le travail de la mère, et l'excédant de nourriture
qu'il faut donner à celle-ci pendant la gestation et l'allaitement : ces deux articles seront largement couverts par
une évaluation de 50 à 100 fr. donnée au poulain nais-
sant, selon les circonstances diverses dans lesquelles on
peut se trouver placé.

D'un autre côté, le poulain peut, dès l'âge de deux ans
et demi à trois ans, compenser par un travail modéré

une partie du moins de la dépense de sa nourriture; et dès l'année suivante, ce travail payera la nourriture toute entière. Mais s'il faut conserver le poulain jusqu'à l'époque de la vente, c'est-à-dire jusqu'à l'âge de cinq ans environ, sans tirer aucun parti de son travail, cet entretien pendant cinq années ne peut pas s'évaluer à moins de 1,200 ou 1,500 francs, d'après le taux auquel on peut tirer parti presque partout des fourrages en les faisant consommer par d'autres espèces de bestiaux. En ajoutant à cette somme celle qu'a déjà coûté le poulain à sa naissance, comme nous l'avons vu, on trouvera qu'un cheval élevé dans ce qu'on peut appeler le système des haras coûterait généralement, à l'âge de cinq ans, de 1,800 à 2,200 francs; tandis que le même cheval élevé dans le système agricole, ne coûte pendant deux ans et demi de son plus jeune âge, que le prix de sa nourriture que l'on ne peut évaluer à plus de 350 à 400 francs, somme à laquelle il faut ajouter 50 à 100 francs pour la valeur du poulain à sa naissance. Dans ce système, comme je l'ai montré tout à l'heure, c'est donc à 400 ou 500 francs environ que se trouvera portée la valeur du cheval élevé par les soins du cultivateur qui emploie son travail.

On voit que l'élève des chevaux se divise en trois parties bien distinctes. La première est la production du poulain jusqu'à son sevrage; et cette production ne peut être économique que pour celui qui emploie le travail de la jument. La seconde partie se compose de l'entretien du poulain depuis le sevrage jusqu'à l'âge de deux ans et demi ou trois ans; cette portion de la spéculation peut

convenir, dans certains cas, à des cultivateurs qui n'em-
ploieraient pas les chevaux comme animaux de trait. Dans
la troisième partie, les poulains, étant déjà propres à
quelques travaux, ne peuvent plus être entretenus avec
profit que par des cultivateurs qui les emploient à leurs
attelages. Il résulte de là que l'élève des chevaux peut
fort bien se diviser entre plusieurs classes de spéculateurs;
et c'est ce qui a lieu en effet dans beaucoup de localités
où les poulains sont ordinairement vendus et revendus
d'un canton à l'autre, jusqu'à ce qu'ils parviennent à l'âge
adulte. Cette combinaison présente quelques avantages
économiques et commerciaux.

Il est évident, d'après ce qui précède que, dans la position actuelle de l'art agricole et de la propriété rurale,
l'élève des chevaux ne peut être économique, qu'autant
qu'il est pratiqué dans les exploitations où l'on emploie le
travail de ces animaux : ceci peut nous expliquer pourquoi les cultivateurs ne peuvent se livrer à l'éducation des
chevaux de selle, qu'autant qu'ils trouveraient à les vendre
à un prix infiniment supérieur à celui des chevaux de
trait. S'il est question de chevaux de race, dont l'entretien
est encore beaucoup plus coûteux, à cause des soins qu'ils
exigent, le prix de revient sera encore bien plus élevé ; et
tel cultivateur qui trouve du profit à élever des chevaux de
trait qu'il vend 500 ou 600 francs à l'âge de cinq ans, se
ruinerait s'il produisait des chevaux pur sang, qu'il ven-
drait en moyenne, au même âge, au prix de 2,000 francs
la pièce. On n'avait pas compris cette vérité, lorsqu'on a
voulu, par des encouragements de diverses espèces, di-

riger l'industrie des cultivateurs vers la production des chevaux de selle. On avait pour but, disait-on, de faire produire à la France les chevaux nécessaires à la remonte de la cavalerie : mais c'est là une erreur complète. Dans le *Holstein*, le *Mecklembourg*, et dans diverses parties de l'Allemagne, d'où la France a tiré pendant longtemps ses remontes, tous les chevaux qui en faisaient partie étaient nés de juments employées aux travaux de l'agriculture ; et eux-mêmes avaient été attelés à la charrue, jusqu'à l'époque de leur sortie du pays. En Allemagne, comme chez nous, c'est là la seule combinaison dans laquelle on puisse produire des chevaux propres à la remonte de la cavalerie ; car autrement ils seraient beaucoup trop chers pour cet usage. Plusieurs de nos races françaises sont propres à la remonte des diverses armes de la cavalerie, quoique assez étoffées pour être employées au travail du trait. D'autres races pourraient y devenir propres, à l'aide des soins appropriés dans le régime. Lorsque les producteurs seront assez assurés de ce débouché, par la persistance de l'administration à faire ses achats à l'intérieur, il n'est pas douteux que l'on ne produise des chevaux de cette classe, de même que ceux destinés aux autres besoins de la société.

Par l'effet d'un changement opéré dans nos mœurs, et surtout par suite de l'amélioration des routes, l'usage du cheval de selle s'est presque perdu parmi nous, tandis que la demande des chevaux de trait, de poste ou de diligences et de carrosses s'est prodigieusement accrue. C'est seulement depuis deux cents ans environ, c'est-à-dire dans le courant du dix-huitième siècle, que les voitures ont commencé à être employées en France au transport des personnes; auparavant, les hommes du rang le plus élevé voyageaient à cheval avec leur famille, et des bêtes de somme transportaient leurs bagages. Aujourd'hui, la révolution s'est complétement opérée, et c'est par des véhicules à roues de diverses formes que sont transportés, dans presque tous les cas, les voyageurs de toutes les classes de la population. Il en est résulté pour tous un très-grand accroissement de bien-être; et cette circonstance est en particulier très-favorable à la reproduction de l'espèce du cheval, puisque les espèces de chevaux qui sont le plus demandées, sont précisément celles dont les producteurs peuvent tirer le plus d'utilité dans les travaux d'agriculture.

Dans chaque localité, le but que l'on doit avoir en vue dans la production, est d'accroître la valeur de la race du pays, soit par elle-même, à l'aide d'une amélioration dans le régime et d'accouplements bien calculés, soit en introduisant des mâles de race étrangère pour ces accouplements. Ce dernier moyen est souvent fort utile pour corriger promptement les défauts de conformation d'une race; car dans la race du cheval, la figure étant un élément important de la valeur vénale des produits, les producteurs ne doivent pas négliger les formes, même lorsqu'elles n'intéressent que l'élégance ou l'apparence des animaux. D'ailleurs, il se rencontre fréquemment, dans la race où l'on prend les juments, des défauts de conformation qui rendent réellement les chevaux moins propres au service auquel on les destine. On peut quelquefois corriger ces défauts par un choix judicieux des individus soumis à l'accouplement; mais bien souvent aussi, on arrive plus promptement à ce résultat, en employant à la reproduction des étalons pris dans d'autres races et propres par leur conformation à corriger les défauts que l'on a pour but d'extirper. Soit que l'on prenne les étalons dans la même race que les juments ou dans une race étrangère, les connaissances qui doivent diriger dans le choix des individus des deux sexes destinés à l'accouplement, constituent l'art des appareillements, art fort important pour les éleveurs de chevaux, mais dont je ne puis m'occuper ici.

Je dois toutefois prémunir les éleveurs contre la faute la plus grave que l'on puisse commettre dans les appareillements, et qui consiste à faire saillir les juments par des étalons de plus grande taille qu'elles, afin, dit-on, de relever la race. On n'obtient jamais ainsi que des produits décousus et mal conformés; et pour les chevaux, de même que pour les autres espèces d'animaux, on doit regarder comme une des règles les plus importantes dans la reproduction, de n'accoupler les femelles qu'avec des mâles plutôt inférieurs que supérieurs à elles, par la taille et pour l'étoffe. Ainsi, avec les races de gros trait, on pourra gagner beaucoup en figure, et produire des carrossiers sans rien perdre sur la force musculaire, en donnant aux juments de ces races des étalons arabes ou anglais, que l'on désigne communément sous le nom de *pur-sang*. Mais, dans l'amélioration des races qui pèchent par défaut de taille ou d'étoffe, on n'obtiendrait que des produits très-défectueux, si l'on voulait accoupler les juments de ces races avec des étalons de races plus fortes et plus étoffées, ou avec des étalons anglais, qui sont généralement de grande taille.

Pour les races qui ont besoin de gagner en taille et en étoffe, c'est par un moyen entièrement différent qu'il faut procéder pour atteindre ce but : c'est par une amélioration dans le régime. Ce moyen est infaillible partout; car il suffit de nourrir fortement dès leur jeune âge les poulains issus des races les plus chétives, pour élever leur taille et leur donner plus de corps, de manière à rendre leur origine entièrement méconnaissable. Cet effet se fait remarquer de la manière la plus frappante dans les cantons où les poulains sont vendus pour être élevés dans d'autres localités; et selon le régime auquel ils sont soumis dans les divers cantons où on les élève, on crée avec les poulains provenant de la même race soit d'énormes chevaux de trait, soit des chevaux légers et trotteurs, propres au service du carrosse. Il suit de là que le point le plus important sur lequel il convienne de fixer son attention dans l'amélioration des races de chevaux, c'est le régime auquel on soumet les élèves. Partout où le régime restera le même que par le passé, il ne faut nullement songer, ni à grandir la race ordinaire, ni à y introduire une race ayant plus de taille ou d'étoffe. Mais partout où l'on introduit des améliorations agricoles, les fourrages deviennent plus abondants et plus variés. Par la seule amélioration dans le régime qui sera le résultat de cette circonstance on grandira la taille des élèves, et on leur donnera plus de corps. Partout où la race de chevaux a été jusque-là chétive, par défaut d'une nourriture suffisante, c'est là le premier pas à faire dans l'amélioration de cette race ; et ce changement se lie intimement, comme on le voit, aux améliorations générales de l'art agricole. Dans les localités dont je parle ici, et qui sont très-nombreuses en France, on pourra, par la seule amélioration du régime, rendre propres au service de la cavalerie des races que l'on n'avait pu auparavant y employer. Si l'on y joint des améliorations dans les formes, soit par des accouplements judicieux entre des animaux pris dans la même race, soit par l'introduction d'étalons étrangers de taille appropriée, on pourra accroître ainsi beaucoup la valeur des animaux de cette race. Mais la seule base possible de cette amélioration, c'est, comme je l'ai dit, un changement favorable dans le régime, et par conséquent l'amélioration du système agricole en général ; car c'est seulement sur ces améliorations que peuvent se fonder celles qu'il est possible d'apporter dans le régime des animaux.

Dans le système des pâturages naturels, ou dans celui de la vaine pâture qui forme encore le régime des chevaux dans beaucoup de cantons, aucune amélioration essentielle dans les races n'est possible. Les races sont, dans chaque localité, ce qu'il est possible qu'elles soient pour la taille ; mais dans les diverses modifications du système de culture alterne, on peut produire partout une telle variété de fourrages secs ou verts, de grains ou de racines propres à la nourriture des chevaux, qu'on peut dire que tout est possible partout dans l'amélioration des races. Partout, en effet, on peut introduire une multitude de combinaisons de régime, dont les effets exerceront une étonnante influence sur la taille et les formes des élèves qui y seront soumis. Chacun, selon le but qu'il a en vue, et selon le résultat des observations qu'il aura faites sur la race qu'il veut modifier, sera le maître de diriger tous les détails du régime, de manière à produire dans la race les modifications qui s'accordent le mieux avec ses intérêts. Aussi, ce n'est que dans un état avancé de l'art agricole, que l'on peut produire partout les espèces de chevaux les plus utiles aux divers besoins de la société. Jusque-là, il faut bien prendre les races comme elles sont, et se résigner à les employer à des services auxquels elles sont souvent très-peu propres.

DEUXIÈME SECTION

De la reproduction

Dans le système agricole de la production des chevaux, les étalons ne sont pas destinés seulement à la reproduction, mais on tire parti aussi de leur travail ; et ce service est réellement utile à l'entretien de leur santé, pourvu qu'on ne les soumette qu'à des travaux modérés. C'est aussi le seul moyen qui permette d'avoir des étalons doux et dociles, jusqu'à ce que l'âge vienne affaiblir leur vigueur reproductive. Il arrivera rarement, sans doute, qu'un éleveur entretienne un étalon seulement pour le service de ses propres juments; et là où les éleveurs sont nombreux, il est à désirer que l'un d'eux entretienne un étalon dont il fera payer la saillie à ses confrères. A l'aide de cette combinaison, on a généralement des étalons plus parfaits, parce qu'on peut mettre un prix plus élevé à leur acquisition; et rien n'est plus utile que la concurrence qui s'établit, sous ce rapport, entre les propriétaires d'étalons; parce que les éleveurs reconnaissent bientôt qu'il y a pour eux un grand avantage à obtenir, même pour un prix beaucoup plus élevé, la saillie d'un étalon que l'on sait par expérience donner des produits plus parfaits que ses rivaux. Cependant, il ne faut jamais que celui qui possède des juments soit forcé d'aller chercher au loin l'étalon qui doit les saillir; car la perte de temps et les faux frais ne sont ici qu'un très-léger inconvénient, en comparaison de celui qui résulte du danger de laisser passer l'instant favorable pour la saillie; et une multitude de juments restent stériles chaque année, parce qu'on n'a pu saisir l'instant de la chaleur à cause de l'éloignement de l'étalon. Cette circonstance offre un grand avantage aux éleveurs qui sont placés dans un centre de production; et les autres seront souvent forcés d'entretenir, pour un petit nombre de juments, un étalon dont la dépense ne sera qu'imparfaitement couverte par son travail, si la valeur de l'animal est élevée. Il faut du moins, dans une circonstance semblable, rechercher pour étalon dans la race ordinaire l'animal dont les formes donnent le plus d'espoir d'en obtenir de beaux produits; avec des soins, on peut communément se le procurer sans de grands sacrifices pécuniaires.

On ne doit pas employer un cheval comme étalon avant qu'il ait atteint toute sa croissance, c'est-à-dire avant l'âge de 5 ans au moins, et à cet âge on doit encore le ménager beaucoup. S'il est employé à un travail modéré, il peut continuer à faire le service d'étalon jusqu'à un âge assez avancé ; cependant les produits d'un vieux cheval ont sensiblement moins de vigueur. Quant aux considérations relatives à la consanguinité, on peut consulter ce que j'en ai dit dans la troisième section du chapitre Ier.

La jument doit avoir pris toute sa croissance avant sa première gestation. On ne la fera donc pas saillir avant l'âge de 5 ans au moins. Cette considération est fort importante, surtout lorsqu'on tient à grandir les races ; car la croissance de la mère est arrêtée par la gestation et surtout par l'allaitement. Lorsque les juments ne sont soumises qu'à un travail modéré, et copieusement nourries, on peut les faire saillir tous les ans. Cependant, lorsqu'une jument n'est pas en très-bon état, il vaut mieux la laisser une année sans produire de poulains, afin de la remettre.

Au moment du part, on ne doit faire aucun effort pour extraire le poulain ; et si le travail est laborieux, on court bien moins de risques en abandonnant le tout à la nature, qu'en faisant aucune tentative pour y aider. C'est seulement à un vétérinaire expérimenté que l'on pourrait confier le soin d'aider le travail de la nature, et il le ferait en repoussant doucement le poulain pour le placer d'une manière plus favorable, et jamais en le tirant au dehors.

On ne peut trop se défier, dans une telle circonstance, du savoir-faire de la plupart des hommes dont on réclame communément l'assistance dans les campagnes. Aussitôt que le poulain est né, si le cordon ombilical ne s'est pas rompu, on le noue à une couple de pouces du corps du poulain et on le coupe à deux pouces plus loin. On donne ensuite à la mère, à des intervalles de quelques heures, des breuvages composés de farine délayée dans l'eau.

Les juments portent près d'un an ; mais, comme elles reviennent en chaleur dès le onzième jour après le part, on peut, à la rigueur, leur faire produire un poulain chaque année. On arrange communément les choses de manière à ce que les poulains naissent à la fin de l'hiver ou au printemps, afin qu'ils trouvent de bonne herbe à l'époque du sevrage. Cependant cette époque peut varier beaucoup, selon les convenances du régime auquel on soumet les mères et les poulains. Il importe, en effet, beaucoup aussi que les juments soient très-bien nourries pendant l'allaitement ; et on peut le faire d'une manière beaucoup plus économique à l'époque où l'on a déjà des fourrages verts, qui augmentent beaucoup la production du lait. Lorsque les juments ne reçoivent que du fourrage sec, il est nécessaire d'accroître leur ration de grains, en leur donnant plutôt ceux qui sont plus nutritifs que l'avoine, comme l'orge ou le seigle, mais surtout les féverolles, les pois, les vesces, etc. On leur donnera de préférence ces grains à l'état de farine et délayés dans l'eau. Si la nature du service des juments permet qu'on laisse le poulain courir à côté d'elles, cet exercice est très-profitable à ceux-ci. Lorsqu'il arrive que la jument a été fort échauffée au travail, on doit la traire avant de permettre que le poulain ne s'en approche.

Après le sevrage, qui a lieu à l'âge de trois mois environ, il est bon de placer les poulains dans des enclos où ils jouissent d'une entière liberté, ce qui favorise beaucoup le développement de leurs forces musculaires. Depuis cet âge jusqu'à celui de deux ans et demi ou trois ans, on peut fort bien les tenir dans des pâturages où ils trouvent du moins une bonne partie de leur nourriture ; mais on peut aussi leur donner cette nourriture au ratelier, en fourrages verts ou secs, soit sous des hangars placés dans les enclos et où on les tient une bonne partie de la journée, soit à l'écurie. Dans tous les cas, il faut que les poulains rentrent tous les jours à l'écurie, afin qu'ils s'accoutument à être familiers et dociles ; et il importe beaucoup que les hommes qui les soignent les approchent souvent dès le premier âge, et les habituent à n'éprouver aucune inquiétude lorsqu'on leur lève les pieds ou qu'on les touche dans les diverses parties du corps. On les accoutume de bonne heure à être bridés et à supporter qu'on frappe sur leurs pieds après les avoir levés, comme on le pratique lorsqu'on les ferre. On rend facilement les poulains familiers en leur donnant à manger dans la main, et surtout en leur présentant quelques tranches de pain saupoudrées de sel. Avec beaucoup de douceur et de bons traitements, on forme ainsi des chevaux dociles ; leurs vices viennent toujours de la rudesse avec laquelle ils ont été traités dans leur jeune âge.

Quant à la nourriture, c'est dans cette période qu'il importe le plus de la donner bonne et abondante, si l'on veut procurer au cheval un grand développement de toutes les parties du corps. Si les poulains ne sont pas nourris dans des pâturages, la luzerne, le trèfle, les vesces, etc., fauchés en vert, formeront la base du régime d'été, surtout pour les chevaux de trait. Si l'on compose le régime, pour une portion plus ou moins considérable, de paille et de grains, on donnera aux formes plus de légèreté, sans diminuer la vigueur. Pour l'hiver, la nourriture se composera de foin de prairies naturelles ou artificielles, et de paille combinée en certaine proportion avec les grains et avec les carottes, selon le but que l'on a en vue dans le développement des formes des animaux. A cet égard, chacun devra se diriger d'après les observations qu'il recueillera de sa propre pratique; car on ne possède encore que des données fort incomplètes quant à l'influence qu'exercent les diverses espèces d'aliments sur le développement des jeunes animaux. Ce qu'on peut dire en général, c'est qu'un régime composé de foin de prairies élevées, de paille et d'avoine tendra à former des chevaux fins et légers, tandis que des grains et des fourrages plus substantiels donneront aux élèves plus d'étoffe et aussi plus de taille. Toutefois, on ne commence généralement à donner du grain aux poulains que dans leur seconde année. On a fréquemment remarqué que les carottes contribuent à leur donner des formes arrondies et un poil brillant; mais il est vraisemblable que ces racines, consommées en une grande proportion, conviendraient peu pour former des chevaux de selle fins et nerveux.

Vers l'âge de deux ans, on commence à parer les pieds des poulains ; et, lorsqu'ils sont employés à des travaux d'attelage, on leur donne des fers légers, suivant l'exigence des cas. Dans cette période, deux considérations doivent surtout appeler l'attention des éleveurs. La première est relative aux ménagements qu'exigent les poulains, si l'on ne veut pas abuser de leurs forces. Depuis le moment du sevrage, le poulain a pris en liberté un exercice très-favorable à sa santé et au développement de ses forces : c'est cet exercice que l'on peut remplacer, dès l'âge de deux ans et demi ou trois ans, par un travail utile ; mais ce travail doit être tellement modéré qu'il ne dépasse pas les limites d'un exercice vraiment utile au poulain ; sans cela, on produit des chevaux comme on en voit tant, dont les jambes sont usées avant l'époque où ces animaux deviennent propres à supporter une fatigue soutenue. La seconde considération relative aux poulains attelés, c'est que c'est spécialement à cette époque de leur vie qu'ils sont le plus fréquemment exposés à recevoir, de valets brutaux, ces mauvais traitements qui rendent les chevaux indociles ou vicieux. On ne peut donc apporter trop de soin à les en préserver, et des hommes doux et patients doivent seuls les approcher et les conduire dans leurs travaux.

L'âge des chevaux se connaît principalement par les dents incisives, qui sont au nombre de douze, savoir : six à la mâchoire supérieure et six à la mâchoire inférieure. Ce sont ces dernières seules que l'on consulte généralement, parce que leurs transformations sont plus régulières que celles de la mâchoire supérieure. Le cheval a de plus des dents molaires et des dents canines ou crochets. On tire bien quelquefois de ces derniers des indications sur l'âge des animaux ; mais ces indications sont souvent fort incertaines, et ce n'est réellement que des six incisives de la mâchoire inférieure que l'on obtient de bons indices de l'âge. Nous n'avons donc à considérer ici que ces dernières.

Peu de temps après la naissance du poulain, il lui pousse, à la mâchoire inférieure, six dents de lait incisives rangées à la partie antérieure de la gencive, et qui tombent dans l'ordre que je vais indiquer, de la troisième à la cinquième année, pour être remplacées immédiatement par d'autres, que l'on nomme dents de cheval, et qu'il est facile de distinguer à première vue des dents de lait. Les deux *pinces*, c'est-à-dire celles qui occupent le milieu du rate-lier, tombent les premières, à l'âge de 2 ans et demi à 3 ans ; les *mitoyennes*, ou celles qui suivent immédiate-ment de chaque côté, tombent dans l'année suivante, et ensuite les *coins*, c'est-à-dire les deux dents qui forment l'extrémité du ratelier à droite et à gauche ; ces dernières se renouvellent ainsi dans la cinquième année. Toutes les dents du cheval sont d'abord tranchantes par leur bord extérieur ; et la table ou surface par laquelle s'opère la mastication présente dans toute son étendue un creux ou *cornet* qui est bordé par la partie tranchante, principa-lement au bord extérieur. Ce bord s'usant peu à peu, est remplacé par une surface plate que l'on nomme *table* ; en sorte que ce creux diminue sans cesse d'étendue, et ne forme ensuite qu'un point noir placé au milieu de la table, et que l'on nomme la *fève*. Cette dernière disparaît enfin par l'effet de l'usure. A mesure que les dents s'usent ainsi, on dit qu'elles *se rasent ;* et lorsque la fève a disparu, on dit que la dent est *rasée*. Les dents se rasent dans le même ordre qu'elles sont sorties. Ainsi les pinces, qui sont sorties dans la troisième année, commencent à se raser à leur bord extérieur à quatre ans, ne montrent plus que la fève à cinq, et sont rasées à six. Les mitoyennes présentent les mêmes transmutations une année plus tard : sorties à quatre ans, elles commencent à se raser à cinq, ne montrent plus que la fève à six, et sont rasées à sept. Les mêmes phénomènes se font remarquer plus tard sur les coins. Ce sont donc ces derniers qui donnent pendant le plus longtemps des indices sur l'âge du cheval : sortis à cinq ans, les coins commencent à se raser à leur bord extérieur à six, ne laissent plus apercevoir que la fève à sept, et sont rasés à huit ans. On dit alors fréquemment que le cheval est rasé et ne marque plus ; on dit quelquefois aussi qu'il est hors d'âge.

Quelques chevaux marquent, c'est-à-dire montrent la fève au centre de la table, pendant beaucoup plus longtemps que les règles ci-dessus ne l'indiquent : on les nomme *bégus*. Il paraît que, dans ces chevaux, la cavité qui forme la pointe du cornet se prolonge outre mesure dans la substance de la dent ; mais, lorsqu'on porte son attention sur l'ensemble des dents du ratelier, en comparant entre elles les apparences qu'offrent les dents des trois classes, on ne peut se laisser tromper par cette particularité. Les maquignons s'efforcent souvent aussi d'induire en erreur sur l'âge des chevaux, en creusant à l'aide d'un burin une petite cavité qui représente la fève, surtout dans les coins, car ce sont les seules dents par lesquelles on puisse espérer tromper par cette manœuvre ; mais cette fraude est trop grossière pour pouvoir induire en erreur les personnes qui ont acquis quelque habitude d'observer les dents des chevaux dans leurs diverses transmutations. Une autre fraude consiste à opérer l'extirpation des dents de lait, et principalement des coins de lait, une année avant l'époque où elles doivent tomber naturellement, ce qui fait pousser immédiatement les dents de cheval, et semble donner à l'animal un an de plus qu'il n'a réellement. Mais cette fraude se reconnaît sans peine, si l'on compare entre elles toutes les dents du ratelier ; car les pinces et les mitoyennes ne présentent pas alors les apparences qu'elles doivent avoir dans l'année où le cheval fait naturellement les coins.

Lorsque toutes les dents sont rasées, on peut encore reconnaître l'âge des chevaux par la figure que forment les bords de la table ou surface plane qu'offrent alors les dents ; mais ces indices ont beaucoup moins de précision que ceux que l'on tire de l'inspection des dents, avant l'époque où elles sont toutes rasées. Dans la deuxième année, après qu'une dent s'est rasée, la table présente une figure ovale assez marquée, qu'elle conserve encore l'année d'ensuite. Dans l'année suivante, c'est-à-dire la quatrième année après l'époque du rasement, la table présente une figure plus arrondie ; et une couple d'années plus tard, la table devient sensiblement triangulaire. Ces changements viennent de ce que le corps de la dent n'a pas la même forme dans toute sa longueur, et qu'à mesure que son extrémité supérieure s'use, la table est formée par d'autres parties de la dent. Ainsi, si nous considérons par exemple les coins, nous trouverons que la figure ovale de la table indique que le cheval a de neuf à douze ans ; elle devient arrondie de treize à quinze ans, et plus tard elle est triangulaire. On doit au reste, dans cette période, observer attentivement les figures que présentent les dents des trois classes, afin de les comparer entre elles ; et c'est de cette comparaison que l'on tire les indices les plus assurés sur l'âge réel du cheval.

Quoique les dents s'usent, elles deviennent plus longues à mesure que l'animal vieillit, parce qu'elles se déchaussent à leur base par la retraite des gencives, plus qu'elles ne s'usent à leur surface supérieure. La longueur des dents est donc une marque de vieillesse. On en trouve aussi des indices dans la conformation de quelques autres parties du corps, par exemple dans l'enfoncement toujours croissant des salières placées au-dessus des yeux, des cils gris aux paupières, etc. ; mais ces indices ont peu de valeur. Les personnes qui sont fréquemment dans la nécessité d'acheter des chevaux doivent donc se livrer à une étude particulière des connaissances relatives aux indices que l'on tire de la denture ; car l'âge d'un cheval est un des principaux éléments de sa valeur, et c'est un point sur lequel les acheteurs sont fréquemment trompés. Cette connaissance ne peut s'acquérir que par l'observation attentive d'un grand nombre de chevaux; et à l'aide de l'habitude et de l'expérience, on apprend à distinguer, pour chaque cas particulier, les variations auxquelles sont souvent soumises les règles générales que j'ai exposées.

CHAPITRE II

DES ATTELAGES

PREMIÈRE SECTION

Des attelages de chevaux

Lorsqu'un cultivateur élève des chevaux par spéculation, il faut bien qu'il prenne en considération les débouchés, dans le choix de la race qu'il adopte ; mais pour celui qui n'élève pas, les considérations sont renfermées dans les limites de sa propre utilité, et il n'est guère de localités où les cultivateurs n'aient à choisir, pour leurs achats, dans des races qui présentent des qualités fort diverses. Les chevaux robustes plutôt qu'ardents et légers, et d'une taille au-dessus de la moyenne, sont ceux qui conviennent le mieux aux travaux de l'agriculture. Dans beaucoup de lieux, on préfère les chevaux de petite taille, parce qu'ils sont, dit-on, plus sobres et piétinent moins la terre par le poids de leur corps. Cette dernière considération est entièrement erronée ; car de grands chevaux, ayant les pieds plus larges à proportion, ne s'enfoncent pas davantage dans la terre, et si l'on fait avec deux forts chevaux le même travail qu'avec quatre petits, le sol sera certainement moins piétiné. Quant à la sobriété, on a peut-être raison d'en faire grand cas dans les exploitations où les animaux sont soumis au régime de la misère, mais rien n'est moins profitable que ce régime ; et, lorsqu'on y fait attention, on reconnaît que le travail exécuté par des chevaux copieusement nourris est vraiment plus économique que celui des chevaux les plus sobres de la terre et soumis à maigre pitance. Sour ce rapport, les rouliers, les maîtres de poste, et les entrepreneurs de messageries, sont plus avisés que ne le sont en général les cultivateurs ; ou plutôt ils ont mieux étudié cette question d'économie dans le service des animaux de trait, parce qu'il est le point fondamental de leur industrie, tandis que, quoique fort important aussi pour les cultivateurs, il n'est cependant pour eux que d'un intérêt secondaire. Dans les industries dont je viens de parler, on a adopté pour principe de faire consommer par les chevaux les plus fortes rations qu'il est possible : à cet effet, on remplace par des grains une partie assez considérable de la ration de foin. Mais aussi on exige des chevaux toute la somme de travail à laquelle ils peuvent suffire sans nuire à leur santé. C'est ainsi que dans le roulage *comtois,* où chaque cheval est attelé isolément à un chariot, la charge que l'on donne communément à chaque cheval est de 1,000 à 1,200 kilogrammes ; tandis qu'un cultivateur nourrissant économiquement ses attelages se croirait obligé d'atteler trois ou quatre chevaux de petite taille pour traîner une semblable charge. Le cheval du roulier comtois consomme, il est vrai, environ 20 litres d'avoine par jour, tandis que les quatre chevaux du fermier n'en mangent guère plus ; mais ils consomment six fois autant de foin, en sorte que tout l'avantage de l'économie est en faveur du roulier; et cet avantage résulte des principes que j'ai exposés, relativement à la ration d'entretien, dans le troisième paragraphe de la quatrième section du chapitre I. On trouve certainement dans l'exemple des rouliers un enseignement très-instructif, qui mérite toute l'attention des cultivateurs éclairés.

En repoussant ainsi toute économie mal entendue dans l'entretien des attelages, je pense qu'on doit éviter avec autant de soin tout ce qui n'est qu'un luxe sans utilité. Ainsi, dans beaucoup de localités, les cultivateurs aisés attachent une grande importance à appareiller leurs attelages, comme on a coutume de le faire pour les chevaux de carrosse. Pour ce dernier usage même, c'est là le genre de luxe le plus mal calculé; et les Anglais, plus connaisseurs que nous dans tout ce qui a rapport à l'entretien et au service des chevaux, se gardent bien d'un semblable travers. Rien de plus commun que de voir dans ce pays deux chevaux de poil entièrement différent attelés à l'équipage de l'homme le plus opulent. Mais que l'on y regarde de près, et l'on trouvera que l'on a mis autant de soin à appareiller ces chevaux pour les moyens et pour l'allure, que l'on en met chez nous à choisir pour deux chevaux de carrosse le même poil, des chanfreins précisément semblables, ou des balzanes bien symétriques. Il en résulte que le lord anglais est toujours bien mené par un attelage qui dure longtemps, tandis que rien n'est plus rare que de rencontrer dans une paire de chevaux de

7

carrosse, en France, l'égalité d'allure et de vigueur sans laquelle un des deux chevaux au moins est promptement usé. Lorsqu'on sait combien il est difficile de rencontrer deux chevaux exempts de défauts de quelque importance, et bien appareillés pour les moyens physiques, en les cherchant indifféremment parmi les animaux de toutes les robes, on comprend combien doit être rare la réunion de ces circonstances avec la similitude de robe à laquelle on attache tant d'importance ; aussi c'est presque toujours en associant une rosse à un bon cheval, que l'on parvient à obtenir un couple bien appareillé. Dans ceci comme dans une multitude d'autres choses, les Anglais tendent à l'utilité réelle, tandis que les Français sacrifient cette utilité à une beauté de convention qui ne satisfait que les yeux. Les cultivateurs du moins, et surtout ceux qui se distinguent par plus de lumières que leurs confrères, doivent repousser une semblable petitesse : ils trouveront un immense avantage dans l'exécution de leurs travaux et dans la conservation de leurs chevaux, à atteler ensemble des chevaux bien appareillés sous le rapport de l'ardeur, de l'allure et de la force, sans s'inquiéter en aucune façon s'ils sont de même robe.

Il est certain que, pour tous les genres de travaux, la force des chevaux est employée d'autant plus utilement que chaque attelage est moins nombreux. Il est bien connu que dans les opérations du roulage chaque cheval tire un poids d'autant moins considérable qu'on en attèle un plus grand nombre à chaque chariot ; et le roulage comtois, où chaque cheval est attelé isolément, est cer tainement celui dans lequel les poids les plus considérables se transportent par le même nombre de chevaux. Cette circonstance vient des difficultés que l'on rencontre pour mettre parfaitement d'accord les efforts de tous les animaux dans un attelage nombreux ; et si cela est vrai pour le roulage sur les grandes routes, où la résistance est à peu près uniforme, cela l'est encore bien davantage pour les charrois que l'on exécute dans les opérations agricoles, et où l'on rencontre généralement des pas fort difficiles, à côté de bonnes parties de chemin. Dans ces circonstances, on n'emploie généralement, dans l'instant le plus difficile, qu'une bien faible partie de la force des chevaux qui composent un nombreux attelage, parce que le charretier, même le plus exercé, ne peut obtenir que tous les chevaux développent à la fois et au même degré d'intensité les efforts qui doivent vaincre l'obstacle. Il en est de même pour les travaux de labour, et il ne faut pas croire que deux paires de chevaux attelés à une charrue développent en moyenne une force double d'une seule paire. Lorsqu'on dépasse le nombre de deux ou trois paires au plus, les chevaux que l'on ajoute n'accroissent la force de l'attelage que d'une si petite quantité, que c'est une puissance très-mal employée. C'est là encore une considération qui milite fortement en faveur de l'emploi des chevaux de grande taille et d'une forte nourriture ; car on peut par ces moyens diminuer considérablement le nombre des chevaux employés. Il faut toujours, au reste, que l'attelage soit plus fort que la résistance qu'on lui donne à vaincre ; et il n'y a rien à gagner à donner à un cheval, ou à un attelage déterminé, une charge contre laquelle les animaux luttent sans cesse avec de trop grands efforts : les chevaux se fatiguent considérablement ainsi, sans produire autant d'effet utile que lorsqu'ils n'ont à vaincre qu'une résistance modérée.

Il y a un avantage très-décidé à diviser en deux parties la journée d'attelage ; car des chevaux bien nourris peuvent facilement supporter 9 heures de travail en deux attelées, tandis qu'on ne pourrait songer à les tenir attelés pendant cet espace de temps sans repos. L'usage de ne faire qu'une attelée est encore entretenu dans quelques cantons arriérés par l'habitude d'envoyer les chevaux chercher leur nourriture à la pâture, ce qui occupe le reste de la journée. Quelques cultivateurs disent aussi que lorsqu'on fait deux attelées, la journée des valets est entièrement occupée à la conduite des attelages, tandis que par l'autre méthode on peut les occuper à d'autres travaux pendant une partie du jour. La pâture, pour l'entretien des chevaux d'attelage, est un usage si vicieux sous tous les rapports, que ce motif doit être entièrement écarté. Quant au travail manuel qu'on peut obtenir des valets pendant l'après-midi, lorsque les chevaux ne sont attelés que le matin, sa valeur est de bien peu d'importance, au prix de la perte que l'on éprouve sur la masse de travail exécutée par les attelages ; et tout homme qui voudra calculer la dépense qu'exige l'entretien des chevaux, comprendra bien vite de quelle importance il est pour lui d'obtenir de ses attelages autant de travail qu'il le peut, en les fatiguant le moins qu'il est possible.

La nourriture des chevaux a généralement pour base le foin et les grains. La paille ne peut former qu'une faible partie de la nourriture des chevaux qui sont soumis à un travail soutenu. Le foin de prairies naturelles peut avec beaucoup d'avantages être remplacé par le foin de trèfle, de luzerne ou de vesces, et encore mieux par celui de sainfoin. Lorsque les vesces, ou un mélange de vesces, de féveroles et de graminées, ont été récoltées longtemps après la floraison et contiennent une bonne partie de grains déjà mûrs, cela forme pour les chevaux un aliment des plus substantiels, et qui remplace les grains et le foin.

Parmi les grains, c'est l'avoine que l'on emploie le plus fréquemment à la nourriture des chevaux. Il ne peut en être autrement, puisque dans l'assolement triennal, qui domine encore généralement, l'avoine est le seul grain que l'on cultive en abondance outre le froment. De là est résultée l'opinion très-généralement répandue, que l'avoine est le grain qui convient le mieux à la nourriture des chevaux, ou même que c'est le seul qui leur convienne. Mais cette opinion est une erreur : on peut très-bien remplacer l'avoine par d'autres grains, dans la nourriture des attelages. L'avoine offre néanmoins cet avantage, que la même quantité de substance alimentaire s'y présente sous un volume plus considérable que dans les grains plus pesants à mesure égale, et cette circonstances est favorable à l'action des organes digestifs chez les chevaux ; cependant il est facile de produire le même effet avec d'autres grains plus pesants, en y mélangeant soit de la paille hachée, soit des balles de froment. On croit aussi que l'avoine possède, principalement dans son enveloppe, une propriété stimulante qui dispose spécialement les chevaux à déployer avec activité leurs forces musculaires. Je ne voudrais pas assurer qu'il n'y a rien de vrai dans cette assertion ; mais il est certain que, dans d'autres pays, on nourrit sans avoine des chevaux qui ne manquent certes pas d'ardeur et d'énergie : par exemple en Espagne, où les chevaux ne reçoivent que de l'orge, et dans l'Amérique septentrionale, où on les nourrit de maïs. En supposant même, au reste, que l'avoine présentât quelque avantage sous ce rapport, on ne pourrait faire l'application de ce principe qu'aux services qui exigent beaucoup de légèreté et de vitesse, comme pour les chevaux de selle ou de carrosse. Quant aux chevaux employés aux travaux de l'agriculture, et en général pour tous les chevaux de trait, il est certain qu'on peut les entretenir dans un grand état de vigueur en remplaçant l'avoine par des grains plus nutritifs à volume égal, et spécialement par les pois, les vesces, les féveroles, le maïs, le seigle, l'orge et le sarrazin. Dans cette liste, j'ai rangé les grains dans l'ordre qu'on doit, je pense, leur assigner, relativement à leur valeur nutritive à poids égal ; mais tous possèdent une valeur nutritive supérieure à celle de l'avoine, non-seulement à mesure égale, mais aussi à égalité de poids, parce que la balle ou enveloppe, beaucoup moins nutritive que le grain, forme une partie considérable du poids de l'avoine. Les diverses espèces ou qualités de ce grain peuvent encore différer considérablement entre elles, relativement à cette proportion : il est telle avoine où les balles forment peut-être plus de moitié du poids total, tandis que dans d'autres elles en forment à peine le quart, comme je l'ai dit dans la quatrième section du premier chapitre de cette partie. La première de ces deux avoines n'aura guère que moitié de la valeur nutritive de l'autre à poids égal; et, si on les compare en mesure, la différence entre elles sera encore beaucoup plus considérable, parce que la première pèse beaucoup moins à mesure égale. Dans les autres espèces de grains la proportion des enveloppes est beaucoup moins forte, même dans l'orge, dont le grain reste enveloppé de sa balle, et dans le sarrazin, dont l'enveloppe est de nature analogue. Mais dans les pois, les féveroles, le seigle, etc., l'enveloppe ne consiste qu'en une pellicule mince, et plus nutritive en elle-même que les balles de céréales; aussi, à poids égal, ces grains sont beaucoup plus nutritifs que la meilleure avoine. Depuis que j'entretiens des chevaux de culture, j'ai adopté pour règle de choisir, parmi les grains que je pourrais faire consommer, ceux qui m'offrent le plus d'avantages relativement à leurs divers prix sur les marchés du pays; l'avoine est de tous les grains celui que j'emploie le plus rarement, et mes attelages se sont toujours très-bien trouvés de ce régime. Lorsque, par exemple, l'hectolitre d'excellente avoine, pesant 50 kil., coûte 5 fr., je cherche, d'après les cours des marchés, à quel prix reviennent les autres grains par quintal; et, à prix inférieur ou même à prix égal avec l'avoine, je donne la préférence à celui qui coûte le moins. A égalité de prix, je préfère les féveroles et surtout les pois à tous les autres. Si l'on veut appliquer cette mesure aux prix des divers grains sur les marchés, on trouvera dans une multitude de circonstances que l'on peut apporter une grande économie dans l'entretien des chevaux en substituant d'autres grains à l'avoine, dont le prix est dans un grand nombre de cas trop élevé relativement à sa valeur nutritive. Toutefois, lorsqu'on emploie d'autres grains à la nourriture des chevaux, il importe, beaucoup plus encore que pour l'avoine, de ne les donner qu'égrugés ou concassés; et l'on ne doit pas manquer d'y mêler, au moins à volume égal, de la paille ou du foin haché, ou des balles de froment passées au crible pour les séparer de la paille qui y est toujours mélangée. Si l'on administrait seuls les grains très-nutritifs relativement à leur volume, on exposerait les chevaux à diverses maladies et en particulier à la fourbure.

Les racines peuvent très-bien aussi s'employer à la nourriture des chevaux. Les carottes sont celles qui y conviennent le mieux, parce que tous les chevaux les mangent avec avidité. Dans quelques localités, et spécialement dans le Palatinat du Rhin, on les a habitués à manger des betteraves : il n'est pas douteux qu'elles ne forment alors pour eux une excellente nourriture, mais les chevaux ne les mangent pas généralement aussi volontiers que les carottes. Ces deux espèces de racines se donnent découpées par tranches. De nombreux exemples prouvent aussi que les pommes de terre cuites peuvent fort bien nourrir les chevaux : on les écrase et on les mêle généralement à du foin haché, que l'on mélange quelquefois de paille également hachée ; et, lorsqu'on donne du grain, on le mêle aussi à cette masse après l'avoir fait égruger, en sorte que toute la ration se compose de cette pâtée que les chevaux mangent très-volontiers dès qu'ils y sont habitués. Dans plusieurs exploitations rurales où j'ai pu me procurer des informations précises, on nourrit ainsi les chevaux depuis plusieurs années, en remplaçant par des pommes de terre au moins la moitié de la ration de foin, quelquefois sans aucune addition de grains, ce qui apporte une grande économie dans l'entretien des attelages. On trouve généralement que les chevaux nourris ainsi se maintiennent fort gras, et montrent autant de vigueur que ceux que l'on nourrit avec du foin et une ration modérée d'avoine, comme il est d'usage pour les attelages agricoles. Pour les carottes, je ne pense pas, d'après mon expérience, que l'on puisse sans nuire à la vigueur des chevaux les faire entrer pour une grande proportion dans leur nourriture : on ne doit guère dépasser 12 à 15 kil. de carottes par jour, pour des chevaux de grande taille ; et si les attelages travaillent un peu fortement, on ne peut se dispenser d'ajouter au foin et aux carottes une ration modérée de grains. Avec ce régime, les chevaux sont très-bien nourris, et prennent de l'embonpoint et un poil luisant.

Je ne dirai rien du pansement, trop souvent négligé pour les chevaux de culture, parce que je présume que tout le monde est convaincu de l'utilité des soins de ce genre pour l'entretien de la santé des chevaux. Je dirai très-peu de chose aussi des harnais : dans la plupart des cas, il convient de ne pas trop s'éloigner pour leurs formes des usages de la localité, parce que les ouvriers sont habitués aux précautions qu'exige l'emploi de telles formes ou de telles dispositions. Il sera donc prudent de ne changer les usages locaux, que lorsqu'ils sont décidément vicieux. Les harnais de culture doivent être solides : jamais il n'est profitable de sacrifier cette qualité au bas prix ; mais aussi le cultivateur raisonnable doit rejeter toute espèce de luxe dans les harnais de ses attelages. Le collier est préférable à la bricole pour les chevaux qui sont assujettis à des travaux constants, parce qu'en développant les mêmes efforts, les chevaux se blessent bien plus facilement avec la bricole. La forme des colliers et le soin avec lequel ils sont entretenus sont d'une haute importance, pour que les chevaux ne se blessent pas dans des travaux un peu rudes. Les colliers doivent avoir autant de légèreté que l'on peut en réunir à une solidité suffisante. Généralement, les traits partant de l'attache fixée à la tête du collier, se dirigent en ligne droite vers le point où ils sont fixés sur le palonnier. Il résulte de cette disposition un inconvénient très-grave lorsque les chevaux tirent fortement ; car le collier étant nécessairement incliné d'avant en arrière, dans la position qu'il prend naturellement sur les épaules du cheval, est tiré vers le haut par l'effort de la traction ; en sorte que, lorsque les efforts sont considérables, le bas du collier vient serrer la gorge du cheval, et gêne sa respiration, dans le moment même où l'animal aurait le plus besoin de la liberté de son haleine. C'est dans le but de diminuer cet inconvénient que l'on donne à la garniture, ou au coussin du collier, beaucoup plus de largeur vers le haut que vers le bas, ce qui rapproche les attelles de la ligne verticale; mais on ne remédie que très-imparfaitement par ce moyen à l'inconvénient que j'ai signalé. En Flandre, on a adopté une disposition fort simple, qui remédie parfaitement à ce mal, et que l'on devrait introduire partout où l'on·fait usage de collier. Cette disposition consiste en une forte ventrière de cuir, large de trois doigts, dont les deux extrémités sont attachées à des fourreaux également en cuir dans lesquels les traits sont passés. Ces fourreaux se placent un peu en arrière du collier de façon à ce que la ventrière passe immédiatement derrière les épaules, de même que la sangle d'une selle. On serre cette ventrière de manière à abaisser les traits sur ce point, en sorte qu'ils forment une ligne brisée au lieu d'une ligne droite. On serre suffisamment la ventrière pour que la partie antérieure du trait forme à peu près un angle droit avec la ligne que forme le collier dans la position inclinée qu'il prend sur les épaules du cheval. De cette manière, le collier ne tend aucunement à remonter, dans les efforts de traction; et ceux-ci se partagent entre les épaules et la partie inférieure du thorax, où la ventrière vient s'appuyer. Les charretiers flamands attachent avec raison une grande importance à cette disposition.

Afin de faciliter le service, il importe beaucoup que l'on ménage dans les écuries, derrière chaque cheval, un emplacement où l'on suspend le collier et les diverses pièces du harnais qui sont d'un usage journalier, sans les mêler avec ceux des autres chevaux. Si l'on n'a pas établi de bonnes dispositions d'ordre sous ce rapport, il en résulte beaucoup de perte de temps, soit par les trajets que doivent faire les valets pour porter au loin et rapporter les harnais, soit par les embarras qui résultent de la confusion entre les pièces de harnachements qui appartiennent aux divers chevaux.

DEUXIÈME SECTION

Comparaison entre les attelages de chevaux et de bœufs.

On a bien souvent discuté les avantages relatifs de l'emploi des bœufs et des chevaux pour les travaux de culture, et les opinions ont été fort partagées sur ce sujet. Ayant employé pendant longtemps les uns et les autres, je crois pouvoir émettre avec confiance les idées que je me suis faites d'après mon expérience.

Le service des chevaux est plus commode, plus agréable, et plus facilement applicable à toutes les localités et à tous les usages auxquels on peut employer les attelages. C'est certainement par ce motif que l'emploi des chevaux a prévalu partout où l'aisance s'est introduite parmi les cultivateurs, à la suite des améliorations de la culture. Il est résulté de là aussi qu'une espèce d'amour-propre a excité les cultivateurs à adopter de préférence l'usage des chevaux, et que beaucoup d'entre eux regarderaient comme un déshonneur de cultiver avec des attelages de bœufs. Il est incontestable toutefois que l'emploi des bœufs est plus économique, tant sous le rapport du prix d'achat des animaux que sous celui de leur entretien. On a dit souvent que les bœufs augmentent de valeur dans le service de trait, tandis que la valeur des chevaux diminue chaque année : il y a là, je pense, de l'exagération, car on ne peut compter sur un accroissement dans la valeur des bœufs que dans le cas où l'on achèterait des animaux qui n'ont pas toute leur croissance, c'est-à-dire à l'âge de trois ou quatre ans ; mais alors il faut les ménager beaucoup, et n'en exiger qu'une masse de travail inférieure à la dépense de leur nourriture. Si l'on achète des bœufs tout formés, mais fort maigres, on pourra aussi sans doute voir s'accroître leur valeur ; mais c'est à la condition qu'on leur donnera une nourriture très-abondante, en n'exigeant d'eux que peu de travail. Dans ces deux cas, il faut distinguer, dans la dépense d'entretien, la portion qui doit être payée par le travail, et celle qui s'applique à l'accroissement de valeur des animaux. Mais, pour apprécier avec exactitude la dépense des attelages de bœufs, il faut considérer les animaux dépensant en travail la somme de nourriture qu'ils reçoivent, comme cela arrive pour des bœufs de cinq ans environ que l'on soumet au travail pendant deux ou trois années, sans qu'il y ait pour eux ni augmentation ni diminution notable d'embonpoint. Il est certain qu'alors ils auront autant de valeur pour la boucherie en finissant leur service qu'ils en avaient en le commençant ; et c'est là un résultat sur lequel on ne peut compter avec des chevaux.

La nourriture des bœufs sera aussi moins coûteuse, relativement à la masse de travail exécutée; car, en supposant des bœufs et des chevaux bien nourris, et de taille analogue, la masse de travail sera en général entre eux comme 4 est à 5, c'est-à-dire que les chevaux feront un quart d'ouvrage de plus que les bœufs. La nourriture de ces derniers pourra bien en effet représenter les 4/5 de la nourriture des chevaux, relativement à la masse de substance alimentaires; mais la dépense ne sera pas dans ce même rapport, parce que c'est la partie la plus coûteuse de la nourriture des chevaux, c'est-à-dire la ration de grain que l'on pourra supprimer, ou du moins infiniment réduire avec les bœufs. Ceux-ci s'accommodent beaucoup mieux en effet que les chevaux de l'espèce de nourriture la plus économique de toutes, c'est-à-dire des racines; ou du moins on peut faire entrer celles-ci pour une proportion plus considérable dans leur ration. Des bœufs de trait de grande taille seront fort bien nourris avec 7 kilogrammes 500 grammes de foin par tête et 15 kilogrammes de betteraves ou de pommes de terre; tandis que pour un grand cheval il faudra ajouter à la même ration de foin 7 kilog. 500 grammes de grains au moins, qui coûtent beaucoup plus que les 15 kilogrammes de racines; et, si l'on donne une portion de racines au cheval, il faudra encore y ajouter une portion de grain si l'on exige des animaux un travail soutenu. Toutes les fois que le travail des bœufs est interrompu, par quelque cause ce soit, si l'on continue à leur donner la même ration, ils augmentent de poids et par conséquent de valeur ; en sorte qu'avec eux la nourriture est toujours employée avec profit, soit qu'ils travaillent, soit qu'ils restent en repos. Enfin, comme on l'a souvent remarqué, s'il survient à un cheval un accident qui le mette hors de service pour le trait, la valeur presque entière de l'animal est perdue, tandis que dans ce cas le bœuf est souvent propre à être consacré à l'engraissement ; ou, si l'on est forcé de le tuer maigre, il n'a guère moins de valeur que dans l'autre cas.

Dans la comparaison entre les dépenses d'entretien des bœufs et des chevaux, on a souvent évalué la nourriture des premiers à un taux beaucoup moins élevé que je ne le fais ici ; mais alors on a presque toujours commis l'erreur de supposer que des bœufs nourris avec une chétive ration sont capables du travail que l'on obtient d'animaux bien nourris. On a quelquefois supposé que les bœufs de trait étaient nourris par le pâturage, auquel on a attribué arbitrairement une valeur peu élevée, en sorte que la dépense d'entretien des animaux était réduite à fort peu de chose. Mais il y a tant à perdre à faire dépenser par des animaux de trait une bonne partie de leur temps et de leurs forces musculaires à aller chercher leur nourriture dans les pâturages, que, lorsqu'on examinera bien cette question, on trouvera que le travail obtenu ainsi est le plus coûteux de de tous. La nécessité, au reste, fait quelquefois une loi d'employer ce moyen, surtout dans les commencements d'une entreprise d'améliorations agricoles, et lorsqu'on manque encore de ressources alimentaires suffisantes pour entretenir les animaux de trait à l'étable ; et alors les bœufs conviennent certainement mieux que les chevaux, parce qu'ils s'accommodent moins mal de ce régime.

A côté des avantages bien réels de l'emploi des bœufs pour les travaux de culture, et surtout pour le labourage, il se présente, pour un grand nombre de localités, un inconvénient auquel on n'attache pas généralement toute l'importance qu'il a réellement dans la pratique : cet inconvénient résulte des difficultés de l'achat des animaux dans les lieux éloignés des foires ; et aussi de la difficulté de trouver des valets propres à soigner et à conduire des bœufs, dans les cantons où ces animaux ne sont pas généralement employés à la culture des terres. Là où des foires de bœufs sont fréquentes, et où l'on peut à chaque instant acheter ou vendre selon les exigences du service, on comprend difficilement quels embarras entraîne la nécessité d'aller chercher à 60 ou 80 kilomètres une foire où l'on ne trouvera peut-être à exécuter les achats ou les ventes qu'à des conditions onéreuses, tandis que ceux qui habitent sur place pourront attendre une foire plus favorable. Pour les valets, on ne peut presque jamais les déterminer à conduire des bœufs dans les cantons où l'on ne fait usage que de chevaux ; et l'on est forcé de faire venir des bouviers souvent de cantons éloignés. Mais c'est là la situation la plus déplorable dans laquelle puisse se placer un cultivateur à l'égard des gens qui le servent ; car il se met sous leur dépendance par la connaissance qu'ils ont des difficultés qu'il éprouverait à les remplacer. Il est à peu près impossible d'être bien servi dans cette combinaison, et les inconvénients qui en résultent peuvent surpasser de beaucoup les avantages que l'on trouve dans l'emploi des bœufs.

Dans plusieurs localités, il est d'usage de disposer les attelages de bœufs de manière que chaque laboureur fasse le matin une attelée avec une paire d'animaux, et l'après-midi avec une autre paire. Le travail des hommes est ainsi mieux employé, parce qu'on peut faire les attelées un peu plus longues sans fatiguer les animaux ; et ces derniers augmentent réellement de valeur dans ce cas, s'ils sont bien nourris. Cette combinaison ou d'autres analogues conviennent surtout aux cultivateurs qui emploient de jeunes bœufs qui n'ont pas atteint toute leur croissance. Dans mon service, employant toujours des bœufs d'âge fait, j'aime à former chaque attelage de cinq bœufs auxquels sont attachés un premier garçon et un second. Ces bœufs s'attellent à la charrue par couples, pour tous les labours qui ne sont pas trop difficiles ; et dans les sols tenaces, quatre bœufs sont attelés à la charrue sous la conduite du premier garçon, aidé du second. Le cinquième bœuf sert à remplacer celui des animaux de l'attelage qui se trouve accidentellement boiteux, malade ou fatigué. Cela est d'autant plus utile, que les accidents de boiterie sont plus fréquents avec les bœufs qu'avec les chevaux, parce que la ferrure qu'on peut leur appliquer est moins solide, par suite de la différence de conformation des pieds ; et un attelage est souvent arrêté, si l'on n'a pas un bœuf de rechange pour remplacer celui qui boite. Dans quelques localités, on se dispense de ferrer les bœufs ; mais je ne pense pas que l'on puisse obtenir un travail constant et soutenu de ces animaux, même sur des sols meubles et exempts de pierres, si l'on n'a pas recours à la ferrure. Cette opération est au reste assez délicate, et ne peut être pratiquée que par des ouvriers exercés ; elle exige impérieusement l'emploi d'un *travail*, dans lequel on assujettit les animaux ; autrement, il peut en résulter des accidents fort graves. Cette difficulté forme encore un obstacle à l'introduction de l'emploi des bœufs dans beaucoup de cantons. Mais là où cet usage est établi, les cultivateurs feront très-bien d'éviter de se laisser entraîner au luxe des chevaux, et de continuer à composer de bœufs au moins la majeure partie de leurs attelages.

On a beaucoup discuté aussi sur le mode d'attelage le plus convenable pour les bœufs, et en particulier sur la préférence que mérite l'emploi du joug ou celui du collier. Beaucoup de personnes ont dit à cette occasion que la force principale du bœuf réside dans les muscles de son col, et qu'il convient en conséquence de l'atteler par la tête. Il y a là une erreur manifeste. Un animal ne tire pas par les efforts du cou, de la tête, du poitrail, des épaules ou de toute autre partie du corps à laquelle viennent aboutir les traits : ces parties ne servent que d'intermédiaires pour la transmission des efforts qui sont opérés par les muscles des jambes et des reins. Ce sont ces dernières parties qui travaillent réellement, dans tous les cas ; et il ne s'agit plus que de trouver sur le corps des animaux une partie assez résistante pour qu'on puisse lui faire supporter ces efforts sans qu'il en résulte des blessures, et aussi sans gêner les mouvements de l'animal. Les épaules conviennent à ce but dans le bœuf, tout aussi bien que les cornes. Des expériences suivies pendant assez longtemps, m'ont démontré qu'en effet les bœufs développent autant de force par l'intermédiaire du collier que par celui du joug. Le choix doit donc ici être déterminé par d'autres considérations.

Le joug accouplé, comme on l'emploie généralement, a pour lui le mérite de la simplicité et de l'économie : pour le travail de la charrue en particulier, il est certain que le labour ne peût jamais avoir la même régularité avec les autres moyens d'attelages ; car le joug force les animaux à marcher constamment à une distance uniforme entre eux, parce que le tirage part d'un seul point. Mais il est certain aussi que les bœufs éprouvent par là beaucoup de contrainte, ce qui ralentit très-sensiblement leur marche, et diminue par conséquent la quantité de travail exécutée dans un temps donné. Les bœufs peuvent tirer de même à l'aide du joug brisé ou isolé qui rend chaque animal indépendant des mouvements de son compagnon ; mais on perd ainsi l'avantage de la régularité pour le labour, ou du moins il faut alors plus d'habileté au laboureur pour obtenir cette régularité ; on perd aussi une grande partie de l'économie, car il faut alors pour chaque bœuf une paire de traits qui viennent se fixer aux extrémités du joug. La grande économie qui résulte du joug isolé consiste au contraire dans la substitution d'une seule lancette en bois aux deux paires de traits. Seulement, dans les charrues qui exigent une certaine mobilité d'action, le prolongement de la lancette est formé par une chaine de

1 mètre (quelques pieds) de longueur ; mais le prix de cette chaîne est fort inférieur à celui des deux paires de traits, qui s'usent assez promptement, même lorsqu'on emploie des traits de fer. Les colliers analogues à ceux des chevaux exigent aussi l'emploi des traits, et ne sont pas beaucoup plus coûteux que les jougs isolés. Je pense qu'on doit les préférer à tout autre mode d'attelage pour tous les travaux autres que le labour ; et même pour ce dernier, ils offrent le très-grand avantage d'une marche plus accélérée des animaux. Cependant, je ne crois pas que les avantages qu'offre le collier soient suffisants pour qu'on doive en conseiller l'adoption aux cultivateurs qui habitent des cantons où le joug est généralement employé. Il y a, du moins dans l'état actuel de l'agriculture dans ces cantons, des innovations plus importantes à introduire, et qui devront presque partout précéder celle-ci, qui est de nature à déplaire plus que tout autre aux agents ordinaires de la culture, parce qu'elle contrarie leurs habitudes beaucoup plus que l'usage des nouveaux instruments d'agriculture. On compromettrait souvent le succès de l'introduction d'une charrue nouvelle, qui peut améliorer dans une grande proportion la culture d'un canton, si l'on donne à croire aux valets que cette charrue ne peut fonctionner qu'avec des attelages au collier qu'ils ne sauront pas diriger ; tandis que des bœufs attelés au joug sont aussi propres à conduire l'araire ou toute autre charrue perfectionnée que la charrue ordinaire des cantons où l'on voulait introduire ces instruments. Les herses, les rouleaux, les extirpateurs qui exigent l'attelage d'une paire d'animaux, peuvent aussi être

conduits à l'aide du joug aussi bien que des colliers ; et, pour tous les cas où l'on ne doit employer qu'un seul animal, on peut l'atteler indifféremment soit au collier, soit au joug isolé. Les personnes qui voudront faire usage du joug isolé reconnaîtront bientôt que, pour éviter que les traits ne se dérangent dans leur direction, il est nécessaire de les assujettir en les faisant passer, un peu en arrière des épaules des animaux, dans des fourreaux fixés à une forte courroie qui forme à la fois ventrière et dossière.

TROISIÈME SECTION

Emploi des vaches aux travaux d'attelage

L'analogie du sujet me détermine à placer également ici quelques observations sur les attelages de vaches. Les vaches nourries à l'étable peuvent être employées à des travaux d'attelage modérés, avec avantage pour leur santé, et sans qu'il en résulte une notable diminution dans la quantité de lait qu'elles produisent, pourvu que la durée du travail ne dépasse pas trois ou quatre heures par jour en une seule attelée, ou quatre ou cinq en deux attelées, et pourvu qu'on n'exige pas de ces animaux des efforts considérables. Il conviendra presque toujours de composer l'attelage d'un nombre de vaches double de celui des chevaux qu'on aurait employés au même travail, en sup-

posant une taille moyenne pour les uns et pour les autres.
Il est certain, toutefois, que ce travail doit être compensé
par un accroissement de ration ; mais les fourrages employés ainsi le sont avec beaucoup de profit ; on comprend, en effet, que la ration d'entretien des animaux
étant généralement imputée sur la production du lait, toute
la portion des aliments qui est appliquée à réparer l'épui-
sement des forces produit par le travail reçoit un emploi
utile ; tandis que pour les autres animaux de trait, la ration
d'entretien doit être déduite de la somme des fourrages
consommés, et l'excédant seul de cette ration est appliqué
à produire le travail.

Cependant, on ne doit pas se dissimuler que c'est surtout dans la petite culture que l'on peut tirer de grands
avantages de l'emploi des vaches laitières aux travaux
d'attelages ; et dans les grandes exploitations, cet emploi
présente des difficultés et des inconvénients qui forceront
bien souvent les cultivateurs à y renoncer. Le petit cultivateur qui conduit lui-même ses attelages, ou qui du
moins les fait toujours conduire sous sa direction immé-
diate, saura user de tous les ménagements nécessaires
pour que le travail ne nuise pas aux animaux ; et si, dans
un moment de travaux pressants, il doit se résigner à
éprouver quelques pertes sur la production du lait, il
calculera l'étendue de cette perte, et ne s'y soumettra
que lorsqu'il y trouvera un avantage réel sous un autre
rapport. Mais pour le cultivateur qui possède une vacherie
nombreuse, et qui est placé à la tête d'une vaste exploitation, il est bien difficile qu'il puisse attendre des hommes

qu'il emploie aux travaux d'attelage tous les ménagements qu'exige impérieusement l'emploi des vaches. Si l'on utilise ces animaux pour le labour, ils ne pourront presque jamais être conduits par les hommes qui les soignent à l'étable, car les vachers sont occupés à l'intérieur pendant trop de temps pour qu'on les emploie comme laboureurs. Il faudra donc placer les vaches sous la conduite des valets destinés spécialement à ce travail, et qu'il faudra bien placer eux-mêmes sous les ordres de l'employé qui préside aux cultures, quelle que soit la dénomination qu'on lui donne. Mais il y aura presque toujours les plus graves inconvénients à soustraire ainsi les vaches pendant le temps des travaux à la surveillance du vacher en chef; celui-ci se plaindra fréquemment qu'on a maltraité les animaux, qu'on en a exigé un travail trop fatiguant, etc. Bien souvent ces plaintes seront fondées; et quand même elles ne le seraient pas, on détruirait ainsi toute l'émulation qui le porte à veiller au bien-être des animaux sur lesquels il exerce ses soins sans interruption et sans contrariété. D'un autre côté, les laboureurs, ou le premier valet auquel ils obéissent, se plaindront souvent aussi que le vacher refuse de laisser atteler tels animaux qu'ils préféreraient à d'autres; ou il s'élevera entre eux, relativement aux heures de départ et de retour, des contestations qu'il est bien difficile de prévenir par des règlements, et qui ne tarderont guère à semer la mésintelligence entre les personnes et le découragement des deux côtés. Il est évident qu'il est fort difficile d'éviter dans tout ceci un vice de hiérarchie ou de subordination dont les inconvénients sont toujours fort graves. L'emploi des vaches aux travaux d'attelage ne présentera donc tous les avantages qu'on peut s'en promettre, que pour les cultivateurs qui sont à portée de surveiller eux-mêmes constamment les travaux; et nous voyons en effet que dans les cantons nombreux où cet usage est adopté, c'est exclusivement chez les petits propriétaires ou les petits cultivateurs qu'il est mis en pratique.

TROISIÈME PARTIE

TROISIÈME PARTIE

DES BÊTES BOVINES

CHAPITRE I

DE L'ÉLÈVE DES BÊTES A CORNES

PREMIÈRE SECTION

De la diversité des races bovines

Les races de bétail à cornes de divers cantons varient considérablement par leurs formes et par leurs propriétés ; mais il serait superflu de faire mention ici des différentes races que l'on trouve en France, d'autant plus qu'il est fort rare aujourd'hui de les rencontrer dans leur état de pureté ; car pour ainsi dire partout, des croisements en ont plus ou moins altéré les caractères. Ces croisements ont été du reste presque toujours exécutés avec fort peu de jugement ; et il est douteux qu'ils aient produit quelque part une amélioration réelle, parce qu'on y a procédé sans un but bien déterminé, ou en se dirigeant d'après des idées erronées, comme je l'ai fait voir dans la deuxième section du chapitre I. En général, je pense que dans presque tous les cas, il convient au cultivateur qui veut améliorer la race du bétail à cornes de son canton, d'étudier les résultats qu'il obtiendra avec cette même race en améliorant le régime auquel elle est soumise, et en lui appliquant sous tous les rapports les soins qu'il donnerait à une race importée, ou à une race produite par le croisement avec des animaux d'une autre race. S'il se détermine à tenter cette importation ou ces croisements, ce ne doit être qu'avec un but bien déterminé, d'après l'application particulière qu'il veut faire de la race qu'il désire se procurer.

Le bétail à cornes s'applique à trois emplois bien distincts : la laiterie, l'engraissement, et les travaux d'attelages ; et ces emplois exigent des qualités diverses dans les animaux. Il ne faut pas croire cependant qu'il puisse être économique de créer, pour chacun de ces emplois, des races qui excelleraient dans une spécialité, sans égard pour les autres genres d'emploi. Pour les vaches laitières, on comprend qu'il est à la rigueur possible de n'appliquer une race qu'à cet usage, en destinant tous les veaux mâles à la boucherie, peu de temps après leur naissance. On pourrait alors, dans les qualités par lesquelles on apprécie cette race, ne porter son attention que sur la production du lait. Si la race est très-défectueuse sous le rapport de l'engraissement, on n'en éprouvera l'inconvénient que pour les vaches âgées, qu'il faut bien finir par livrer à la boucherie ; mais ce désavantage ne peut entrer en comparaison avec les profits qu'on peut retirer, pendant toute la vie des vaches, d'une race distinguée sous le rapport de la production du lait. Mais pour les races que l'on destinerait spécialement, soit à l'engraissement des bœufs, soit aux travaux d'attelage, l'élève des animaux serait très-peu profitable, si la race était défectueuse sous le rapport de la production du lait ; d'abord parce qu'on ne peut obtenir de beaux élèves que de vaches bonnes laitières, et ensuite parce que les veaux ne consommant qu'une partie du lait que les mères peuvent produire pendant le cours de l'année, il y aurait trop à perdre sur la production du lait du grand nombre de vaches qu'il est nécessaire de conserver pour produire les animaux de la spécialité que l'on recherche. En d'autres termes : on peut bien propager une race en ne conservant presque que des femelles ; mais on ne peut propager une race destinée à la production des bœufs de travail ou des bœufs pour la boucherie, qu'en entretenant un grand nombre de femelles, dont le lait forme un produit important.

Pour les bœufs de travail, il y aussi cette considération qu'il faudra les engraisser pour la boucherie après quelques années de service, tandis qu'il est possible d'élever des bœufs destinés uniquement à l'engraissement, comme cela se pratique généralement en Angleterre.

Il résulte de ces diverses considérations, que la plus importante des propriétés des diverses races de bétail à cornes, se rapporte à la production du lait ; et qu'on ne doit sacrifier celle-là à aucune autre qualité. Nous classerons ensuite pour l'importance les propriétés relatives à l'engraissement. Les qualités qui se rapportent au développement des forces musculaires ou aux travaux d'attelage, ne viennent qu'en dernière ligne, parce qu'elles ne peuvent constituer seules une race dont l'élève soit profitable : si l'on attache du prix à cette application particulière du bétail à cornes, on devra donc s'efforcer de faire acquérir les formes qui font généralement reconnaître un bon bœuf de travail, à une race qui ne soit du moins pas trop défectueuse sous le rapport de l'engraissement, mais surtout qui soit distinguée relativement à la production du lait. On y parvient par des accouplements judicieux, et par un régime approprié dans le jeune âge. Ainsi, quoiqu'il soit à la rigueur possible d'élever des vaches laitières, ou des bœufs destinés à être engraissés jeunes, en les tenant constamment à l'étable, ce régime ne conviendrait en aucune façon à de jeunes animaux dont on voudrait former des bœufs de travail. L'exercice en pleine liberté et le grand air peuvent seuls développer leurs forces musculaires, et consolider les ongles de leurs pieds, partie par laquelle péchent si souvent les bœufs de travail.

DEUXIÈME SECTION

Des circonstances économiques de la production

Les personnes qui ont voulu élever des bêtes à cornes en calculant la valeur de tous les aliments qu'elles consomment, ont généralement trouvé qu'une vache ou un

bœuf arrivé à l'âge de trois ans, a coûté beaucoup plus
qu'un semblable animal acheté sur une foire. En effet,
la reproduction du bétail à cornes est concentrée aujour-
d'hui en France, soit dans les pays de montagnes, où de
vastes étendues de pâturages ne peuvent recevoir d'autre
emploi aussi profitable, soit dans les pays de vaine pâture
qui forment leur unique nourriture pendant la plus grande
partie de l'année. Les pays de montagnes fournissent généralement à la consommation des bœufs de travail ou de
boucherie; et les cantons de vaine pâture suffisent à leurs
propres besoins, pour la production de vaches laitières.
Il est certain qu'aussi longtemps que cet état de choses
existera, et tant que la consommation de viande de bœuf
ne sera pas plus considérable qu'elle ne l'est aujourd'hui en
France, il sera fort difficile que les autres modes d'éducation puissent prévaloir contre ceux que je viens d'indiquer; car au moyen de ces derniers, les aliments
consommés par les animaux sont évalués à si bas prix
par les producteurs, que l'on ne peut lutter contre une
telle concurrence. Dans l'exercice de la vaine pâture en
particulier, on n'estime en aucune façon la nourriture des
animaux d'après les dommages que peut causer cette
pratique dans la culture locale; mais chacun est disposé à
n'attribuer qu'une valeur très-peu élevée comme nourriture à un produit dont il jouit en commun avec tous
les autres, et que l'on ne peut utiliser autrement. Ainsi,
quelque vicieux que soit le système de la vaine pâture,
et quelque disproportionné que soit le produit qu'on tire
du sol de cette manière avec ceux qu'on pourrait en

obtenir par des méthodes de culture qui ne pourraient plus supporter cette pratique, il est certain néanmoins que l'on considère généralement comme entretenus à très-peu de frais les animaux qui sont nourris par ce moyen. Ainsi, lorsqu'on n'a pas à sa disposition des pâturages de montagnes, et lorsqu'on a le bonheur d'être affranchi de la vaine pâture, il sera très-rarement économique d'élever soi-même les bêtes à cornes dont on a besoin; et il sera plus profitable de les acheter à l'âge où ils sont déjà propres au service auquel on les destine.

CHAPITRE II

DE LA REPRODUCTION

PREMIÈRE SECTION

Du Taureau

On doit mettre un grand soin au choix du taureau que
l'on emploie à la reproduction; non pas, peut-être, que
les formes ou les qualités du mâle exercent plus d'influence
sur les produits que celles de la femelle; mais parce que
le même taureau pouvant saillir un grand nombre de
vaches, ses qualités ou ses défauts étendent leur influence
sur un bien plus grand nombre d'individus dans la propagation de la race. On a indiqué fréquemment les signes
auxquels on doit reconnaître un bon taureau; mais ces
signes sont extrêmement variables, selon les races et selon
le but qu'on a principalement en vue dans la reproduction.
Ainsi, sans parler des formes qui indiquent généralement la
vigueur du taureau dans chaque race, je me contenterai
de dire que l'on doit rechercher dans cet animal les formes
qui sont l'indice des qualités que l'on désire reproduire
dans les vaches ou dans les bœufs que l'on a l'intention
d'obtenir de cette race.

Les formes qui sont particulièrement l'indice de la disposition à prendre la graisse, sont un corps arrondi en forme de tonneau, avec beaucoup d'ampleur dans le thorax, partie antérieure du corps qui contient les poumons; l'épine du dos, formant une ligne droite depuis le garrot jusqu'à la naissance de la queue; les jambes grosses et courtes. Il faut y joindre une tête d'un petit volume, ce qui indique la petitesse des os dans tout le corps de l'animal, et une peau fine, souple et bien détachée des os ou des tissus sous-cutanés. Pour les bœufs de travail, ils doivent être plus élevés sur jambes, sans cependant l'être trop; bien proportionnés dans toutes leurs parties; bien d'aplomb sur leur quatre membres, avec des jarrets fort larges, principal signe de vigueur dans ces animaux de même que dans les chevaux. Relativement à la production du lait, on devrait mettre beaucoup plus de soin qu'on ne le fait à ne conserver comme taureau que les produits d'une vache excellente laitière; et si l'on continuait ce soin pendant longtemps, en sorte que le taureau qu'on emploie fût le produit pendant plusieurs générations d'ascendants venant eux-mêmes de vaches très-distinguées sous le rapport du lait, il est vraisemblable qu'on améliorerait beaucoup la race sous ce rapport et que l'on ne verrait plus, comme on l'observe tous les jours, de très-bonnes vaches donner naissance à des produits fort médiocres sous ce rapport, parce que le mâle ne leur a transmis que de médiocres dispositions à la production du lait. En effet, de même qu'on voit se transmettre aux produits tantôt la couleur du poil du père, tantôt celui de la mère, de même on aura, à peu près au hasard, de bonnes ou de médiocres laitières, si l'on fait saillir une vache distinguée sous ce rapport par un taureau issu d'une mère peu productive en lait.

Quant à la forme ou à la couleur des cornes ou à une disposition particulière de cette partie, circonstance que l'on recherche avec grand soin dans beaucoup de localités, on comprend bien qu'aucun éleveur raisonnable ne doit s'y arrêter, à moins qu'il ne sache que, par suite de l'opinion répandue parmi les acheteurs, les élèves qu'il destine à la vente auront réellement plus de prix parce qu'ils porteront des cornes faites de telle façon. Il en est de la couleur du poil à peu près comme de la forme des cornes : dans des localités diverses on attache le plus grand prix à reproduire uniformément soit une couleur, soit une autre, et on rejetterait absolument un taureau qui présenterait à cet égard la plus légère défectuosité dans sa robe; mais c'est là une considération de très-peu d'importance. Le soin que l'on met à la recherche des circonstances de ce genre, insignifiantes au fond, détourne trop souvent des qualités essentielles que l'on devrait rechercher dans les animaux que l'on destine à la reproduction; et l'on ne doit regarder comme des qualités essentielles que celles qui doivent rendre les produits des accouplements plus propres à l'usage auquel on les destine, sans aucun égard à une beauté idéale ou arbitraire dans les formes.

Le taureau peut être employé à la reproduction dès l'âge de 18 mois, mais il exige alors beaucoup de ménagement; et, si l'on possède un animal distingué que l'on veuille conserver pendant longtemps, il vaudra mieux ne le faire saillir qu'à l'âge de deux ans et demi ou trois ans. Ce dernier âge est celui auquel on réforme souvent les taureaux, parce qu'on les a épuisés par un service trop précoce et parce qu'afin d'en tirer plus de service on les nourrit très-fortement, en sorte qu'ils deviennent bientôt trop lourds pour pouvoir saillir. Souvent aussi, c'est parce qu'ils deviennent méchants et intraitables ; mais ce résultat est presque toujours l'effet des mauvais traitements. Pour conserver des taureaux très-doux, il est fort utile de les soumettre à un travail modéré ; et l'on ne peut trop recommander, dans le même but, l'usage des étables disposées de manière que les animaux font face au passage par lequel on leur apporte leur nourriture. Ils s'accoutument ainsi à voir fréquemment devant eux, non-seulement leurs gardiens, mais aussi beaucoup de personnes qui fréquentent volontiers ce couloir, parce que c'est un lieu propre d'où l'on peut examiner les animaux et les approcher de près sans aucun risque. Les animaux deviennent ainsi très-familiers, parce qu'ils n'éprouvent aucune défiance des personnes qu'ils voient ainsi placées devant eux, tandis qu'ils s'effarouchent facilement de l'approche par derrière eux de tout étranger. Si l'on a soin de distribuer aux animaux tenus ainsi des caresses plutôt que de mauvais traitements, on n'en aura presque jamais de méchants, et l'on pourra conserver pendant fort long-temps un taureau propre à la reproduction, en prévenant à l'aide du travail l'excès d'embonpoint, qui le rendrait peu propre au service.

Un taureau peut suffire à 30 ou 40 vaches; mais avec une vacherie ainsi composée, il est bon d'en entretenir deux, l'un de 4 à 5 ans et dans la force de l'âge, et l'autre plus jeune. Ce dernier est employé spécialement à saillir les génisses et les vaches faibles, qui ne pourraient supporter le poids du taureau adulte. Au reste, on ne doit nullement chercher à avoir des taureaux de grande taille, qui peuvent difficilement saillir de petites vaches, et qui ne pourraient d'ailleurs donner avec elles que des produits défectueux par leurs formes, comme je l'ai expliqué dans la troisième section du chapitre I. En Suisse, où l'on s'est occupé avec tant de soin de l'économie du bétail à cornes, le taureau est fréquemment le plus petit animal du troupeau; et cette circonstance ne tend nullement à rapetisser la race, parce que c'est principalement de la taille de la femelle et surtout du régime auquel les élèves sont soumis, que dépend la taille qu'ils acquerront.

DEUXIÈME SECTION

De la vache et des élèves

Le choix des vaches que l'on emploie à la reproduction doit être fait également selon le but que l'on a en vue; mais, d'après l'importance que l'on doit attacher dans tous les cas à la production du lait, comme je l'ai expliqué dans la troisième section de ce chapitre, on devra avoir égard aux signes qui indiquent les meilleures laitières dans chaque race, s'attacher de préférence, si cela est possible, aux femelles qui sont issues pendant plusieurs générations de laitières distinguées. Les signes qui indiquent une bonne vache laitière sont souvent incertains, et je me dispenserai d'en parler ici ; cependant il est d'expérience que les formes des animaux qui se distinguent par cette faculté, sont en général fort éloignées de celles que l'on considère ordinairement comme constituant un bel animal ; et comme, d'un autre côté, les bonnes laitières restent généralement maigres, ce qui leur donne peu d'apparence à l'œil, on peut dire que fort souvent les bêtes les plus laides d'une vacherie sont les meilleures laitières.

Les génisses copieusement nourries commencent à entrer en chaleur d'un an à dix-huit mois, quelquefois même plus tôt ; et il y aurait beaucoup d'inconvénients à se refuser de les faire saillir, du moins pendant plusieurs chaleurs de suite, parce qu'alors elles restent fréquemment stériles ; mais, lorsqu'une vache a mis bas avant d'être complétement formée, il est bon de cesser de la traire un mois ou deux après le vêlage, car l'expérience montre que la lactation fatigue encore plus les femelles que la gestation. Quant aux génisses qui sont nourries dans de chétifs pâturages, et qui ne reçoivent guère en hiver que de la paille, elles ont généralement moins de taille et de force à l'âge de deux ans que des animaux bien nourris à un an ; et elles mettent rarement bas leur premier veau avant l'âge de deux ans et demi à trois ans.

L'état de chaleur des vaches se renouvelle communément tous les 21 jours. Le moment le plus favorable à la conception est 12 ou 24 heures après que la chaleur a commencé. On juge que la vache est pleine, si la chaleur ne se renouvelle pas à la période suivante; cependant ce signe est incertain, car il arrive quelquefois que la vache pleine revient encore une fois en chaleur. Dès le cinquième mois de la gestation un homme expérimenté s'assure de la présence du veau en palpant la vache au-dessous du flanc droit, par un procédé qu'il ne serait pas facile de décrire. La gestation dure environ 9 mois, ou plus exactement 285 jours, ordinairement quelques jours de plus pour les vaches dans la force de l'âge et quelques jours de moins pour les jeunes. Lorsque l'époque du vêlage approche on doit mettre un grand soin à prévenir les avortements, en évitant que les vaches soient soumises à des mouvements brusques, et surtout à la compression du ventre contre les jambages de la porte de l'étable en entrant et en sortant. Les avortements peuvent aussi être produits par diverses autres causes, et en particulier par des fourrages moisis et avariés.

Pendant tout le temps de la gestation, la vache doit être copieusement nourrie, si l'on veut obtenir des veaux bien constitués et propres à former de beaux élèves. On doit cependant éviter une nourriture trop abondante; et la vache au moment du vêlage doit être en état d'embonpoint et non pas grasse : dans ce dernier cas, le part devient difficile et le veau est quelquefois moins gras que si la nourriture eût été distribuée avec plus de modération.

On connaît les approches du vêlage au gonflement des

mamelles qui commencent à contenir du lait quelques jours avant cette époque. La vulve se gonfle également ; et il se forme deux enfoncements très-sensibles à l'extrémité postérieure de la croupe, des deux côtés de la queue. Ces enfoncements s'augmentent jusqu'au moment du vélage.

Lorsqu'on s'attend à ce qu'une vache va mettre bas, on ne doit plus la perdre de vue, afin de prévenir les accidents qui pourraient arriver à son fruit. Du reste, il faut bien se garder de vouloir aider l'accouchement en opérant une traction quelconque sur le veau. Cette pratique trop commune est fréquemment suivie de graves accidents. Dans le cas où le veau ne se présenterait pas bien à l'orifice de la matrice, une personne adroite et expérimentée peut le repousser doucement en introduisant dans le conduit le bras graissé d'huile, et tourner avec adresse la tête ou les pieds de manière à faciliter la sortie. Le veau doit se présenter la tête étendue sur les deux jambes de devant, le museau et les pieds en avant. C'est cette position qu'on doit chercher à lui faire prendre. Mais si on ne peut employer à cette opération une personne qui la connaisse bien, il vaut mieux abandonner tout aux soins de la nature ; et surtout, n'opérer sous aucun prétexte que ce soit aucune traction sur le corps du veau pour le faire sortir. La patience est toujours le moyen le plus utile à employer dans ce cas. Quelques vaches vêlent debout, d'autres couchées. Aussitôt que le veau est sorti, si le cordon ombilical ne s'est pas rompu, on le noue à 6 ou 8 centimètres (2 ou 3 pouces) du ventre, et on le coupe à 3 ou 6 centimètres (1 ou 2 pouces) plus loin. On approche ensuite le veau de la mère afin qu'elle le lèche, si on a le projet de le laisser téter; dans le cas contraire, on se garde bien de le lui faire connaître, et on l'emporte aussitôt à la place où il doit rester. Cette dernière méthode est préférable pour les veaux d'élève, de même que pour les veaux à l'engrais, par les motifs que j'exposerai en parlant de ces derniers, et l'on évite ainsi les inconvénients qui résultent pour la vache et pour le veau de l'inquiétude et du chagrin qu'ils éprouvent réciproquement lorsqu'on est forcé de les séparer pour le sevrage. Si cette séparation a lieu à l'instant même de la naissance, ni l'un ni l'autre ne s'en aperçoivent en aucune façon : la vache ne montre alors aucune répugnance à se laisser traire, et le veau apprend facilement à boire dans un baquet, si l'on procède comme je l'expliquerai dans l'article des veaux à l'engrais. On ne rencontrera presque jamais de vaches vicieuses et difficiles à traire, si l'on a le soin de ne pas les laisser téter par leur premier veau; et il n'y a aucun fondement dans la crainte que l'on a manifestée, que la production du lait fût moins abondante dans ce cas. Dans les premiers jours, on doit donner au veau le lait même de la mère, ou plutôt le *colostre*, liquide que la nature a approprié au besoin des organes des animaux dans la première période de leur vie. Après une huitaine de jours, on peut donner au veau le lait de sa propre mère ou celui de toute autre vache, et de préférence celui des vaches qui ont vêlé depuis peu de temps, parce que leur lait est plus léger et moins gras. Dès que le veau a un mois, on peut lui donner quelque lait que ce soit. On donne toujours le lait tiède, surtout dans le commencement, soit en le lui faisant boire aussitôt après qu'il a été trait, soit en y mélangeant un peu d'eau chaude pour l'amener au degré de température convenable. Dans la première semaine, il est bon de faire boire les veaux trois fois par jour, mais ensuite il suffit qu'ils boivent le matin et le soir. Au bout d'un mois, on peut nourrir le veau de lait écrémé, et l'on y ajoute de l'eau à mesure que le veau commence à manger d'autres aliments ; en sorte que le sevrage s'opère graduellement et sans que l'animal en éprouve de fâcheux effets ; tandis que pour les veaux qui ont tété, le sevrage est toujours suivi d'un amaigrissement qui arrête la croissance de l'animal. Dans l'article des veaux à l'engrais, je parlerai de la principale maladie que l'on a à redouter pour ces jeunes animaux : la diarrhée.

Après le sevrage, le régime qui convient certainement le mieux aux jeunes animaux, est celui des pâturages de bonne qualité. Si on les entretient à l'étable, il est nécessaire du moins de les placer pendant quelques heures de la journée dans un enclos où les forces musculaires se développent par l'effet de l'exercice. Dans le premier hiver, ils ont besoin d'une nourriture copieuse et choisie ; ensuite la paille peut composer une bonne partie de leur ration, surtout pour les vaches génisses ou pour les bœufs que l'on destine au travail. Pour ceux que l'on voudrait engraisser jeunes, par exemple à l'âge de trois ans, il faudrait continuer à les tenir dans un grand état d'embonpoint par une copieuse nourriture.

L'âge des bêtes à cornes se connait par les dents, mais

avec beaucoup moins de certitude que pour les chevaux, parce que la transmutation des dents est moins régulière. Le veau porte peu de temps après la naissance huit dents incisives à sa mâchoire inférieure. Les deux du milieu ou *pinces* tombent ordinairement du douzième au dix-huitième mois et sont remplacées par d'autres plus larges. Il en est de même l'année d'ensuite pour les deux voisines, à droite et à gauche; et chaque année, l'animal quitte une paire de dents de lait, en sorte que dans la cinquième année toutes les nouvelles dents sont formées par le remplacement des deux *coins*, c'est-à-dire des deux dents extérieures du ratelier. Mais, comme je l'ai dit, ce remplacement est souvent fort irrégulier. En général, il a lieu à des époques plus rapprochées pour les animaux dont on accélère la croissance par une nourriture copieuse, et il est retardé au contraire dans les animaux qui ne reçoivent qu'une chétive subsistance: en sorte que les progrès de la dentition semblent liés au développement de toutes les parties du corps.

On cherche encore à reconnaître à d'autres signes l'âge des bêtes à cornes; mais ces signes sont encore plus incertains que ceux qu'on tire de la dentition : par exemple, on cherche souvent à connaître l'âge d'un animal par les cercles, ou anneaux un peu relevés en bourrelets, que l'on observe près de la partie inférieure des cornes : le premier anneau se fait remarquer communément près de la base des cornes chez les bœufs dans la cinquième année; dans l'année suivante, il s'en produit un second au-dessous du premier, qui s'éloigne ainsi un peu de la base de la corne;

et chaque année un nouvel anneau vient ainsi s'ajouter aux autres. Pour les vaches, le premier anneau se manifeste dans l'année où elles mettent bas leur premier veau et il s'en produit un ensuite chaque année. Quelques personnes croient que la production de cet anneau se lie à l'état de gestation de la vache, en sorte que si elle passe une année sans vêler il ne se forme pas d'anneaux; mais cela n'est nullement certain, et il est d'autant plus difficile de le vérifier que ces anneaux sont ordinairement fort peu distincts; dans la plupart des vaches, il est fort difficile de les compter avec exactitude. L'enfoncement des salières au-dessus des yeux et celui de l'anus sont des signes de vieillesse, mais qui peuvent aussi induire en erreur à cause des différences de conformation entre les individus.

CHAPITRE III

DES VACHES LAITIÈRES

PREMIÈRE SECTION

Nourriture et entretien des vaches

Ce que je vais dire sur la nourriture des vaches sera complété par les considérations que j'ai présentées en traitant de la nourriture du bétail en général. Dans la section suivante, je présenterai aussi quelques considérations sur le rapport entre la quantité d'aliments et la production du lait.

La nourriture la plus ordinaire des vaches pendant l'hiver est le foin et la paille. Cette dernière forme presque leur aliment exclusif dans les cantons pauvres et d'une culture peu avancée ; or avec un tel régime, non-seulement les vaches ne peuvent donner aucun produit en lait, mais elles se trouvent dans l'état le plus misérable au retour du printemps. Il est donc nécessaire de joindre du foin à la paille. Cette dernière peut toutefois former une portion de la ration journalière, dans les exploitations où l'on est encore pauvre en fourrages. Les pailles de pois ou de vesces parvenus à leur maturité, conviennent mieux que celles des céréales. Parmi ces dernières, la paille de froment est considérée comme la plus nutritive par les agriculteurs les plus recommandables ; cependant, dans beaucoup de cantons, on donne la préférence à la paille d'avoine pour l'usage particulier des vaches laitières, et dans d'autres c'est à celle d'orge. Il serait fort difficile d'expliquer cette diversité d'opinions ; et aucun agriculteur ne tentera peut-être de résoudre par l'expérience les doutes qui peuvent s'élever sur ce sujet, parce que dans les exploitations bien ordonnées on ne donne de la paille aux vaches laitières que comme un supplément de nourriture auquel on attache peu d'importance. Il est bon, toutefois, de présenter d'abord aux animaux la paille qui doit ensuite leur servir de litière : ils y cherchent les parties qui leur plaisent le plus, particulièrement les épis, dans lesquels il reste assez souvent du grain, et l'herbe, qui se trouve généralement mélangée à la paille dans un état peu avancé de l'art de la culture. Du reste, les vaches mangent toujours volontiers à l'état de paille entière la proportion de cet aliment qu'il convient de leur faire consommer ; il est donc peu utile, si ce n'est dans quelques cas particuliers, de faire hacher la paille pour forcer les animaux à en consommer davantage.

Le foin des prairies naturelles ou artificielles forme un bien meilleur aliment que la paille pour les vaches laitières. Le regain, ou foin de seconde coupe des prairies naturelles, est préférable au foin de première coupe pour cette classe d'animaux. Les foins de diverses espèces forment la base de leur régime d'hiver, dans les exploitations dont la culture est tant soit peu avancée, mais où l'on ne se livre pas encore en grand à la culture des récoltes sarclées. Parmi ces dernières, les racines et en particulier les betteraves, les pommes de terre et les carottes, offrent une immense ressource pour la nourriture d'hiver des vaches ; et l'on peut sans inconvénient les faire entrer pour moitié dans la ration journalière. On a dit que les betteraves, qui conviennent si bien à l'engraissement du bétail à cornes, donnent aux vaches moins de lait, et du lait de moins bonne qualité que les pommes de terre ; les observations que j'ai faites soigneusement sur ce point ne confirment nullement ces assertions. J'ai toujours remarqué qu'avec les betteraves blanches de Silésie on obtient un lait aussi abondant et d'aussi bonne qualité qu'avec les pommes de terre, en ayant égard, quant aux quantités, aux observations que j'ai faites sur les aliments de cette espèce dans le chapitre de la nourriture du bétail.

Les grains associés en petite quantité au foin et aux racines, contribuent puissamment à augmenter la quantité du lait des vaches. Ordinairement on les donne à l'état de farine et mélangés à la boisson, ou mieux encore en les mélangeant à des soupes administrées tièdes. En déterminant ainsi les vaches à boire davantage, on augmente beaucoup la production du lait. La plupart des grains peuvent être employés à cet usage ; mais les féveroles y sont jugées particulièrement propres par les cultivateurs alsaciens, qui en donnent, lorsqu'ils le peuvent, 1 ou 2 kilogrammes par jour et par tête. Les autres légumineuses, comme les pois et les vesces, peuvent y être employés de même : et pour tous ces grains, comme pour ceux des céréales, un motif d'économie, c'est-à-dire, l'élévation du prix de cet aliment peut seul empêcher d'en faire des distributions régulières aux vaches laitières ; car, en général, les grains sont plus chers que les autres fourrages relativement au rapport de leur faculté nutritive. Cependant il arrive assez souvent que ce rapport est interverti dans les années où la récolte des fourrages a été mauvaise ; et c'est alors que le cultivateur judicieux peut trouver un profit réel à remplacer le foin par des grains dans la nourriture de ses vaches laitières. Les tourteaux de graines à huile augmentent considérablement aussi la sécrétion du lait : on les donne communément à la quantité de 1 ou 2 kilogrammes par jour et par tête.

La drèche épuisée des brasseries forme un excellent aliment pour les vaches laitières ; on leur donne fréquemment aussi des résidus de distillation de pommes de terre ; mais c'est un aliment dont on ne doit user qu'avec modération, et plutôt en l'employant à préparer des soupes par son mélange avec des fourrages hachés. On a remarqué qu'en trop grande proportion, il nuit à la quantité du lait ; et l'on s'est plaint quelquefois aussi que les vaches qui en font usage perdent promptement leurs dents. Cet inconvénient est dû vraisemblablement, au reste, à ce qu'on leur a donné ces résidus très-chauds, comme on le fait pour les bœufs à l'engrais. Pour ces derniers, l'accident dont je viens de parler est peu à craindre, parce qu'ils ne sont pas destinés à être soumis pendant longtemps à ce régime.

Quant à la nourriture d'été des vaches laitières, elle se composera presque toujours de fourrages donnés en vert à l'étable, dans les exploitations où l'état de la culture est un peu avancé ; et il ne convient guère de nourrir les vaches au pâturage, si ce n'est dans les localités où l'on possède des terrains qui, soit par leur position, soit par toute autre cause, ne peuvent recevoir un autre emploi. En posant cette règle comme principe général, je ne veux pas dire toutefois qu'elle ne doive pas subir d'exceptions dans certains cas : ainsi, si un regain est trop court pour être fauché avec avantage, un cultivateur intelligent pourra fort bien le faire pâturer par ses vaches quoique nourries habituellement à l'étable.

Un vacher actif suffit à soigner l'étable et à traire de 15 à 20 vaches et quelquefois même 25. En hiver, s'il y a beaucoup de racines à découper, on sera quelquefois forcé de lui donner un aide pour quelques heures de la journée ; on doit toujours exiger que le pansement de la main soit exécuté tous les jours, et que les vaches soient tenues très-proprement. L'étable doit être suffisamment aérée, mais chaude pendant l'hiver, circonstance fort importante pour la production du lait.

L'expérience a montré que les vaches peuvent fort bien être entretenues à l'étable pendant toute l'année sans en sortir, si ce n'est pour aller à l'abreuvoir ; et toutes les races que l'on a essayé de soumettre à ce régime s'en sont bien accommodées ; il est certain toutefois qu'un peu d'exercice ne peut qu'être utile à ces animaux, et la durée de la vie des vaches que l'on tient constamment renfermées doit en être sensiblement abrégée. Cette circonstance n'est pas d'une très-haute importance pour les cultivateurs, puisque la vache que l'on réforme a, généralement, pour la boucherie une valeur qui est de peu inférieure à celle d'une vache plus jeune. Cependant, si l'on a à portée de l'étable un enclos dans lequel on puisse tenir les vaches pendant une heure chaque jour, elles s'en trouveront fort bien. Je ne voudrais pas conseiller un plus long séjour hors de l'étable, parce qu'il y aurait trop à perdre sur la production du fumier.

DEUXIÈME SECTION.

Produit des vaches en lait.

Les diverses races de vaches diffèrent beaucoup par les produits en lait qu'on peut en obtenir. On remarque également de grandes différences sous ce rapport entre les divers individus d'une même race. Enfin, les mêmes vaches donnent un produit plus ou moins abondant, selon qu'elles reçoivent tel ou tel genre de nourriture en plus ou moins grande quantité. Pour le produit en lait des diverses races ou des divers individus, il ne faut pas considérer seulement la quantité de lait que les vaches donnent pendant les premiers mois qui suivent le vélage; mais il faut prendre en considération la durée de la production, car il est des vaches qui donnent un produit très-considérable pendant quelques mois, mais qui ne tardent pas à tarir ensuite après une diminution graduelle de produit ; en sorte qu'elles ne donnent rien pendant les deux ou trois derniers mois et quelquefois même pendant plus longtemps encore. C'est là un défaut assez général dans les races suisses. D'autres vaches, au contraire, continuent pendant fort longtemps de donner un produit presque égal ; et au neuvième, au dixième mois, les traites sont encore de plus de moitié de ce qu'elles étaient à *nouveau lait*. Quelques-unes même continueraient de produire ainsi jusqu'aux derniers jours avant le part, si l'on n'avait soin de cesser de les traire quinze jours ou un mois avant cette époque, afin de ménager la croissance du veau à naître. Il suit de là que, pour évaluer le produit des vaches, il ne suffit pas de considérer la quantité de lait qu'elles donnent à une époque déterminée ; mais il faut comparer les produits en masse, pendant toute la durée de l'année.

Les vaches les plus profitables ne sont pas encore celles qui produisent dans le cours de l'année la plus grande quantité de lait, mais bien celles qui en produisent la plus grande quantité par la consommation de la même quantité de fourrages. En effet, si un cultivateur doit faire consommer par des vaches laitières une quantité déterminée de foin ou d'autres aliments, il lui importe assez peu qu'elle soit consommée par dix vaches de grande race ou par vingt animaux beaucoup plus petits. Ce qui lui importe le plus, du moins sous le rapport de la laiterie, c'est que cette masse de fourrages produise

la plus grande quantité de lait possible; et, sous ce rapport,
il arrive très-souvent que les petites races ne le cèdent
en rien aux grandes. Dans les pays pauvres et de culture
très-arriérée, les vaches sont toujours de petite taille, et
donnent généralement peu de lait; mais si l'on augmente
la ration de ces animaux, ou si on leur donne des aliments de meilleure qualité, on trouve qu'on en obtient
très-souvent des produits en lait au moins aussi considérables, relativement à la quantité de fourrages consommée, que ceux que l'on pourrait obtenir d'animaux
de grande race.

Le produit en lait s'accroît pour tous les individus à
mesure que l'on augmente la quantité, ou que l'on amé-
liore la qualité des aliments; mais jusqu'à quel point
est-il profitable de porter cette augmentation? Il n'en
est pas des vaches comme des bœufs à l'engrais; car,
pour ces derniers, tout l'excédant d'aliments dans la
ration d'entretien se porte directement sur le produit
que l'on recherche, c'est-à-dire la graisse; mais dans
les vaches laitières, cet excédant, s'il est porté à un
certain point, se partage entre la production du lait et
celui de la graisse. Le produit en lait ne s'accroît donc
pas à tous les degrés dans la même proportion que les
rations; et comme la ration d'entretien s'accroît pour
chaque individu à mesure qu'il prend plus d'embonpoint,
il en résulte qu'avec une vache grasse une faible ration
de fourrages produirait moins de lait qu'avec une vache
maigre, si, dans le premier cas, la nature ne savait
rétablir l'équilibre en accroissant le produit en lait aux

dépens de la graisse déjà formée; en sorte qu'alors la vache grasse pourra bien donner autant de lait, et peut-être même plus que la vache maigre, mais le poids de son corps diminuera graduellement. Il est certain qu'en conséquence de ce principe, il faut donner aux vaches déjà grasses une plus forte ration qu'aux mêmes animaux supposés maigres, pour obtenir une production égale en lait sans diminution du poids du corps des animaux.

Il est évident, d'après ces considérations, qu'il existe un terme au delà duquel il n'est pas profitable de porter la ration des vaches, du moins sous le rapport de la laiterie; et la ration la plus profitable sous ce rapport est vraisemblablement celle avec laquelle le poids du corps des animaux n'éprouve ni augmentation ni diminution, en supposant les vaches placées d'abord dans un état moyen d'embonpoint, tel qu'il convient pour que les fonctions vitales s'exercent dans toute leur activité. On comprend, au reste, que les éléments du calcul changent entièrement s'il est question de vaches que l'on n'a pas le dessein de conserver, mais que l'on doit vendre aussitôt qu'elles auront atteint le degré de graisse auquel on veut les porter. Dans ce cas, on peut sans inconvénient administrer les plus fortes rations d'aliments; et l'animal profite de toute cette quantité par un accroissement en lait ou en graisse. Dans beaucoup de circonstances, lorsqu'on trouve à acheter facilement des vaches maigres à bas prix, ce qui se rencontre presque partout, c'est là un des moyens d'employer le fourrage avec le plus de profit; mais c'est une spéculation qui exige des ventes et des achats fréquents, en sorte qu'elle n'est très-profitable que pour les personnes qui s'entendent bien au commerce des bestiaux.

Pour des vaches dans un état moyen d'embonpoint, on peut évaluer la ration convenable pour que les animaux n'augmentent ni ne diminuent de poids, à 2 ou 3 kilogrammes de bon foin pour 100 kilogrammes du poids des animaux en vie. Ainsi une vache de 400 kilogrammes, ce qui est déjà une taille assez forte, recevra par jour de 10 à 12 kilogrammes de foin, ou l'équivalent en racines ou autres aliments, dans la proportion de la faculté nutritive de chacun d'eux. M. d'Angeville, dans un mémoire très-intéressant qu'il a publié sur les observations et les expériences auxquelles il s'est livré dans ses vacheries situées dans le Haut-Bugey, déclare que, lorsqu'il a voulu porter la ration au delà de 3 kilogrammes de foin pour 100 kilogrammes du poids des animaux en vie, les résultats économiques de ses vacheries n'ont pas été favorables à cette augmentation. Lorsqu'on a pour but d'augmenter l'embonpoint des vaches en même temps qu'on en obtient une production de lait, on peut porter la ration à 3 kilogrammes et demi et même au delà ; car il importe alors de leur faire consommer, de même qu'aux animaux à l'engrais, la plus forte ration possible.

Le produit en lait de chaque individu est fort variable selon les races. M. d'Angeville, dont j'ai déjà cité les observations, ne retire de ses vaches qu'un produit moyen de 915 litres par an par individu. Il est vrai que ses vaches sont très-petites, puisque le poids moyen n'est que de

275 kilogrammes, la ration étant chez lui d'environ 6 kilogrammes et demi de foin par jour et par tête; et, en calculant d'après la consommation annuelle de chaque vache, il a trouvé que 100 kilogrammes de foin produisent 39 litres 6 décilitres de lait. M. d'Angeville s'est livré à beaucoup de recherches dans diverses parties de la Suisse, afin de déterminer la production du lait et la consommation annuelle des vaches; et les résultats qu'il a recueillis varient de 1700 à 2200 litres de lait comme produit moyen annuel; et de 37 à 40 litres de lait pour le produit de 100 kilogrammes de foin. A Hofwyl seulement, il a trouvé des vaches colossales, dont le produit moyen est de 2662 litres par tête; mais la consommation n'a pu être déterminée avec exactitude. D'après toutes les observations que j'ai été à portée de faire sur les vaches de race lorraine ou vosgienne, ainsi que sur la race du Jura suisse que j'ai entretenue comparativement avec ces deux dernières, j'ai lieu de croire que dans les vacheries bien soignées, et avec une ration moyenne, les races de Lorraine et des Vosges donnent également un produit qui ne s'éloigne guère de 1700 à 2000 litres de lait par an et par individu, et la race du Jura suisse n'en donne pas davantage. La race Lorraine est assez petite; cependant elle s'est déjà beaucoup agrandie depuis une vingtaine d'années, par l'effet de l'extension des prairies artificielles. La race vosgienne n'est guère plus grande, et l'on ne peut guère compter avec ces deux races que sur une moyenne de 10 litres de lait par jour et par individu pendant les mois qui suivent le vêlage. La race suisse, un peu plus

forte, peut donner en moyenne de 12 à 13 litres; mais la lactation dure moins longtemps chez la plupart des individus de cette race, ce qui rétablit l'équilibre. Il résulte des recherches auxquelles je me suis livré, qu'avec ces diverses races on peut admettre aussi le rapport de 37 à 40 litres de lait pour 100 kilogrammes de foin, comme M. d'Angeville l'a trouvé pour les races les plus renommées de la Suisse.

Les quantités de lait que je viens d'indiquer, ne doivent être considérées que comme une moyenne sur un certain nombre de vaches, néanmoins supposées choisies avec quelque soin, et en réformant celles qui sont trop peu productives. Il se rencontre toujours des individus qui se distinguent par une production beaucoup plus abondante; mais il faut bien se garder d'établir des calculs généraux sur de semblables données. J'ai possédé une vache vosgienne de moyenne taille qui a donné dans le cours d'une année 2990 litres de lait, sans avoir jamais donné un produit qui atteignit 13 litres par jour; mais la durée de la lactation a été de plus de 11 mois. Dans la même année, plusieurs autres vaches des étables de Roville ont donné un produit presque égal à celui-ci. J'ai possédé autrefois une vache de race lorraine de taille moyenne, fort laide par ses formes et toujours très-maigre, comme le sont toutes les fortes laitières, mais qui deux années successives a produit constamment pendant 5 mois après le vélage de 20 à 22 litres de lait par jour; j'ai même entendu parler de produits plus considérables, comme 24 à 25 litres. Au reste, cela doit presque toujours s'entendre de vaches nourries avec une grande abondance d'excellents fourrages de nature variée, et ces vaches extraordinaires donnent généralement un lait fort aqueux ; en sorte que dans la conversion en beurre ou en fromage l'énormité du produit diminuerait beaucoup.

TROISIÈME SECTION

Des divers emplois du lait

Le cultivateur peut donner au lait quatre espèces de destination, indépendamment de son empoi à la consommation du ménage : 1° le vendre en nature ; 2° le convertir en fromage ; 3° le convertir en beurre ; 4° l'employer à l'engraissement des veaux.

§ 1. *Vente du lait en nature*

La vente du lait en nature est, sans aucun doute, le moyen d'en tirer le plus haut prix, dans presque tous les cas ; mais cette spéculation est limitée à quelques localités voisines des grandes populations ; elle entraîne d'ailleurs dans la pratique des embarras qui en diminuent beaucoup l'avantage, pour les personnes qui sont forcées d'employer des agents salariés pour la vente du lait en détail. C'est à cause de ces embarras, que le prix du lait est toujours beaucoup moins élevé lorsqu'on le vend sur place, même à une petite distance d'une ville populeuse, que dans la ville même. Ainsi, un cultivateur placé à deux kilomètres d'une ville où du lait presque toujours étendu de beaucoup d'eau se vend à raison de 16 à 18 centimes le litre, ne trouvera guère à vendre chez lui du lait très-pur qu'à raison de 10 ou 12 centimes le litre aux laitières qui font ce commerce ; et il arrivera encore souvent qu'il trouvera plus de profit à le vendre ainsi, qu'à le faire débiter à la ville par des domestiques à gages. Il est difficile en effet d'exercer un contrôle suffisant sur ces opérations, dans lesquelles des abus ou des négligences de divers genres peuvent s'introduire ; et l'on court à chaque instant le risque d'éprouver des pertes d'argent par l'effet des infidélités, ou de perdre la clientelle par suite de la négligence ou de l'insouciance de la personne qui est chargée de la vente. Si l'on a rencontré pour cet emploi une femme active, intelligente et fidèle, on se trouve presque complétement dans sa dépendance, par suite de la difficulté que l'on éprouverait à la remplacer ; et il est bien rare qu'elle n'abuse pas de cette position, de manière à placer le maître dans un grand embarras. Par ces motifs, lorsque ce n'est pas la maitresse de la maison elle-même ou sa fille qui conduisent le lait à la ville, le cultivateur trouve ordinairement mieux son compte à vendre le lait chez lui, même à un prix fort réduit. S'il peut en obtenir ainsi 12 à 15 centimes par litre, la vacherie lui offre certainement un des moyens les plus profitables de faire consommer ses fourrages par des bestiaux.

§ 2. *Fabrication des fromages.*

On croit généralement que la fabrication des fromages offre l'emploi le plus profitable du lait, lorsqu'il n'est pas vendu en nature ; et il est vraisemblable que cette opinion est fondée lorsqu'il est question de fromages qui ont une valeur élevée dans le commerce, comme le fromage de Gruyères ou autres fromages durs de qualité analogue, de même que pour certains fromages tendres, comme ceux dits de Neufchatel, de Brie, etc. Jusqu'à quel point est-il possible de produire hors de ces localités des fromages de qualité égale ou au moins analogue, c'est là une question sur laquelle l'expérience n'a pas encore prononcé par des faits assez nombreux. On ne peut nier l'influence de certains pâturages de montagnes sur la saveur du lait qui en provient, et par conséquent sur la qualité des fromages qu'on en tire. La quantité même de fromages que peuvent produire 100 litres de lait, varie considérablement selon les localités ; et M. d'Angeville a trouvé, dans ses curieuses recherches sur ce sujet, que dans les environs de Genève il faut 540 litres de lait pour produire 50 kilogrammes de fromage, qualité dite de Gruyères ; que dans ses propres vacheries, dans le Bugey, il en faut environ 500 litres ; à Gruyères, moins de 400 litres ; dans les montagnes du canton de Fribourg, au plus 350 litres. Il n'est guère douteux que la qualité des produits ne varie de même ; cependant, il est de fait que la fabrication des fromages de Gruyères s'est établie depuis le commencement de ce siècle dans un grand nombre de localités, en Suisse et en France, où l'on ne fabriquait auparavant que des fromages d'un prix fort inférieur ; et ces produits circulent dans le commerce. sans trop de défaveur, relativement à ceux qui viennent du canton de Gruyères même. Dans les Vosges, on fabrique de temps immémorial des fromages demi-durs, dont le prix n'est communément que de 30 à 35 fr. les 50 kilogrammes ; mais on y fabrique aujourd'hui, sur quelques points, des fromages façon de Gruyères dont le prix est beaucoup supérieur. Les procédés de fabrication entrent donc pour beaucoup dans la qualité des fromages produits.

On se tromperait si l'on croyait que les pâturages des montagnes sont indispensables pour la production de fromages d'excellente qualité, même dans l'espèce de fromages durs ; car en Angleterre et en Hollande, on fabrique dans des pays de plaines, des fromages de ce genre très-estimés ; et si en France la production des fromages est encore à peu près concentrée dans les pays de montagnes, cela vient certainement de ce que, dans l'état de notre agriculture jusqu'à ce jour, l'élève et l'entretien du bétail à cornes se sont trouvé limités aux cantons qui possèdent de vastes pâturages que l'on ne peut soumettre à la culture, c'est-à-dire aux pays de montagnes. Mais à mesure que la culture alterne fait des progrès, elle offre tant de ressources pour varier à peu près à volonté les aliments des bestiaux, qu'il n'est guère permis de douter que l'on ne puisse produire presque partout des variétés de fromages, sinon entièrement identiques à ceux qui sont le plus estimés dans le commerce, du moins tout aussi bons, et qui seront aussi recherchés. C'est là le sujet de recherches fort intéressantes pour les personnes qui possèdent des vacheries. A mesure que la population du pays s'accroit, et par conséquent la consommation, il faut bien que l'on en vienne là ; car la production en fromage de nos pays de montagnes est vraisemblablement portée, depuis assez longtemps , jusqu'à une limite qu'elle ne peut guère dépasser ; et nous serions forcés de demander à l'importation tout l'excédant de la consommation.

Il ne faut pas croire, au reste, que ce soit une chose facile que d'introduire dans une localité où elle n'existait pas la fabrication du fromage et surtout des espèces dures, dont on ne peut reconnaitre la qualité qu'un an ou 18 mois après qu'ils ont été fabriqués. Il résulte de cette circonstance, que les fautes que l'on peut avoir commises dans la fabrication ne se manifestent que lorsque les dommages peuvent déjà avoir été fort graves pour l'entreprise ; et il n'est pas encore bien sûr alors que l'on pourra corriger ces fautes dans les opérations ultérieures ; car la fabrication du fromage se compose de beaucoup d'opérations fort délicates, et dans lesquelles les plus légères variations dans des détails, qui semblent insignifiants, peuvent apporter de très-grandes différences dans les résultats. D'ailleurs, toutes les qualités de lait ne doivent pas être traitées de même, pour obtenir des fromages de qualité semblable ; et les fromagers expérimentés connaissent les différences qu'ils doivent apporter dans les manipulations, selon la saison et la nourriture des vaches. Mais ces connaissances sont limitées aux circonstances que chaque fromager a rencontrées dans son canton ; en sorte que, s'il se transporte dans une localité où le régime des animaux est différent, il se trouve entièrement désorienté. Il vous dira, par exemple, que l'on ne peut faire de bon fromage avec le lait des vaches entretenues à l'étable ou nourries de telle espèce d'aliments, parce qu'il lui faudrait de très-longs tâtonnements pour reconnaître les changements qu'il doit apporter aux manipulations pour obtenir de bons résultats. L'expérience a néanmoins prouvé, dans plusieurs parties de l'Allemagne, que l'on peut fabriquer les fromages les plus fins avec le lait des vaches nourries constamment à l'étable, pendant l'été de fourrages verts, et pendant l'hiver de racines.

Si quelqu'un avait le projet d'établir chez lui la fabrication des fromages, je lui conseillerais d'aller d'abord étudier lui-même cette fabrication dans les cantons qui produisent les espèces les plus renommées, du genre de ceux qu'il veut fabriquer. Un examen superficiel ne suffirait nullement ici ; mais il faudrait se déterminer à faire un long séjour dans une fromagerie, et observer à fond et avec suite tous les procédés de manipulation en les pratiquant soi-même dans diverses circonstances, afin de bien reconnaître les accidents auxquels peuvent donner lieu les fautes ou les méprises dans les procédés. Lorsqu'on en aurait fait ainsi une étude approfondie, on pourrait ramener chez soi un fromager dont on suivrait avec soin les opérations, en mettant la plus grande attention à reconnaître les différences que peuvent apporter dans les résultats les variations des procédés. Ce n'est qu'en suivant une telle marche, que l'on peut éviter de se trouver placé à l'égard de son fromager dans la position la plus fausse, je veux dire dans la position où le maître ne peut commander à son subordonné, parce qu'il ne connait pas les opérations qu'il lui fait exécuter. Il ne peut jamais résulter que des mécomptes d'une telle position; et les personnes qui ne voudraient pas se donner tous ces soins feront bien de renoncer à une telle entreprise. Il serait d'ailleurs entiè-rement inutile, pour un projet semblable, de songer à faire venir la race de vaches du pays dont on veut imiter les fromages; car si le régime et la nourriture peuvent exercer une grande influence sur la qualité des produits, il n'y a pas la plus légère raison de croire que la race des vaches soit pour quelque chose dans les différences que l'on remarque entre les qualités si diverses des fromages de tous les pays.

Il se présente beaucoup moins de difficultés ou du moins beaucoup moins de chances de perte dans les ten-tatives de fabrication des espèces de fromages tendres ou demi-durs, parce que, comme ils arrivent à maturité dans l'espace de quelques semaines, on peut juger de la réus-site beaucoup plus promptement. Mais aussi, ces fromages étant de bien moins longue garde et ne pouvant être expédiés à de grandes distances, on est beaucoup plus limité dans les débouchés. La fabrication de ces dernières espèces n'est au reste pas moins délicate que celles des fromages durs, et l'on ne pourra espérer d'y réussir qu'à l'aide d'une étude longue et approfondie. Les hommes éclairés qui voudront se livrer à des recherches de ce genre, auront certainement de grands avantages sur la classe d'hommes ignorants et remplis de préjugés auxquels cette fabrication est partout confiée. On pourra, en particulier, s'aider du thermomètre et d'autres instruments de précision pour déterminer le degré de température du lait ou du caillé dans ses différents états, ainsi que les circonstances les plus favorables que l'on doit réunir dans la cave où l'on dépose les fromages. Toutes ces choses exercent, on le sait bien, l'influence la plus forte sur la qualité et les diverses propriétés des fromages; et elles ne sont jamais déterminées dans la pratique ordinaire que par les données les plus vagues et les moins précises, en sorte qu'il est fort difficile d'être assuré de les reproduire ou de les faire varier à volonté. Cependant, il faudrait bien se garder d'ajouter une foi entière aux indications des instruments, jusqu'à ce qu'une longue expérience ait appris à connaître toutes les circonstances qui se rapportent aux opérations; et l'homme le plus instruit, armé de toutes les ressources de la science, ne sera encore pendant longtemps qu'un écolier, à côté d'un fromager ignorant, mais dirigé par les observations d'une longue pratique.

La diversité des fromages est infinie, sous le rapport de la consistance, de la saveur et des autres propriétés qui les font rechercher dans la consommation. On trouve dans plusieurs écrits des détails étendus sur les procédés à l'aide desquels on prépare telle ou telle espèce. Je ne pense pas toutefois que quelqu'un veuille mettre la main à l'œuvre à l'aide des seules indications que l'on puise dans les livres. Il faudrait du moins qu'il se déterminât à se livrer à de bien longs tâtonnements, avant d'obtenir quelques succès. Je me contenterai de présenter ici quelques données générales sur les divers procédés de fabrication.

On appelle communément fromages *de tout bien,* ou fromages gras, ceux qui sont fabriqués avec le lait entier ou non écrémé. C'est dans cette classe que sont rangés tous les fromages fins, durs ou tendres. Pour certaines espèces très-délicates, on ajoute même au lait une portion surabondante de crème ; mais on peut appeler ces espèces des fromages de fantaisie, et on ne les fabrique qu'en petite quantité. On appelle fromages maigres ceux que l'on fabrique avec du lait dont on a enlevé une partie de la crème ; par exemple, lorsqu'on mêle au lait d'une traite dans sa pureté celui d'une autre traite que l'on a écrémée. On ne peut guère produire ainsi que des fromages tendres ou demi-durs ; car les fromages durs ont besoin d'être gras, pour ne pas prendre une consistance coriace fort désagréable. On fabrique aussi des fromages avec le lait entièrement écrémé ; mais ce sont des qualités communes qui se conservent peu, et qui se consomment le plus souvent sur place et à l'état frais. Cependant, dans certaines localités, la vente de ces fromages offre un supplément assez important à la production du beurre ou de la crème qu'on a extrait du lait.

Les fromages prennent d'autant plus de dureté qu'on soumet le lait à la coagulation à une température plus élevée ; aussi, pour les fromages de *Gruyères*, de *Parmesan*, de *Chester*, et autres fromages durs, on fait chauffer le lait dans des chaudières avant d'y ajouter la présure, et le degré de température auquel on l'élève ainsi est considéré comme un des points les plus importants pour la réussite. Pour beaucoup de fromages tendres, au contraire, on met la présure dans le lait à la température que possède celui-là aussitôt qu'il a été trait. Pour les fromages durs, on divise et on brasse le caillé dans la chaudière même et après qu'il en est sorti, par des procédés mécaniques fort variables selon les diverses espèces de fromages, mais auxquels les praticiens attachent une très-grande importance pour donner à la pâte du fromage les caractères qu'on recherche. Ces opérations ont pour but de favoriser le rapprochement des molécules du caséum entre elles, et l'évacuation plus ou moins complète du petit-lait par l'effet de la pression plus ou moins prolongée à laquelle on soumet ensuite la pâte, dans des moules qui déterminent la forme des fromages. Pour les espèces tendres, on ne soumet pas la pâte à la pression, et c'est la petite portion du petit-lait qu'elle conserve qui hâte la fermentation que les fromages éprouvent ; tandis que dans les fromages dépouillés presque entièrement du petit-lait par la pression, cette fermentation insensible ne marche qu'avec des progrès très-lents, et qui exigent un espace d'une année ou même de dix-huit mois pour que le fromage acquière les propriétés qui le rendent propre à être consommé. On sale tous les fromages, excepté ceux qui doivent se consommer à l'état frais ; mais dans les espèces qui sont soumises à la pression, on comprend qu'on ne pourrait ajouter le sel à la pâte, puisqu'il en sortirait à l'état de solution avec le petit-lait qu'on en exprime. C'est donc à la surface des fromages, lorsque la pression est terminée, que l'on applique le sel : en imprégnant plusieurs fois cette surface de sel en poudre, à certains intervalles de temps, et en retournant fréquemment les fromages sur les planches où ils sont placés. toute leur masse se pénètre de sel par l'effet de l'affinité, et cette substance concourt certainement aussi aux modifications qu'éprouve la pâte du fromage pendant la fermentation insensible qui s'y opère.

Pour toutes les espèces de fromages, mais surtout pour les fromages durs, le choix du local dans lequel on leur fait subir cette fermentation semble être une des circonstances qui influent le plus fortement sur la qualité des produits. Ce local est un magasin ou une cave situés dans un lieu où la température varie très-peu dans les diverses saisons de l'année, où il règne un certain degré d'humidité qui ne doit pas être dépassé et où l'air se renouvelle assez lentement. Dans quelques localités, comme dans les environs de *Roquefort,* département de l'Aveyron, on emploie à cet usage des grottes ou souterrains naturels que l'on a reconnu par expérience comme réunissant les conditions essentielles pour la préparation des fromages les plus estimés. Ces souterrains sont des propriétés privées, dont quelques-unes se vendent à des prix très-élevés parce qu'on a reconnu que les fromages y acquièrent de meilleures qualités que dans d'autres. Il serait donc imprudent de songer à se livrer à la fabrication des fromages, si l'on ne possédait ou si l'on ne pouvait faire construire des magasins ou des caves parfaitement appropriés à ce but; et l'un des plus importants points de recherches serait d'étudier les circonstances de température, d'humidité et d'aération qui caractérisent les locaux dans lesquels se fabriquent avec le plus de succès les fromages de la qualité que l'on veut imiter. Il est vraisemblable, en effet, que les propriétés de ces magasins relativement à la préparation des fromages ne dépendent pas d'autre chose que de la réunion des trois circonstances que je viens d'énumérer; et c'est en les étudiant parfaitement qu'on peut espérer de les reproduire dans d'autres localités.

Outre le magasin, la fromagerie se compose de deux ou trois pièces, dont l'une, qui doit être très-fraiche, est destinée à la conservation du lait jusqu'au moment de l'emploi. Une autre forme l'atelier et contient les chaudières, formes, presses et autres ustensiles nécessaires à la fabrication. Dans la troisième, on sale les fromages et on les soumet à diverses manipulations, jusqu'au moment où ils sont transportés dans le magasin. Ces opérations se font quelquefois dans l'atelier même, surtout pour les espèces de fromages qui ne doivent pas y être soumis pendant longtemps.

La substance que l'on emploie presque toujours pour déterminer la coagulation du lait dans la fabrication des fromages est la *présure,* que l'on prépare avec les caillettes ou estomacs des veaux tués pour la boucherie et qui con-

tiennent encore le lait coagulé dont les veaux se nourrissent. Les sucs dont est imprégné ce caillé, ainsi que
la membrane même de l'estomac, possèdent une propriété extrêmement énergique pour la coagulation du lait ;
en sorte qu'un très-petit morceau de ces substances suffit
pour faire cailler une grande quantité de lait. On conserve
les caillettes, et on les prépare pour l'usage au moyen
de procédés. fort variés qui consistent généralement à
vider d'abord la poche, ou estomac, du caillé qu'il contient,
et à saler l'un et l'autre ; on remet ensuite le caillé dans
l'estomac et l'on fait sécher le tout, ou l'on réunit les
caillettes dans des pots avec du sel. Lorsqu'on veut en
faire usage, on découpe les caillettes en petits morceaux ;
on triture le caillé et l'on prépare une infusion du tout
soit dans de l'eau salée, soit dans du petit-lait aigri.
On ajoute quelquefois à l'infusion du girofle, du citron
ou d'autres aromates. C'est cette infusion que l'on mêle
au lait, dans la proportion que l'on reconnaît nécessaire
pour déterminer la coagulation. Il n'est pas vraisemblable
que chaque procédé particulier de préparation de la présure exerce sur la qualité des fromages autant d'influence
que le supposent ceux qui les emploient, et qui en font
souvent un secret ; et il y a certainement là bien des
préjugés. Cependant, comme les diverses propriétés de
fromages tiennent évidemment à des différences presque
imperceptibles dans les procédés de préparation ; comme
ce sont là des opérations dans lesquelles la théorie ne peut
jusqu'ici en aucune façon faire prévoir les résultats, on
fera fort bien de s'assujettir rigoureusement aux procédés

qui sont pratiqués pour la préparation de la présure dans les fabriques de fromages de qualité analogue à celle que l'on veut produire.

Si nous cherchons maintenant à déterminer à quel prix la fabrication du fromage paie le litre de lait, nous trouvons que d'après les données fournies par M. d'Angeville, dont l'exactitude mérite la plus entière confiance, le quintal, soit 50 kilog. de fromage façon de Gruyères est produit chez lui par 500 litres de lait environ. Le prix de vente de ce quintal est de 40 francs, auxquels il faut ajouter 4 francs pour valeur du petit-lait, en y comprenant celle du *sérai* ou fromage d'une qualité inférieure qu'on en retire par une seconde cuite, en tout 52 francs. Il faut déduire de cette somme les frais de fabrication en combustible, main-d'œuvre, intérêt du capital employé en bâtiments et ustensiles, entretien des uns et des autres, etc. M. d'Angeville évalue les frais à 5 francs par quintal, sans y comprendre la main-d'œuvre, parce qu'elle est exécutée par les vachers. Reste donc 47 francs pour le produit de 500 litres de lait, ou un peu moins de 10 centimes par litre. Dans beaucoup de cantons, on fabrique des fromages de qualité inférieure, quoique fromages de tout bien comme celui de Gruyères, dont les prix ne sont généralement que de 30 à 40 francs le quintal. Dans ces cas, le lait n'est payé qu'à 6 ou 8 centimes le litre.

§ 3. *Fabrication du Beurre.*

La fabrication du beurre est plus simple et plus facile que celle des fromages, et le produit est plus tôt prêt à être vendu. On ne peut d'ailleurs fabriquer de fromage qu'en masses un peu considérables, c'est-à-dire en employant le lait produit par un grand nombre de vaches ; tandis qu'on peut convertir en beurre le lait d'un petit nombre d'animaux, aussi bien que celui d'une vacherie nombreuse. Par ces motifs, la fabrication du beurre est l'emploi du lait le plus fréquent et le plus usité ; et le beurre est partout une denrée d'une vente assez facile. Les prix varient toutefois beaucoup, car dans bien des cantons, où l'on prépare en grande masse pour l'approvisionnement des villes du beurre de qualité commune qui n'est propre qu'à faire du beurre fondu, ou à certains usages de la cuisine, les prix ne sont guère que de 50 à 60 francs le quintal, et quelquefois au-dessous ; il en est de même des localités où l'on ne produit que des beurres salés de qualité commune. Lorsqu'on produit au contraire des beurres fins et délicats, propres à être consommés à l'état frais par les classes aisées ou même du beurre salé de qualité distinguée, les prix s'élèvent souvent jusqu'à 100 et même 150 francs le quintal.

D'après les expériences que j'ai faites sur des qualités de lait fort variées, 1 kilogramme de beurre est produit par la crème de 25 à 34 litres de lait, selon les individus et aussi selon le genre de nourriture et l'époque de la

traite, relativement au vélage, car le lait de chaque individu produit d'autant moins de beurre que le vélage est
plus récent. Je pense que l'on peut prendre 28 litres
comme une moyenne, dont les résultats s'écarteront peu
dans tout le cours de l'année, pour une vacherie composée
d'un certain nombre d'individus bien choisis et nourris
avec soin à l'étable. Il est possible que dans quelques pâturages très-substantiels la proportion du beurre soit plus
forte que celle que j'indique ici, par exemple de 1 kilogramme de beurre pour 20 à 24 litres de lait ; mais dans
ce cas, les mêmes vaches ne donneront vraisemblablement pas une aussi grande abondance de lait qu'avec une
bonne nourriture à l'étable, ce qui peut rétablir l'équilibre relativement à la production du beurre.

En supposant la proportion de 1 kilogramme de beurre
pour 28 litres de lait, ce dernier sera payé environ 4 centimes le litre, si le beurre est vendu à 60 francs le quintal ;
à un peu plus de 7 centimes, si le prix du beurre s'élève
à 100 francs ; et à un peu plus de 10 centimes, si le beurre
acquiert une valeur de 150 francs. Il reste encore le lait
écrémé, dont on peut tirer un produit important dans les
localités où les fromages maigres sont recherchés à l'état
frais. Le caillé de 5 litres de bon lait produit un fromage
mou de 2 litres 1/2 environ, qui se vend communément
15 ou 20 centimes, là où la population consomme ce
genre d'aliments. C'est donc encore un produit de 3 ou
4 centimes par litre de lait. On peut juger d'après ce que
je viens de dire, combien il importe de s'efforcer de produire du beurre d'excellente qualité ; et il n'est pas rare

que par la seule différence dans la saveur et la délicatesse
des produits, qui peut être le résultat des soins dans la fabrication, on puisse doubler la somme que produit un
nombre déterminé de vaches. C'est en effet principalement
aux circonstances de la fabrication que l'on doit attribuer
les différences de qualité entre les diverses espèces de
beurres. Je ne prétendrai pas toutefois que la nourriture
des vaches n'y soit pour rien ; et entre les divers pâturages
naturels on pourra sans doute remarquer des différences
dans la qualité, et surtout dans la finesse de saveur des
produits. Mais il est de fait qu'avec des procédés soignés
de fabrication, on peut produire d'excellent beurre dans
presque tous les pâturages. Pour les vaches nourries à
l'étable, on remarque fort bien aussi les différences de
qualité du beurre selon la diversité des aliments que reçoivent les animaux. Mais une bonne culture présente
partout de grandes ressources pour procurer aux vaches
les fourrages les plus recommandables sous ce rapport.
C'est pur préjugé de croire que l'on ne peut fabriquer de
beurre fin qu'avec le lait produit par des vaches nourries
dans certains pâturages. Les personnes qui habitent la
campagne et qui apportent quelque soin à cette branche
de l'économie rurale, savent bien que l'on prépare dans
les ménages où l'on nourrit les vaches à l'étable du
beurre frais qui ne le cède en rien en finesse de saveur aux
beurres les plus estimés, et que l'on y fait en hiver d'aussi
bon beurre à peu près qu'en été. Je pourrais citer une exploitation rurale où les vaches en grand nombre sont nourries ainsi, et produisent un beurre qui se vend à Paris aux

prix les plus élevés qu'atteignent les beurres fins. Il est donc bien certain que c'est dans les procédés de la préparation qu'il faut chercher la principale cause des différences que l'on remarque dans les qualités des espèces de beurre que l'on rencontre dans le commerce. Je vais indiquer succinctement les soins les plus importants pour réussir à produire du beurre de la meilleure qualité.

La laiterie. — Un local convenable pour la laiterie est une condition sans laquelle on doit s'attendre à perdre souvent beaucoup sur la quantité du beurre produit, ainsi que sur la qualité. La circonstance la plus importante pour la laiterie c'est que sa température puisse être maintenue aussi constante qu'il est possible, dans les diverses saisons de l'année. Une cave conviendrait donc parfaitement bien pour cet objet, pourvu qu'elle fût bien éclairée, pas trop humide, et qu'on pût trouver au dehors une pente suffisante pour l'écoulement des eaux de lavage et de tous les liquides qui peuvent être répandus accidentellement sur le sol. Ces conditions se trouvent rarement réunies dans une cave, et c'est pour cela qu'on place plus fréquemment la laiterie au rez-de-chaussée ; mais si ce local peut être un peu enfoncé au-dessous du niveau du sol extérieur, il n'en vaudra que mieux. Il doit avoir ses jours au nord, ou du moins à l'exposition la plus rapprochée de celle-là. Les trois autres faces de la pièce ne doivent pas être formées par des murs exposés à l'extérieur ; mais elle doit être située dans l'intérieur du corps de bâtiment, de manière à être entourée de trois côtés par des pièces fraîches en été et chaudes en hiver, autant qu'il est possible. Si les choses ne peuvent être disposées ainsi, les murs de la laiterie doivent être du moins fort épais; ou mieux encore, on les revêt extérieurement d'un mur peu épais, en briques ou en moellons, placé à la distance de 9 à 12 centimètres (3 ou 4 pouces) de la muraille principale. L'intervalle reste vide, et se ferme exactement par le haut et par les côtés, de manière que l'air qui y est contenu n'a pas d'issue à l'extérieur. Cette couche d'air confiné entre deux corps solides, forme un des moyens les plus puissants d'empêcher la communication de la chaleur. On doit surtout faire une grande attention au plafond de la laiterie. Il doit être double et revêtu en plâtre; et si la pièce qui est au-dessus n'est pas échauffée pendant l'hiver et maintenue fraiche pendant l'été, il faudra recouvrir le plancher supérieur d'une couche de foin ou de regain de 60 à 65 centimètres (2 pieds) d'épaisseur, ou de balles de froment de 33 centimètres (1 pied) environ. Cette couverture sera aussi utile pour maintenir la laiterie fraiche en été que pour y conserver la chaleur en hiver.

Les jours ne doivent pas être plus grands qu'il n'est nécessaire pour éclairer la pièce. Les châssis doivent être mobiles; et il sera fort utile de les garnir d'un vitrage double, ce qui s'exécute en pratiquant aux petits bois une feuillure à l'intérieur comme à l'extérieur, en sorte qu'on y place deux carreaux mastiqués avec soin des deux côtés et qui laissent entre eux un intervalle parfaitement clos de 15 millimètres (6 lignes) d'épaisseur environ. On se persuaderait à peine combien cette forme de vitrage est efficace pour préserver les pièces auxquelles on l'adapte des va-

riations de la température extérieure, et la lumière trans-
mise ne perd sensiblement rien par l'effet de cette double
épaisseur de verre. Si l'exposition de ces jours n'est pas
au plein nord, les ouvertures doivent être munies, outre
les vitrages, de volets, ou mieux de jalousies ouvrant à
l'extérieur ; et, dans tous les cas, de grillages à châssis
dormants, pour empêcher l'introduction des chats, des rats
ou autres animaux. La porte de la laiterie ne doit pas être
placée à l'extérieur, mais elle doit communiquer avec une
pièce qui ne soit ni très-chaude en été, ni très-froide en
hiver. Il est très-bon de fermer l'entrée par un tambour
muni de deux portes que l'on évite de tenir ouvertes à
la fois.

A l'aide de ces précautions, le local de la laiterie sera
maintenu autant qu'il est possible à une température uniforme. Cependant, si les grands froids de l'hiver sont un
peu durables, la température s'y abaisserait encore trop,
et il deviendrait nécessaire de lui communiquer de la chaleur artificielle ; aussi un poêle est indispensable dans les
laiteries de quelque importance, lorsquelles ne sont pas
placées dans les caves. Ce poêle peut se construire très-
économiquement en briques, unies en guise de mortier par
une argile mêlée d'assez de sable pour qu'elle ne se fende
pas en se desséchant. On pratique dans l'intérieur du
poêle des canaux de circulation, comme dans les poêles
russes ou suédois. La porte du poêle doit être située à
l'extérieur de la laiterie, et la fumée prend son issue dans
des tuyaux en tôle qui circulent dans l'intérieur de la pièce,
ou qui la traversent du moins dans un développement

de 3 mètres (9 pieds 1 pouce), afin que toute la chaleur produite dans le poêle soit utilisée. Ces tuyaux doivent être munis d'une soupape portant extérieurement une clef à l'aide de laquelle on arrête la circulation de l'air, lorsque le combustible est entièrement consumé. Un fourneau de ce genre donne pendant longtemps une chaleur douce, et convient très-bien au chauffage des laiteries ainsi qu'à celui des serres tempérées et des orangeries. Dans la laiterie, la température ne doit jamais descendre au-dessous de 7 à 9 degrés centigrades, et il vaut beaucoup mieux qu'elle se maintienne à 12 ou 15 degrés centigrades.

Le plus difficile, au reste, est de maintenir la fraîcheur dans la laiterie pendant les chaleurs de l'été, lorsqu'elles sont un peu durables. C'est dans ce but, aussi bien que dans l'intérêt de la propreté, qu'il est fort utile de faire couler un filet d'eau de fontaine dans la laiterie, lorsque cela est possible ; et lorsqu'on ne le peut pas, il sera très-bien d'y pratiquer un puits muni d'une pompe à l'aide de laquelle on répandra à volonté de l'eau fraîche sur le sol. Ce dernier doit être revêtu d'un dallage ou d'un ciment disposé avec une pente vers un des côtés ; et l'on ménage au liquide une issue au dehors par un canal souterrain, autant qu'il est possible, afin que l'air extérieur ne s'introduise pas par cette ouverture. On ferme cette dernière par un grillage serré, pour qu'elle ne donne accès à aucun animal.

La laiterie est garnie dans son pourtour, et quelquefois aussi au centre, lorsqu'elle est vaste, de tablettes en madriers de bois dur assemblés avec soin, et sur lesquelles on place les vases qui contiennent le lait à écrémer. Dans les temps très-chauds, il vaut cependant mieux placer ces vases sur le sol, parce qu'ils y sont plus au frais. A cette époque de l'année, on doit tenir la laiterie parfaitement close pendant le jour, et ne donner de l'air que pendant la nuit, même seulement pendant quelques instants, si l'air du dehors est plus chaud que celui de l'intérieur de la pièce. La température de celle-ci ne doit jamais dépasser 20 degrés centigrades ; mais on doit toujours s'efforcer de la tenir de quelques degrés au-dessous, parce que lorsque les temps chauds se prolongent la température intérieure s'élève constamment un peu, malgré toutes les précautions que l'on peut prendre.

Dans les grandes laiteries, une seconde pièce attenante à la première est destinée à recevoir des ustensiles vides, et à tous les détails de propreté qui les concernent, détails auxquels on ne peut donner trop de soins, car la bonne qualité du beurre en dépend en grande partie. La fontaine ou la pompe doit donc communiquer également avec cette pièce qui peut servir d'entrée à la laiterie proprement dite. On peut aussi y battre le beurre, et y mettre à égoutter les fromages mous.

Les ustensiles. — Je ne parlerai ici que des plus importants de ces ustensiles, savoir les vases à lait et les barattes. Les vases à lait sont communément des baquets en bois, travail de tonnellerie. Ils sont fort bons, pourvu qu'on les tienne avec une exacte propreté, qu'on les vide et qu'on les lave aussitôt que le lait est décrémé, et qu'on emploie de temps à autre à ce lavage une lessive de cendres, pour les purger de l'acidité dont la surface du bois pourrait être imprégnée. Les vases en poterie de grès sont excellents aussi; mais on doit proscrire toute autre poterie que le grès ou la porcelaine, parce que la pâte de toutes les autres poteries étant très-tendre absorbe les liquides par les fentes qui se font toujours à l'émail, ce qui forme un réservoir permanent d'acidité et de décomposition pour les substances qu'on place dans ces vases. On a proposé souvent des vases en métal; et l'on emploie assez fréquemment en Angleterre des vases en fonte de fer étamé ou en zinc. Il n'y a pas d'autre objection à faire contre leur usage, que l'élévation du prix qu'il coûte; et l'on assure même que la crème y monte plus promptement que dans tous les autres.

La profondeur des vases à lait est une circonstance dont on s'est fréquemment occupé; et l'on recommande communément de les faire très-plats, c'est-à-dire de ne leur donner que de 6 à 9 centimètres (2 ou 3 pouces) de profondeur. Cette précaution ne peut être utile que pour les laiteries où l'on ne peut entretenir une température fraîche pendant les fortes chaleurs de l'été. Il arrive alors, en effet, que la coagulation du lait s'opérant très-promptement sous l'influence d'une température élevée, la crème n'a pas assez de temps pour monter en totalité à la surface dans un vase profond, tandis qu'elle s'y réunit plus promptement sur une moins grande épaisseur de liquide. D'un autre côté, les vases plats sont plus embarrassants parce qu'ils occupent plus d'espace dans la laiterie; et il faut plus de temps et de soins pour enlever la crème lorsqu'elle est ainsi disposée en couches très-minces. Ainsi, si l'on excepte la circonstance des fortes chaleurs, les vases de 18 à 20 centimètres (6 à 8 pouces) de profondeur sont plus commodes ; et l'expérience prouve que la crème monte même facilement et en totalité dans des vases de 30 centimètres (10 pouces) de profondeur, pourvu que la coagulation du lait ne s'opère pas avant 18 ou 24 heures, à dater du moment où il a été mis dans ces vases. Dans une laiterie bien construite, et avec les soins convenables, on peut toujours éviter que la coagulation du lait s'opère dans un espace de temps plus court.

On a publié la description et les dessins d'un grand nombre de barattes qui sont usitées dans divers pays. La plus simple de toutes, et celle qui est le plus généralement répandue, est la *baratte à pompe,* dont tout le monde connaît la construction et la manœuvre. Je pense que c'est la meilleure de toutes, du moins pour les établissements où l'on n'a pas à battre à la fois de très-grandes masses de crème. Quelquefois même, dans les grandes laiteries on dispose deux barattes à pompe l'une à côté de l'autre, et l'on donne le mouvement aux deux pistons par un seul balancier disposé de manière que l'un des pistons s'élève quand l'autre s'abaisse. Dans certains cantons, on donne néanmoins la préférence à des barattes formées par un tonneau tournant sur des tourillons placés au centre de chacun de ses fonds. Dans l'intérieur, sont disposées des planches percées de trous qui battent et divisent la crème à mesure que le tonneau tourne. D'autres fois, le tonneau est fixé sur un support et placé dans la position que je viens de d'écrire, et le battage s'opère à l'aide d'ailes fixées sur l'axe tournant de ce tonneau. Quelquefois aussi, le tonneau ne reçoit pas un mouvement de rotation, mais un mouvement de balancement, ce qui a fait donner à ces barattes le nom de barattes à berceau. Tous ces tonneaux offrent divers inconvénients, mais surtout celui de se prêter difficilement à un nettoyage complet et à la surveillance qu'il est nécessaire d'exercer sur le soin avec lequel est exécutée cette opération, si importante pour la préparation du beurre de bonne qualité. Dans la baratte à pompe, au contraire, rien n'est plus facile que le nettoyage et la plus légère inspection suffit pour s'assurer s'il a été bien exécuté.

Le moteur que l'on emploie presque partout pour le travail des barattes est la force des bras. Un homme robuste suffit fort bien pour le service de deux barattes à pompes accouplées comme je viens de le dire. Cependant, dans quelques établissements très-vastes, on fait mouvoir la baratte par la force d'un cheval ; et ce sont généralement des barattes tournantes, qui, malgré leurs inconvénients, conviennent le mieux lorsqu'on opère sur de très-grandes masses de crème.

Je dois encore parler ici de deux instruments dont on ne peut guère se passer dans une laiterie bien soignée. Ce sont : un *thermomètre*, pour connaître constamment la température de la laiterie, et quelques *lactomètres*, qui servent à déterminer la richesse comparative des diverses espèces de lait. On fera bien de prendre un thermomètre à mercure fixé sur une planchette, et non enfermé dans un tube de verre, comme on le fait pour certains thermomètre de bains. Ces derniers n'indiquent les variations de température qu'avec une excessive lenteur, tandis que l'instrument est beaucoup plus sensible lorsque le réservoir du thermomètre est nu, comme cela a lieu dans les thermomètres fixés sur une planchette : cette dernière peut être d'un bois dur et sans vernis, comme le sont les thermomètres à l'usage des brasseurs. La planchette peut aussi être peinte, comme cela a lieu pour les thermomètres dont on fait usage dans les appartements ; mais on fera bien, dans tous les cas, de choisir un instrument dont les divisions soient larges, parce que, quand les lignes qui indiquent les degrés sont trop rapprochées, on peut difficilement apprécier les variations légères de température. Lorsqu'on fera usage d'un thermomètre dans la laiterie, on reconnaîtra bientôt combien on se trompe lorsqu'on croit en rafraîchir la température en donnant de l'air au local en été, même pendant les nuits lorsqu'elles sont chaudes. Dans cette saison, toutes les fois que la température de l'extérieur est plus élevée que celle de la laiterie, on ne doit ouvrir les croisées qu'avec beaucoup de circonspection, et seulement pour quelques instants, afin de renouveler l'air de la pièce. C'est là une des précautions les plus importantes pour conserver la fraîcheur dans la laiterie, pourvu qu'elle ait été construite avec les soins que j'ai indiqués. On fera très-bien, par ce motif, d'avoir en outre un thermomètre placé en dehors, à l'exposition du nord, afin de connaître toujours les différences de température entre l'intérieur et l'extérieur.

Le *lactomètre* est un tube de verre de 3 à 4 centimètres

(14 à 15 lignes) de diamètre et de 18 à 20 centimètres (6 à 8 pouces) de hauteur, ouvert par son extrémité supérieure, et terminé en bas par une espèce de pied à l'aide duquel on le place debout sur une table. Le tube porte à son extérieur une division en degrés qui expriment des centièmes de sa contenance, et qui partent d'une ligne tracée circulairement autour du tube près de son ouverture. On emplit ce tube de lait jusqu'à cette ligne qui forme le *zéro* de l'échelle, et on le laisse en repos placé sur un corps solide, et dans un lieu frais. La crème se sépare bientôt, et l'on distingue à travers le verre la couche qui se forme à la surface. Lorsque cette couche n'augmente plus d'épaisseur, on compte le nombre de degrés qu'elle occupe dans la hauteur du vase, ce qui indique la richesse du lait en crème. De bon lait donne quelquefois de 13 à 15 degrés, c'est-à-dire que la crème y forme les treize ou quinze centièmes de son volume. Les laits pauvres n'offrent que 7 ou 8 degrés. Cet instrument est fort utile dans les laiteries. Il sert en particulier à indiquer les variations qu'éprouve la richesse du lait, selon les diverses nourritures que reçoivent les vaches ; il aide à reconnaître promptement les vaches que l'on doit conserver ou réformer, etc. On construit avec beaucoup de soin les lactomètres chez M. Collardeau, fabricant d'instruments de physique, faubourg Saint-Martin, n° 56 à Paris.

Manipulations. — On doit apporter une grande surveillance à l'opération de la traite des vaches ; car si on ne les trait pas à fond, et jusqu'à la dernière goutte, non-seulement on perd chaque jour une certaine quantité de lait, mais la sécrétion de ce liquide diminue progressivement par l'effet de cette négligence. D'ailleurs, la portion de lait que l'on perd ainsi est la plus riche en crème; car il existe à cet égard une très-grande différence entre les premières portions de lait qui sortent de la mamelle et les dernières. Les premières sont les plus aqueuses; et la richesse du lait ne cesse de s'accroître jusqu'aux dernières gouttes. La personne qui surveille la trayeuse doit donc s'assurer souvent par elle-même, après la traite, qu'on ne peut plus extraire une seule goutte de lait, en essayant successivement les quatre trayons.

On se sert communément pour traire les vaches, d'un escabeau formé d'une rondelle de bois fixée sur trois pieds. Dans quelques parties de la Suisse, cette rondelle ne porte qu'un seul pied fixé au centre; et l'homme qui en fait usage, fixe l'escabeau à son corps à l'aide de deux courroies attachées à la rondelle et qui lui ceignent les reins en se réunissant en avant par une boucle. Il suffit que le vacher, muni de cet attirail, s'accroupisse près de la vache qu'il veut traire, pour que le pied de son siége pose à terre et offre à son corps l'appui dont il a besoin pour l'opération. Lorsqu'il quitte une vache pour passer à une autre, son escabeau le suit sans qu'il s'en occupe. Lorsqu'il a à traire des vaches difficiles ou méchantes, le vacher court moins de risques avec cet instrument, parce qu'il a les mouvements plus libres. Dans d'autres pays, l'escabeau est formé par un sceau couvert dans lequel on met de l'eau qui sert à laver les mamelles avant la traite, soin qu'on néglige souvent, mais qui importe beaucoup à la propreté du lait.

Aussitôt que le lait est trait, on le passe à travers un tamis de crin ou une toile claire, que l'on fixe à cet effet sur une espèce de sébile en bois sans fond ; et l'on distribue immédiatement le lait dans les vases placés dans la laiterie. Ces vases sont rangés sur les tablettes ; cependant dans les temps très-chauds, il vaut mieux les placer sur le sol. On maintient constamment la température de la laiterie entre 10 et 15° *Réaumur*, en hiver, en y faisant du feu lorsque cela est nécessaire, et en été, en fermant avec soin les ouvertures pendant les chaleurs, et en répandant fréquemment de l'eau fraîche sur le sol. A la température de 15° environ le lait ne se coagule guère qu'au bout de 24 heures ; et il ne faut pas que la coagulation soit plus prompte, si l'on ne veut pas éprouver de la perte sur la quantité de crème. A 11 ou 12° la coagulation ne s'opère qu'au bout de trois jours environ. A de bases températures, la coagulation est beaucoup moins prompte, et la crème est plus lente à monter ; mais on ne doit pas attendre plus de trois jours pour écrémer, si l'on veut obtenir un beurre de bonne qualité. C'est par ce motif qu'il est nécessaire d'échauffer artificiellement le local durant les temps froids.

Dans la plupart des localités, on n'écrème que lorsque le lait est caillé, probablement parce qu'alors il est plus facile d'enlever la crème, qui se sépare presque seule du caillé. On peut faire de très-bon beurre par ce procédé, pourvu qu'on ne laisse pas trop séjourner la crème sur le lait; mais on croit, dans quelques cantons, que, pour produire le beurre le plus fin, il faut enlever la crème avant la coagulation du lait. A cet effet, on visite souvent le lait déposé dans les vases; et l'on saisit pour l'écrémage le moment où la crème est bien réunie à la surface et suffisamment raffermie, mais où le lait est encore liquide en dessous. On reconnaît la consistance de la crème, en appuyant légèrement sur la surface avec le dos de la main; et si l'on écarte la crème près des bords du vase, à l'aide d'une lame de couteau, on voit paraître en dessous le lait avec une couleur bleuâtre qui tranche nettement avec celle de la crème, lorsque cette dernière est complétement montée. Lorsque ces deux indices sont réunis, c'est le moment d'écrémer; et cela peut varier, comme je l'ai dit, de 24 heures à 3 jours après la traite, selon la température. Dans les temps chauds, il faut saisir cet instant avec précision; et il est nécessaire alors d'écrémer à part les traites du matin et du soir, afin de prévenir pour chacune l'époque de la coagulation. Il faut écrémer, dans ce cas, aussitôt que la crème est mûre, quelle que soit l'heure du jour ou de la nuit. Lorsqu'il fait plus frais, on peut n'écrémer qu'une fois par jour, en faisant en même temps l'opération sur les deux traites de la même journée. On a encore un autre motif pour écrémer avant la coagulation du lait : c'est qu'on croit généralement qu'on obtient par ce moyen plus de fromage et de meilleure qualité, que du lait qui s'est caillé par le développement naturel de l'acidité. Pour cela, aussitôt que le lait est écrémé, on y mêle un peu de présure; et l'on met à égoutter le caillé qui en provient dans des moules, de même que pour les fromages mous ordinaires. Au reste, je crois devoir répéter ici que l'on peut fabriquer d'excellent beurre en n'enlevant la crème qu'après la coagulation du lait, pourvu qu'on procède à l'écrémage sans retard, lorsque le caillé est bien formé au-dessous, et pourvu que la température du local soit assez élevée pour que le lait se caille en 3 ou 4 jours au plus.

Il faut placer en première ligne, parmi les moyens d'obtenir du beurre de bonne qualité, les soins de la plus scrupuleuse propreté dans tous les ustensiles avec lesquels le lait, la crème ou le beurre peuvent se trouver en contact. A cet égard, on ne peut trop surveiller les opérations de la femme qui exécute ces travaux. Il importe beaucoup aussi de conserver la crème dans un lieu frais, et de ne pas la laisser vieillir. Les beurres les plus fins s'obtiennent en battant tous les jours la crème recueillie sur le lait non encore aigri, comme je viens de le dire; mais on peut encore fabriquer de très-bon beurre en conservant avec soin la crème pendant 2 ou 3 jours, pourvu qu'elle soit logée très au frais. Dans quelques pays, on place dans la baratte le lait entier, soit encore doux, soit après la coagulation. Dans ce dernier cas, on agite le lait plusieurs fois avant qu'il se caille, afin que la crème reste bien mélangée dans toute la masse; mais presque partout on soumet la crème seule à l'action de la baratte. Cette méthode moins embarrassante, puisqu'elle exige des barattes de moindre dimension et moins de temps pour le battage, semble généralement préférable.

Toutes les personnes qui ont l'habitude de battre le beurre savent que, pour qu'il se prenne promptement, il faut que le mouvement alternatif qu'on imprime aux pistons de la baratte, que l'on nomme batte-beurre, soit modéré, uniforme et non interrompu; et qu'à chaque coup le piston descende jusqu'au fond du vase, afin que toutes les parties du liquide participent au mouvement qu'il leur communique. Il arrive toutefois assez fréquemment que l'opération éprouve des retards extraordinaires, et quelquefois le beurre semble refuser complétement de se prendre. Toutefois, cet accident n'arrive presque jamais aux personnes soigneuses et qui ont une grande habitude de cette opération. Il se manifeste souvent lorsqu'on a interrompu le battage, même pendant un court espace de temps : on dit alors que le beurre *recule,* et tout le travail précédent est perdu. La présence d'une petite quantité d'acide est nécessaire pour que le beurre se prenne. C'est vraisemblablement pour cela qu'une petite quantité de cendres ou de savon mêlée par accident à la crème suffit pour empêcher complétement que l'opération vienne à bien; et lorsqu'on emploie de la crème douce, on accélère beaucoup le travail en ajoutant dans la baratte quelques cuillerées de vinaigre. Mais la circonstance qui forme la cause la plus fréquente des difficultés que l'on éprouve à faire prendre le beurre, c'est la température trop élevée ou trop basse; et en faisant usage d'un thermomètre, on peut être assuré d'écarter à volonté cet obstacle. La température la plus favorable est d'environ 12° centigrades; et elle peut varier de 10 à 15° centigrades sans grand incon-

vénient. Il est toujours facile de procurer cette température à la crème, au commencement du battage, dans
toutes les saisons. En hiver, si la laiterie est suffisamment
échauffée pour favoriser la montée de la crème, la température sera aussi très-convenable pour le battage du
beurre; et si la crème était logée dans un lieu plus frais,
il suffirait de la placer dans la laiterie pendant quelques
heures avant le battage, afin qu'elle en prenne la température. Si l'on opérait dans un local un peu trop froid, on
pourrait remplir la baratte d'eau chaude une demi-heure
avant l'opération, afin d'en échauffer un peu les parois.
On peut aussi plonger pendant une heure dans de l'eau
tiède le vase qui contient la crème, afin d'échauffer un
peu cette dernière avant l'opération ; mais il faut agir avec
beaucoup de circonspection dans l'emploi de tous ces
moyens d'échauffer artificiellement la crème, parce que si
l'on a donné à quelques-unes de ces parties une température un peu trop élevée, le beurre perdra beaucoup en
qualité. Ce qu'il y a de mieux à faire est donc de loger la
crème, avant le battage et pendant l'opération, dans un
local dont la température lui soit favorable. Pendant l'été,
le meilleur parti à prendre est de plonger jusque près de
ses bords le vase qui contient la crème, pendant une
heure ou deux avant l'opération, dans un cuvier ou une
auge remplis d'eau fraîchement tirée d'un puits ou d'une
fontaine. On plonge aussi la baratte dans de l'eau semblable, et on l'en emplit intérieurement. Lorsque la crème et
la baratte ont été ainsi rafraîchies, l'opération marche
régulièrement, pourvu qu'elle ne soit pas faite dans un
local trop chaud.

Le battage du beurre exige rarement moins d'une demi-heure, et il dure quelquefois deux ou trois heures. Lorsqu'on reconnaît que le beurre s'est pris en grumeaux, on réunit ces grumeaux en une ou en plusieurs masses à l'aide d'un mouvement particulier de la batte-beurre; et l'on verse le liquide sur un tamis, afin d'en séparer toutes les portions de beurre. On procède ensuite à l'opération du *délaitage,* qui a pour but d'enlever les portions de petit-lait que contient encore le beurre. A cet effet, on divise ce dernier en masses de moyenne grosseur que l'on place dans l'eau fraiche, afin que le beurre s'y raffermisse. On pétrit ensuite à la main ces masses dans de l'eau que l'on renouvelle fréquemment, et jusqu'à ce qu'on reconnaisse qu'elle ne se trouble plus par le mélange du lait de beurre qui sort de la masse pendant le pétrissage. Le beurre est alors prêt à être mis en pains ou à être salé. Dans quelques cantons, on pense conserver une saveur plus délicate au beurre en opérant le délaitage à sec. Pour cela, lorsque le beurre s'est raffermi dans l'eau fraiche, on l'en tire et on le place sur une tablette de pierre ou de marbre, ou dans un vase plat de poterie, et l'on exprime les parties liquides qu'il contient encore, en le pressant et en le comprimant dans toutes ses parties à l'aide d'une grande cuillère, ou même en le frappant avec une battoire. Quel que soit le procédé qu'on emploie, on doit délaiter avec le plus grand soin et entièrement à fond le beurre que l'on destine à être conservé. Pour celui qui doit être consommé frais, il n'est pas nécessaire que le délaitage soit aussi complet; le beurre a même une saveur plus délicate lorsqu'il conserve ainsi une petite quantité de lait de beurre, mais il doit alors être consommé dans très-peu de temps.

Lorsque la fabrication du beurre est terminée, on a coutume, dans beaucoup d'exploitations, de couper la masse en tranches minces, à l'aide d'un couteau de bois que l'on plonge souvent dans l'eau, afin de découvrir et d'enlever les poils et autres impuretés que le beurre peut contenir; mais si toutes les opérations ont été conduites avec propreté, et surtout si le lait a été passé avec soin après la traite, le beurre est parfaitement propre et toute opération ultérieure est superflue. Si, au contraire, on a négligé les soins de propreté, la recherche des impuretés contenues dans le beurre est toujours insuffisante.

Pour prolonger la conservation du beurre, on le sale, ou on le fait fondre. Le premier de ces procédés est le plus usité, et c'est celui qui conserve au beurre la saveur la plus agréable, lorsqu'il est bien exécuté. Le beurre que l'on veut soumettre à la salaison doit être délaité avec un grand soin; et on doit le saler dans un très-court espace de temps, c'est-à-dire pendant qu'il est encore parfaitement frais. On doit employer le sel entièrement sec, parce que le rôle principal qu'il joue dans cette opération est de se combiner aux parties séreuses qui restent encore dans le beurre et qui en déterminent promptement l'altération. On fait donc sécher le sel en le plaçant dans un four chaud, ou par tout autre moyen, puis on le réduit en poudre fine à l'aide du pilon. On étend le beurre qu'on veut saler, en forme de galette mince, que l'on saupoudre de sel sur toute sa surface. On replie ensuite la masse sur elle-même en la pétrissant dans tous les sens pendant assez longtemps, de manière à incorporer le sel avec égalité dans toutes les parties de la matière. On évite toutefois de pétrir le beurre pendant trop longtemps, ce qui le rendrait très-visqueux. La quantité de sel que l'on emploie est communément de 1 kilogramme pour 16 kilogrammes de beurre. On en emploie cependant quelquefois davantage lorsqu'on veut que le beurre se conserve pendant très-longtemps, ou lorsqu'on le destine à des voyages lointains dans des climats très-chauds. On doit aussi augmenter la dose du sel, si le beurre n'est pas bien pur. Souvent aussi on prépare le beurre avec une dose de sel moindre que celle que j'ai indiquée, lorsqu'on le destine à la consommation pour une époque peu éloignée et lorsqu'il est d'ailleurs très-pur et très-frais. Les doses extrêmes du sel varient pour ces circonstances opposées, entre le dixième et le vingtième du poids du beurre. Quelquefois on mêle au sel un peu de salpêtre. On a recommandé en Angleterre le mélange suivant, comme produisant un beurre d'une saveur très-délicate : un kilogramme de salpêtre, un kilogramme de sucre et deux kilogrammes de sel commun ; le tout desséché et réduit en poudre, comme je l'ai dit ; et l'on emploie le mélange dans la proportion de 1 kilogramme pour 16 kilogrammes de beurre. Lorsque le beurre est salé, on en emplit les pots de grès ou des barils, en l'y comprimant avec soin, de manière qu'il ne reste de vide dans aucune partie.

Pour préparer le beurre fondu, on le place dans une marmite de fonte que l'on met sur un feu modéré, de manière à faire bouillir légèrement la masse en fusion pendant quelques instants. On enlève les écumes à la surface, puis on laisse déposer, et l'on coule le beurre, avant qu'il soit figé par le refroidissement, dans des pots de grès ou des vases de bois. Il reste au fond de la marmite un dépôt de même nature que les écumes. On peut aussi se dispenser de faire bouillir le beurre, en le tenant pendant quelques heures à l'état de fusion sur un feu très-doux, ou mieux encore au bain-marie. L'opération est un peu plus longue que par le procédé de l'ébullition; mais la matière court moins de risques d'altération. Le beurre fondu a perdu la saveur agréable qui le caractérise à l'état frais; mais il est plus propre que le beurre frais à certains usages de la cuisine, et il peut se conserver fort longtemps lorsqu'il a été préparé avec soin, et lorsqu'il est logé dans un lieu sec et frais. L'écume, ainsi que le dépôt qui se réunit au fond du beurre en fusion, se composent, pour la plus grande partie, des substances auxquelles le beurre devait sa sapidité; et quoique la saveur en ait été un peu altérée par la chaleur, cette écume forme une friandise fort recherchée des jeunes gens, qui la mangent en tartines.

§ 4. *Emploi du lait à l'engraissement des veaux.*

Dans les localités voisines des villes où l'on paie à un prix élevé la viande de veau de bonne qualité, on peut

tirer un assez bon parti du lait en l'employant à l'engraissement des veaux. Cette spéculation convient surtout aux
cultivateurs qui ne sont pas placés assez près de la ville
pour pouvoir y vendre le lait en nature, sans être cependant très-éloignés du lieu où les veaux doivent être consommés. En effet, les veaux gras devant être transportés
sur des voitures, et ce transport ne pouvant se prolonger
pendant trop longtemps, on ne pourrait guère envoyer
des veaux aux marchés à la distance de plus de 10 ou 15
lieues, à moins d'organiser des moyens de transport
compliqués, dont les frais ne peuvent être couverts que
par un prix très-élevé de la viande.

Lorsqu'on se livre à cette spéculation, on engraisse
d'abord les veaux qui naissent des vaches que l'on entretient, et l'on en achète ensuite d'autres pour consommer
tout le lait que l'on veut employer à cet usage. Il est fort
important de n'acheter pour l'engraissement que des
veaux provenant de vaches bien entretenues; car lorsque
la mère a été dans un état de maigreur pendant la gestation, le veau profite mal ensuite. Les veaux mâles profitent généralement mieux que les femelles. Les veaux
qui naissent à la maison doivent être séparés de la mère
aussitôt après la naissance; et on leur fait boire le lait,
fraîchement trait et encore chaud, dans un petit baquet
qu'on tient élevé au-dessous de leur tête. La personne
qui le leur présente plonge une main dans le lait et en
fait sortir un doigt, que le veau s'habitue bientôt à saisir,
et à l'aide duquel il aspire tout le lait contenu dans le
baquet. Les veaux qui n'ont jamais tété leur mère boivent

de cette manière sans aucune difficulté. Ceux que l'on achète, et qui ont ordinairement tété jusque là, refusent quelquefois le doigt pendant une journée ou deux; mais ils s'y habituent très-promptement, si la personne qui leur donne à boire est exercée à cette opération. Après quelque temps, les veaux peuvent fort bien boire seuls dans le baquet; mais on préfère ordinairement continuer de leur présenter le doigt, parce qu'ils boivent plus promptement de cette manière. On remplace quelquefois le doigt par un biberon formé d'un tube de bois creux de 12 à 15 centimètres (4 ou 5 pouces) de longueur; mais la plupart des vachers trouvent que le service se fait plus commodément avec le doigt. On fait boire les veaux trois fois par jour pendant les deux premières semaines, et ensuite deux fois seulement.

Les veaux que l'on engraisse doivent boire entièrement à discrétion; et le lait est employé avec d'autant plus de profit qu'ils en boivent une plus grande quantité. Il importe donc d'élever la ration journalière de chaque veau autant qu'on le peut, en prévenant toutefois la satiété et le dégoût qui résultent de l'excès. Le veau ne boit pas, au reste, au delà de son appétit, lorsqu'il reçoit une ration égale et à des heures fixes; mais s'il arrive, par une cause quelconque, qu'il ait moins bu à l'un de ses repas, on doit être en garde contre un excès occasionné par la gloutonnerie au repas suivant. C'est afin de pouvoir rationner ainsi les veaux chacun selon son appétit, et sans perte de lait, qu'il vaut bien mieux leur faire boire le lait trait, que de leur laisser téter leur mère.

La diarrhée est à peu près la seule maladie à laquelle les veaux soient sujets pendant l'engraissement. Si l'on n'y remédie pas promptement, l'animal perd l'appétit et cesse de profiter. On a indiqué un grand nombre de remèdes contre cette maladie. Je n'en ai jamais employé qu'un, qui a toujours été suivi d'une guérison très-prompte; il consiste à ne donner aux veaux malades que du lait coupé avec de l'eau d'orge. Cette dernière se prépare de même que pour les tisanes destinées aux hommes, c'est-à-dire en faisant bouillir 5 ou 6 litres d'eau avec 1 litre d'orge. On jette la première eau aussitôt que le grain est crevé, et on en ajoute de nouvelle, qu'on laisse bouillir pendant une heure au moins. Les veaux refusent quelquefois de boire le lait auquel on a mélangé une proportion considérable d'eau d'orge; on commence alors par ne mettre qu'un quart de cette dernière, puis on augmente la proportion jusqu'à la moitié ou les deux tiers, si la maladie se prolonge. On ne remet le veau au lait pur que lorsque la diarrhée a complétement cessé.

Les veaux à l'engrais doivent être logés dans un lieu chaud et obscur, où leur repos ne soit troublé par personne. Ils doivent reposer sur une surface très-sèche en bois, en pavé ou en ciment, avec une pente suffisante pour que les urines n'y séjournent pas. On les loge isolément dans des cases où chacun d'eux ne peut avoir de communication avec les autres, et où on les tient très-proprement, à l'aide d'un renouvellement fréquent de litière. Quelquefois on fait ces cases très-étroites, de manière que le veau ne puisse pas s'y tourner. Quelques

personnes attachent beaucoup d'importance à cette disposition, et pensent même qu'il ne faut pas que les veaux
puissent se lécher, ni mâcher la paille de leur litière,
comme ils le font souvent plutôt pour s'amuser que pour
l'avaler ; et en conséquence on leur met quelquefois une
muselière. Je ne crois pas que cette précaution soit de
quelque importance.

Dans un cours d'expériences faites sur l'engraissement
d'une soixantaine de veaux, et où l'on a noté exactement
la consommation journalière de chaque veau, et l'augmentation du poids de l'animal chaque semaine, j'ai recueilli
les données suivantes : pour la vente, j'avais un marché
fait avec un boucher de Nancy, qui me payait les veaux à
raison de 70 centimes le kilogramme, poids vivant. J'étais
chargé de les transporter à la ville et de payer l'octroi qui
est de 3 francs 20 centimes par tête. Les veaux produisent
généralement 60 p. 0/0 de viande nette ; ce prix représente
pour le boucher celui d'environ 1 franc 17 centimes pour
le kilogramme de viande, sauf déduction de la valeur du
cuir. Il était convenu avec mon acheteur que je ne lui
livrerais pas de veaux au-dessous du poids de 75 kilogrammes. Le transport à Nancy durait communément
8 heures ; et les veaux étant pesés la veille du départ et à
l'arrivée, il y avait généralement une diminution de 4 à 5
kilogrammes. D'un autre côté, j'achetais les veaux maigres,
du poids de 30 à 50 kilogrammes et de l'âge de 8 à 15
jours, à un prix qui variait de 30 à 40 centimes le kilogramme, en vie, selon leur état. Quant à ceux qui prove-
naient de mes vaches, je les évaluais à un prix fixe de
9 francs au moment de la naissance.

Les veaux du poids de 30 à 40 kilogrammes consommaient par jour de 6 à 8 litres de lait. Cette quantité s'accroissait graduellement jusqu'à 16 ou 18 litres pour les veaux de 100 à 126 kilogrammes. Un veau que j'ai poussé jusqu'à 160 kilogrammes, consommait dans les derniers moments 24 litres de lait par jour. Il n'y a pas de profit à faire de très-gros veaux, à moins que le prix de la viande ne soit plus élevé; et à un prix uniforme, l'engraisseur trouve d'autant plus de profit qu'il vend ses veaux plus jeunes; aussi, partout où l'on entend bien le commerce de la boucherie, les gros veaux sont payés à un prix plus élevé que les petits. En effet, dans les premiers moments de l'engraissement, le veau augmente de valeur, non-seulement par son accroissement de poids, mais aussi par l'accroissement de prix qu'acquiert la viande qui y étai' primitivement. Mais dès que l'animal peut être réputé veau gras, si le kilogramme de viande n'augmentait plus de prix, le veau n'acquerrait plus une nouvelle valeur qu'en raison de son accroissement de poids; en sorte que le lait serait payé à un prix moins élevé que dans le premier moment de l'engraissement, si le prix du quintal de viande ne s'élevait pas à mesure que le veau grossit. Pour tous les veaux soumis à l'engraissement dans le cours de cette expérience, on a tenu note exacte de la valeur primitive de chacun d'eux et de sa consommation en lait; en sorte qu'après la vente on a pu facilement établir le compte du taux auquel chaque veau avait payé le lait qu'il avait consommé. Pour les meilleurs veaux, c'est-à-dire pour ceux qui ont le mieux profité, le prix obtenu ainsi du lait s'est élevé de 9 à 10 centimes ; le plus grand nombre ne l'ont payé qu'à 6 ou 7 centimes ; et la moyenne est entre 7 et 8 centimes. L'augmentation du poids des animaux par semaine, a été quelquefois de 12 à 13 kilogrammes pour une consommation journalière de 18 à 24 litres. Communément, les veaux qui consommaient 15 à 16 litres de lait par jour augmentaient d'environ 10 kilogrammes par semaine ; et les petits veaux, pour une consommation de 8 à 10 litres par jour, obtenaient généralement un accroissement de 6 à 7 kilogrammes par semaine. On a calculé pour chaque veau le nombre de litres qu'il a consommés par kilogramme d'augmentation du poids de son corps. Les variations ont été ici entre 8 et 13 litres, selon les dispositions des individus ; et la moyenne se trouve d'environ 11 litres de lait par kilogramme d'augmentation du poids des animaux.

Je me suis livré à diverses reprises à des essais nombreux sur la possibilité de remplacer une portion de la ration journalière de lait par quelques autres aliments, dans l'engraissement des veaux ; mais ces expériences n'ont eu qu'un résultat négatif. J'y ai soumis les farines de diverses espèces de céréales, celle de la graine de lin, diverses matières sucrées, etc. On peut faire avaler en petite quantité les farines, soit à l'état de boulettes, soit en les délayant dans le lait, crues ou préalablement réduites en bouillie claire par la coction. Tant qu'on n'en administre que de petites doses, l'animal n'en éprouve pas d'incommodité ; mais l'effet est à peu près nul sur la nutrition. Si l'on porte la farine à la dose d'environ un litre par jour, du moins dans toutes les combinaisons que j'ai essayées, la diarrhée ne tarde pas à se manifester ; et l'on ne peut la guérir sans convertir le régime en diète, ce qui cause une grande perte pour l'engraissement. Une seule fois, j'ai pu porter pendant une quinzaine de jours la ration de farine d'orge à deux litres par jour, pour un veau de plus de 100 kilogrammes. Il avait la diarrhée, mais l'appétit persistait et l'animal profitait fort bien en consommant, au reste, à peu près autant de lait que s'il n'avait pas reçu de farine ; mais tout à coup il a refusé toute espèce d'aliment, son état est devenu alarmant et il a été nécessaire de se hâter de le livrer au boucher.

J'avais conçu l'espoir de mieux réussir avec l'orge réduite en malt, en l'administrant soit en farine, soit à l'état d'extrait sucré comme le préparent les brasseurs. On mélangeait cet extrait au lait, auquel il communique une saveur sucrée fort agréable ; mais il m'a paru qu'au contraire, cette matière produit encore plus promptement la diarrhée que la farine d'orge non maltée. J'ai essayé de préparer, par voie de macération, un extrait sucré de racines de betteraves découpées par tranches. Lorsqu'on a administré cet extrait marquant 5 ou 6 degrés à l'aréomètre, mélangé avec trois fois son volume de lait, la diarrhée s'est manifestée presque incontinent. Les œufs sont la seule substance que j'ai reconnue propre à remplacer le lait dans l'alimentation des veaux. D'après quelques observations, il y a lieu de croire que trois ou quatre œufs peuvent former l'équivalent d'un litre de lait pour la nutrition. Ainsi, lorsqu'ils sont à très-bas prix, comme cela arrive souvent dans les lieux éloignés des grandes villes, il est possible qu'on les emploie avec avantage pour remplacer une partie de la ration journalière de lait. On les fait avaler au veau en lui mettant un œuf entier dans la gueule, que l'on ferme ensuite avec la main. L'animal avale ainsi l'œuf et la coquille ; et quelques personnes croient que cette dernière est utile, à cause du carbonate de chaux qu'elle contient et qui sature les acides qui peuvent se rencontrer dans l'estomac. Quelquefois même on fait avaler aux veaux de la craie en poudre dans ce but, ou l'on met à leur portée un morceau de craie qu'ils peuvent lécher.

Le peu de succès que j'ai obtenu, en administrant les substances farineuses aux veaux, semble être en contradiction avec la pratique de beaucoup d'éleveurs de divers pays qui donnent généralement aux veaux à l'engrais, soit de la farine délayée dans le lait, soit des boulettes dont la composition fait souvent l'objet d'un secret, mais dont la base est généralement la farine et les œufs. Ceux qui emploient ces moyens assurent qu'ils s'en trouvent bien ; mais si l'on y regarde de près, on trouvera que la farine n'y est jamais employée qu'en quantité insignifiante pour la nutrition de l'animal ; et que la quantité de lait consommée, dont on ne tient même souvent aucun compte, est sensiblement la même que si on le donnait seul. Il est difficile d'acquérir des connaissances précises sur la valeur nutritive du lait comparée à celle de la farine ; cependant la réflexion fera comprendre bientôt qu'il faudrait faire consommer au veau une quantité assez considérable de farine, si l'on voulait qu'elle remplaçât une portion notable de lait : un veau qui consomme 15 à 16 litres de lait augmente de poids, comme je l'ai dit, d'environ 10 kilogrammes par semaine. Cet accroissement est à peu près le même que celui que prennent de gros bœufs à l'engrais qui consomment une ration de 25 kilogrammes de foin, ou l'équivalent en d'autres aliments. On ne pourrait pas en conclure que 15 à 16 litres de lait ont une valeur nutritive égale à celle de 25 kilogrammes de foin, parce que le bœuf étant beaucoup plus pesant, sa ration d'entretien doit être plus forte; et par conséquent une moindre portion de la nourriture doit tourner au profit de l'accroissement du corps. Mais il ne paraît pas raisonnable de supposer que cette considération puisse apporter une différence de moitié dans la valeur comparée des aliments. Ainsi, en admettant que 12 kilogrammes et demi de foin consommés par jour par le bœuf, en excédant de sa ration d'entretien, ont produit l'augmentation de 10 kilogrammes par semaine, nous pouvons supposer que des 15 litres consommés par le veau, 12 ou 13 sont employés à l'accroissement de poids, le reste servant à la nourriture du corps dans l'état où il se trouve. Il faut bien se contenter ici de données approximatives, car il n'est pas possible de déterminer par expérience la ration d'entretien des veaux, attendu que dans les jeunes animaux la nature porte invinciblement une portion des aliments vers l'accroissement du corps; mais il faut bien aussi qu'une portion soit employée à l'entretien du corps précédemment formé. Dans l'appréciation que j'ai faite de ces deux portions, il ne peut y avoir une erreur considérable ; et il résulterait de ces données, que 12 à 13 litres de lait égalent approximativement en valeur nutritive 12 kilogrammes et demi de foin. Comme, d'un autre côté, la valeur nutritive de l'orge est à peu près double de celle du foin, on trouverait que 6 kilogrammes de farine d'orge environ, formeraient l'équivalent de 12 litres de lait. Le litre de farine d'orge pèse à peu près un demi kilogramme ; nous arriverions donc à ce résultat, que le litre de farine d'orge équivaut approximativement, pour la valeur nutritive, au litre de lait. Ainsi, pour remplacer dans l'engraissement des veaux, la moitié par exemple de la ration de lait, il faudrait pouvoir faire consommer aux animaux, selon leur grosseur, de 4 à 12 litres de farine. On peut juger par là de l'effet qui peut être produit par quelques onces de farine que l'on administre communément.

Ces réflexions peuvent aussi nous aider à apprécier un moyen qui a été recommandé pour la nutrition des veaux, et qui consiste à leur faire boire ce qu'on a appelé du thé de foin, c'est-à-dire une infusion de foin dans l'eau. En annonçant ce moyen, il n'est pas à ma connaissance que l'on ait indiqué ni la quantité de foin employée, ni la proportion d'eau, ni la quantité de lait que peut remplacer ainsi telle quantité de foin ; mais on conçoit d'abord qu'on ne peut espérer d'obtenir ainsi qu'une portion des principes nutritifs du foin, puisqu'une autre portion restera toujours après la macération, tant dans la matière fibreuse du foin, que dans le liquide qu'elle retiendra ; et il faudrait déjà employer une grande masse d'eau à l'infusion, pour obtenir ainsi la moitié des principes nutritifs. Mais que l'on calcule quel volume de liquide on aurait, en traitant ainsi 25 kilogrammes de foin qui devraient servir à la ration journalière d'un veau de grosseur moyenne. Je ne sais si le procédé dont je viens de parler a réellement été employé; mais si l'on voulait tenter des essais sur ce sujet, c'est sur des calculs de la nature de ceux que je viens de présenter que l'on pourrait baser les opérations. A l'égard des substances farineuses, il n'est pas impossible que l'on trouve quelque combinaison par laquelle ou pourrait faire consommer aux veaux une quantité de quelque importance de ces matières. Il faudrait pour cela, parvenir à imiter la composition du lait que la nature a approprié à la nutrition des jeunes animaux. Quoi qu'il en soit, c'est encore par les calculs semblables à ceux que j'ai présentés, que l'on pourrait déterminer s'il y a un notable avantage à cette substitution.

Lorsque je me suis livré aux expériences dont je viens de parler, j'avais un vacher suisse, fort soigneux et fort habile. Il me dit que dans son pays on ne manquait jamais de donner du sel aux veaux, et qu'ils s'engraissaient ainsi beaucoup plus promptement. Je l'autorisai à en faire l'expérience; et en conséquence il choisit deux veaux parmi les six qui étaient alors à l'engrais, et il leur administra la dose de sel qu'il détermina lui-mémé. C'était environ une cuillerée à café par jour et par tête. Les pesées hebdomadaires montrèrent que ces veaux ne profitaient pas mieux que les autres. L'expérience fut réitérée sur deux autres veaux, et avec aussi peu de succès. Comme le vacher soignait lui-même les veaux et coopérait aux pesées, il parut complétement désabusé et ne parla plus de sel.

CHAPITRE IV

DE L'ENGRAISSEMENT DU BÉTAIL A CORNES

PREMIÈRE SECTION

Conditions économiques de l'engraissement

Lorsqu'on peut disposer de fourrages de bonne qualité, en certaine abondance, l'engraissement des bœufs présente dans beaucoup de cas le moyen de tirer de ces fourrages le prix le plus élevé, et il est facile d'en sentir la cause. J'ai fait comprendre, en parlant de l'élève du bétail à cornes et de l'industrie des vaches laitières, que l'on rencontre dans ces genres de spéculation la concurrence très-redoutable des pâturages de montagnes ainsi que de la vaine pâture. Mais il est fort rare que les pâturages de l'une ou de l'autre espèce soient propres à l'engraissement ; et l'on ne peut engraisser des bœufs avec succès que dans des pâturages très-riches, assez rares et qui sont toujours d'un prix fort élevé. Il n'est donc pas surprenant que la production de la graisse se paie à un prix plus élevé, en supposant égalité de consommation de part et d'autre. En Allemagne, et dans tous les pays où l'on fait une grande consommation de boissons fermentées et spiritueuses préparées avec des grains ou des pommes de terre, les résidus de ce genre de fabrication offrent un aliment, très-abondant, particulièrement propre à l'engraissement des bœufs, et qui a une valeur peu élevée, parce qu'il faut le consommer immédiatement et sur place; en sorte qu'il est difficile de soutenir la concurrence, en employant d'autres fourrages à l'engraissement; mais il n'est pas vraisemblable que les distilleries de cette espèce puissent jamais s'établir en France sur une grande échelle, à côté de l'immense production des eaux-de-vie provenant des vignobles. Il n'y a donc que les riches pâturages qui puissent réellement faire concurrence à l'engraissement des bœufs, tel qu'on peut le pratiquer à l'aide des aliments que l'on se procure facilement dans un état avancé de la culture.

Les pâturages propres à engraisser les moutons sont beaucoup plus communs; et, dans un grand nombre de localités, les troupeaux de cette espèce s'engraissent fort bien par la vaine pâture après la récolte des céréales ou dans les prairies ordinaires. C'est pour cela que les fourrages sont en général employés avec plus de profit à l'engraissement des bœufs qu'à celui des moutons, si ce n'est dans les saisons où ces derniers ne peuvent s'engraisser au pâturage. Il est facile de prévoir d'ailleurs que la demande de viande grasse, s'accroissant naturellement à mesure que la population devient plus nombreuse et plus riche, l'engraissement du bétail est destiné à jouer pendant fort longtemps, chez nous, un rôle important parmi les industries agricoles.

Les profits de l'engraisseur dépendent, au reste, beaucoup de la situation dans laquelle il se trouve relativement à ses achats plutôt qu'à ses ventes ; car on trouve généralement partout un débouché sur place pour les animaux gras. Mais pour les achats, l'élève des animaux étant concentré dans les localités où l'on peut s'y livrer avec le plus de profit, l'homme qui veut s'adonner à l'engraissement est souvent forcé d'aller acheter sur des foires fort éloignées, ce qui entraine des inconvénients et un excédant de dépenses bien supérieur aux frais de voyages considérés en eux-mêmes.

Les connaissances personnelles de l'engraisseur et l'habitude qu'il a acquise dans les opérations de vente et d'achat des bestiaux, entrent pour une bonne part dans les profits que l'on peut trouver à ce genre de spéculation. Tel homme engraisse bien, parce qu'il est soigneux dans les détails qu'exigent cette opération ; mais il perd sur ses engraissements, parce qu'il manque d'habileté et de savoir faire dans ses opérations de vente et d'achat, tandis qu'un autre fait du profit parce qu'il achète et vend bien, en exécutant peut-être avec moins de perfection l'engraissement en lui-même.

Ici, de même que dans toutes les transactions commerciales, le plus important est de bien connaitre la valeur de l'objet que l'on veut acheter ou vendre. Il est facile de comprendre, en effet, que si l'on se trompe sur cette valeur, on traite toujours avec désavantage. Si vous estimez trop bas la valeur de l'objet que vous avez à vendre, vous le laisserez à vil prix, et si vous l'estimez trop haut,

vous manquez l'occasion de vendre lorsque vous avez
intérêt à le faire. Il en est de même pour les achats, et
celui qui ne sait pas apprécier la valeur de l'objet qu'on
veut lui vendre court grand risque de ne pas acheter la
chose dont il a besoin ou de la payer trop cher. L'homme
qui est vraiment connaisseur, peut donc seul défendre
convenablement ses intérêts dans les opérations de vente
ou d'achat. A côté de cela, il y a l'*habileté*, qui fait qu'en
connaissant bien la valeur de l'objet, on tire tout le parti
possible des dispositions où se trouve la personne avec
laquelle on traite, pour acheter au plus bas prix, ou pour
vendre au plus haut qu'il est possible. Si l'on y fait attention, l'on trouvera que tous les hommes qui ont fait des
profits importants dans l'engraissement du bétail étaient à
la fois de grands connaisseurs et d'habiles marchands.

Les connaissances utiles pour l'achat et la vente du
bétail ne peuvent s'acquérir que par beaucoup d'habitude
et un grand esprit d'observation. Le poids effectif de
viande que peut fournir actuellement l'animal, est un des
principaux éléments de la valeur, soit pour l'engraissement, soit pour le boucher ; mais la valeur du quintal de
viande varie pour ce dernier selon que l'animal est plus ou
moins gras ; et il en est de même pour l'engraisseur, parce
qu'avec un animal déjà en état d'embonpoint, il arrivera
plus tôt et avec moins de dépenses à l'amener au degré de
valeur qu'il veut lui faire atteindre. C'est pour cela qu'on
a dit souvent qu'il ne peut être profitable d'acheter des
bœufs très-maigres ; mais on comprend facilement que
c'est là une considération qui peut se compenser par une

certaine différence dans le prix d'achat. Sur les foires des pays de production, où les éleveurs et les cultivateurs ne vendent généralement les bœufs qu'après avoir commencé à les mettre en état par un bon régime continué pendant quelque temps, l'on remarque presque toujours, en effet, que les animaux achetés très-maigres profitent très-peu dans l'engraissement. Mais c'est qu'il arrive ordinairement dans ce cas que ce sont des animaux que l'on ne vend maigres que parce qu'on n'a pu réussir à leur faire prendre un peu de graisse; ce sont des bêtes tarées soit par suite d'une lésion interne, soit par un excès de fatigue. Mais dans les cantons où il n'existe pas de foires régulières et où les cultivateurs ont l'habitude de vendre leurs bœufs maigres, parce qu'ils ne possèdent pas les moyens de les engraisser lorsque leurs travaux sont terminés, les bœufs achetés ainsi dans un grand état de maigreur profitent souvent beaucoup lorsqu'on leur distribue de bons aliments; pourvu qu'ils n'aient pas été auparavant exposés à ces excès de travail qui altèrent les principes de la vie. Dans ce cas, il faut aussi les obtenir à des prix très-bas, pour que leur engraissement soit profitable.

Le canton que j'habite et une grande partie de la Lorraine se trouvent dans le cas que je viens de citer; on n'y élève qu'un petit nombre de bœufs, que l'on emploie concurremment avec les chevaux aux travaux de l'agriculture. Les cultivateurs les vendent à l'âge de six ou sept ans, presque toujours à l'entrée de l'hiver, parce que les travaux de l'année sont terminés, et parce qu'ils manquent de fourrages pour les conserver, et à plus forte raison pour les engraisser ; aussi ces animaux sont presque toujours vendus dans un grand état de maigreur. J'en achète chaque année un certain nombre, que j'engraisse concurremment avec des bœufs achetés sur les foires du Haut-Rhin où la race est beaucoup plus grande, et où les animaux sont habituellement vendus en état de bonne chaire. Les bœufs que je fais acheter sur ces foires me reviennent généralement, rendus chez moi, à 40 ou 42 francs le quintal de viande, poids réel au moment de l'achat. On compte quelquefois autrement, et l'on appelle un bœuf de huit quintaux, celui que l'on présume devoir atteindre à ce poids de viande lorsqu'il sera gras. Mais c'est là une manière très-vicieuse de compter. Il faut acheter de la viande, et non pas de la place où l'on peut en mettre. En prenant une moyenne des dix dernières années, je trouve généralement à vendre les mêmes bœufs bien gras sur le pied d'environ 50 francs le quintal pris chez moi. L'engraisseur a donc pour produit de son opération, non-seulement le prix de la viande qu'il a ajouté au poids de l'animal, mais aussi l'excédant de valeur qu'il a procuré à la viande qui était déjà formée lorsqu'il a commencé l'engraissement. Un bœuf de sept quintaux qui, à raison de 40 francs, a été acheté au prix de 250 francs, pourra être porté à huit quintaux et demi et quelquefois plus, en trois ou quatre mois d'engraissement. Au prix de 50 francs le quintal, l'animal vaudra 425 francs.

Quant aux petits bœufs lorrains, je ne trouverais pas avantageux de les acheter à plus de 30 francs le quintal, dans l'état de maigreur où ils sont ; mais à ce prix, leur engraissement est au moins aussi profitable que celui des bœufs alsaciens ; et l'on fait généralement plus que doubler leur prix d'achat pendant leur engraissement, qui n'est guère plus long que celui des autres, parce que les petits bœufs s'engraissent ordinairement plus promptement que les gros.

Les engraisseurs disent souvent qu'il est plus profitable de travailler sur des bœufs de grande taille, parce que le quintal de viande se vend généralement à un prix un peu plus élevé que la viande des petits animaux. Mais cette différence vient uniquement de l'usage vicieux adopté dans toutes les villes, pour le tarif des octrois. Cet impôt se payant par tête et non au poids, un bœuf de trois ou quatre quintaux paie autant que celui d'un mille, ce qui établit à l'avantage du dernier une énorme disproportion. Lorsque les tarifs des octrois seront plus raisonnablement calculés, l'équilibre se rétablira entre les gros bœufs et les petits, relativement au bénéfice de l'engraisseur. Chacun fera bien, au reste, dans l'état actuel des choses, de rechercher les avantages qu'il peut trouver relativement aux achats et à la facilité de l'engraissement dans les diverses races qu'il peut se procurer, et sans trop se laisser séduire par la grandeur de la taille.

DEUXIÈME SECTION

Connaissance du poids des Bœufs

L'appréciation du poids d'un bœuf par la vue et par le toucher exige une grande habitude, et le tact que l'on acquiert ainsi constitue une partie fort importante de l'art du spéculateur en bestiaux. On peut toutefois suppléer à ce tact par quelques moyens, au premier rang desquels je placerai la mesure du périmètre du thorax, à l'aide d'un ruban gradué. J'emploi depuis longtemps ce moyen, que je dois à la communication officieuse d'un engraisseur très-industrieux du département du Nord, qui en usait habituellement pour ses achats et ses ventes. Il n'employait à cette opération qu'une ficelle ou cordon divisé par des nœuds placés à des distances que la pratique lui avait appris à déterminer, et qui étaient circonscrits dans une échelle fort resserrée; car il n'avait jamais appliqué cette mesure qu'à des bœufs de petite taille. Mais enfin, c'était bien là l'idée-mère de la méthode; et j'ai trouvé fort exactes toutes les mesures qu'il avait déterminées. Dans les commencements, je ne plaçais pas beaucoup de confiance dans ce moyen contre lequel chacun comprend fort bien les objections que l'on peut élever, soit d'après la conformation individuelle des animaux, soit d'après la diversité des races. Mais d'après mes expériences assidùment répétées chaque année, depuis 1826, et d'après

celles qui ont été faites par plusieurs personnes sur beaucoup de points, je crois pouvoir assurer que ce mode
de mesurage offre beaucoup plus d'exactitude qu'on ne
serait tenté de le croire avant de l'avoir expérimenté ; et
des expériences ayant été faites sur des animaux de races
françaises fort diverses, les résultats ont été beaucoup
plus concordants que je ne pouvais m'y attendre. Au
reste, lorsqu'on voudra essayer ce moyen d'appréciation
du poids des bœufs, il faudra bien que l'on se garde de
croire qu'il soit possible d'atteindre, dans ce genre d'appréciation, à un degré d'exactitude qui approche de celle
que l'on obtient dans beaucoup d'autres espèces de mesures ; et les hommes accoutumés aux opérations de la
géométrie devront modifier entièrement leurs idées sur
l'exactitude mathématique, lorsqu'ils s'occuperont de recherches de cette nature. Un connaisseur expérimenté
ne croira jamais pouvoir obtenir une appréciation plus
rapprochée que 8 à 10 kilogrammes (16 à 20 livres) en
plus ou en moins sur le poids d'un bœuf qu'il examine
et qu'il touche à loisir ; et il lui arrivera bien souvent de
se tromper de quantités beaucoup plus fortes. Si l'on peut,
à l'aide de la mesure, obtenir une appréciation qui approche, relativement au degré d'exactitude, des données
qui sont fournies par une longue pratique aux hommes qui
en font leur profession, c'est certainement là un résultat
très-précieux ; et je crois pouvoir assurer que les indications de la mesure ne présentent, sous ce rapport, aucune
infériorité. On comprend bien toutefois, qu'il faut aussi
un peu d'habitude pour manier convenablement la me-

sure, et les personnes qui voudraient se livrer à des expériences de cette nature devront commencer par faire l'ap-
prentissage pratique de cette opération. Mais quelques
jours suffisent pour devenir maître dans celle-ci, et l'on
peut faire cet apprentisage sur deux ou trois bœufs seulement ; tandis que pour acquérir l'autre genre d'habileté,
il faut de longues années et avoir comparé entre eux des
centaines d'individus qu'il faut aussi avoir vu tuer et peser.

Dans le cours de mes engraissements, j'ai toujours fait
mesurer individuellement tous les bœufs chaque semaine,
à un jour fixe et à la même heure. Depuis 1833, je me
suis pourvu d'une balance-bascule propre au pesage des
bestiaux ; et chaque bœuf y est pesé une fois la semaine,
en même temps que mesuré. On conserve toutes les notes
sur un registre, où une page est destinée à l'histoire individuelle de chaque bœuf. D'un autre côté, comme je vends
presque toujours au quintal, les bœufs gras sont tués et
pesés en présence d'une personne de confiance que je
charge de cette mission. J'ai pu, par la comparaison de
ces documents, obtenir une connaissance très-positive du
degré de confiance que méritent respectivement ces deux
opérations dans l'appréciation du poids de viande des animaux ; et j'ai acquis ainsi la certitude que le mesurage
l'emporte infiniment, sous ce rapport, sur le pesage en vie.
Le poids de l'animal vivant dépend en effet beaucoup de la
quantité d'aliments solides ou liquides qui sont contenus
dans les intestins ; et cette quantité peut varier dans une
grande proportion, par des causes qu'il serait fort difficile
d'apprécier. Aussi dans les pesées hebdomadaires du

même bœuf, on remarque fréquemment des anomalies extraordinaires qu'il est impossible d'expliquer; tandis que les indications de la mesure, lorsqu'elles sont faites par la même personne, présentent constamment l'expression des progrès que fait le bœuf dans l'engraissement. Lorsqu'un bœuf profite bien, sa mesure s'accroit d'environ deux centimètres par semaine, quelquefois trois centimètres; mais en moyenne, sur la durée de l'engraissement, on doit être très-satisfait si l'on obtient un accroissement d'un centimètre et demi par semaine. Sur un bœuf de 700, cet accroissement représente à peu près 7 kilogrammes et demi (15 livres) du poids de viande. J'ai dit tout à l'heure, que chez moi le mesurage est toujours exécuté par la même personne; c'est en effet une précaution nécessaire, si l'on veut obtenir une connaissance exacte des variations qu'offre chaque animal; parce qu'il suffit de serrer un peu plus ou un peu moins la mesure, pour trouver peut-être un centimètre de plus ou de moins, et la même personne s'habitue bientôt à serrer constamment d'une manière uniforme.

On comprend tout l'avantage qu'on peut tirer, dans les opérations de l'engraissement, d'un moyen si facile d'apprécier le poids de viande des animaux, soit pour connaître promptement ceux qui ne s'engraissent pas comme ils le devraient, et qui, pour le profit, doivent être vendus le plus tôt possible; soit pour apprécier promptement les résultats que l'on obtient de tel changement apporté dans la nourriture ou dans le régime. Bien souvent, une stagnation générale dans le chiffre de l'accroissement vient avertir le maître, qu'il existe dans une branche quelconque du régime un vice qu'il s'empresse de rechercher ; tandis que faute d'une indication de ce genre, ce n'eût été peut-être qu'après un mois ou deux d'une perte de chaque jour sur la valeur de ses fourrages, qu'il se serait aperçu que ses bœufs n'avaient pas profité comme ils auraient dû le faire. Sans doute, un engraisseur très-expérimenté, peut à la rigueur, se passer de l'emploi d'un tel moyen, cependant, il lui sera encore utile dans bien des cas ; mais pour celui qui ne possède pas encore une grande habitude de ce genre d'opération, c'est un secours d'une très-haute importance, et qui facilitera infiniment son instruction dans l'art de l'engraisseur.

On fabrique depuis plusieurs années à Paris, des rubans vernis destinés au mesurage des bœufs. Cependant, je crois devoir donner ici, à l'usage des personnes qui voudraient préparer des mesures de cette espèce, l'échelle correspondante des mesures et des poids, depuis la mesure d'un bœuf de trois quintaux et demi, jusqu'à celle d'un bœuf de douze quintaux. Je dirai pourtant, qu'il semble résulter de mes observations, que les poids indiqués par cette échelle sont plutôt trop faibles que trop forts, pour les animaux portés à un haut point d'engraissement ; tandis que pour des bœufs très-maigres, le poids indiqué est peut-être trop fort. Il ne peut résulter toutefois de ces observations aucune correction à apporter dans l'échelle ; car la mesure d'un gros bœuf maigre est la même que celle d'un petit bœuf gras. C'est seulement une observation à laquelle il est bon d'avoir égard, à l'occasion, dans la pratique; mais pour tous les degrés intermédiaires entre l'état d'embonpoint ordinaire et le degré que l'on dépasse rarement dans l'engraissement, l'échelle se trouve exacte, pourvu que l'on serre très-peu la mesure de la main; si l'on n'avait pas cette précaution, les indications de poids seraient un peu faibles.

Echelle de mesurage des bœufs.

La mesure est indiquée en mètres et en centimètres, et le poids en livres ou 1/2 kilogrammes de viande.

MESURE.	POIDS.	MESURE.	POIDS.	MESURE.	POIDS.	MESURE.	POIDS.	MESURE.	POIDS.
m. c.		m. c.		m. c		m. c.		m. c.	
1 81	350	2 »	471	2 19	616	2 38	800	2 57	1000
1 82	356	2 01	478	2 20	625	2 39	810	2 58	1012
1 83	362	2 02	485	2 21	633	2 40	820	2 59	1025
1 84	368	2 03	492	2 22	644	2 41	830	2 60	1037
1 85	375	2 04	500	2 23	650	2 42	840	2 61	1050
1 86	381	2 05	507	2 24	660	2 43	850	2 62	1062
1 87	387	2 06	514	2 25	670	2 44	860	2 63	1075
1 88	393	2 07	522	2 26	680	2 45	870	2 64	1087
1 89	400	2 08	528	2 27	690	2 46	880	2 65	1100
1 90	406	2 09	535	2 28	700	2 47	890	2 66	1112
1 91	412	2 10	542	2 29	710	2 48	900	2 67	1125
1 92	418	2 11	550	2 30	720	2 49	910	2 68	1137
1 93	425	2 12	558	2 31	730	2 50	920	2 69	1150
1 94	431	2 13	566	2 32	740	2 51	930	2 70	1162
1 95	437	2 14	575	2 33	750	2 52	940	2 71	1175
1 96	443	2 15	589	2 34	760	2 53	950	2 72	1187
1 97	450	2 16	591	2 35	770	2 54	962	2 73	1200
1 98	457	2 17	600	2 36	780	2 55	975	»	»
1 99	464	2 18	608	2 37	790	2 56	987	»	»

On comprend, d'après ce tableau, que le cordon ou le ruban qui doit servir de mesure ne porte aucune division, depuis un point fixe placé près d'une de ses extrémités, jusqu'à 1 mètre 81 centimètres de ce point ; c'est la mesure du plus petit bœuf auquel l'échelle soit applicable. A partir de ce dernier point, le ruban est divisé par centimètres ; et à chaque division est indiqué le poids de viande correspondant. Dans le cordon qui m'avait été remis originairement, la division était indiquée par des nœuds, dont chaque intervalle correspondait à un accroissement de 12 kilogrammes 500 grammes de viande ; et l'on pouvait facilement diviser à l'œil cet intervalle en quatre ou cinq parties, dans l'observation. L'intervalle entre les nœuds diminuait dans la progression de l'échelle, comme on pourra le reconnaître par l'inspection des chiffres correspondants du tableau. Du reste, ce cordon ne s'étendait pas au delà de 350 kilogrammes (700 livres) pour le poids des animaux. La division en intervalles inégaux pour indiquer des différences égales de poids, est réellement plus commode dans l'emploi du cordon sur lequel on ne peut inscrire de chiffres. Un cordon de cette espèce a, d'ailleurs, pour celui qui s'en sert sur une foire, l'avantage que les résultats donnés sont entièrement cachés aux personnes qui l'entourent ; et l'on peut construire un cordon sur ce principe, d'après le tableau que je viens de donner : mais je dois prévenir, d'après mon expérience, qu'il faut y consacrer beaucoup de temps, si l'on veut obtenir quelque précision dans les distances qui séparent les nœuds. Avec l'emploi du ruban, il est beaucoup plus commode d'adopter la division portée dans le tableau; et la mesure a d'ailleurs plus de précision, parce qu'un cordon est disposé à s'étendre ou à se raccourcir dans diverses circonstances, tandis que le ruban verni est invariable.

Pour faire usage de l'une ou l'autre de ces mesures, on doit faire placer le bœuf sur un pavé, ou sur tout autre surface unie et sensiblement de niveau, les deux jambes de devant placées régulièrement, sans que l'une s'avance plus que l'autre et un peu écartées entre elles. La tête de l'animal doit être à hauteur moyenne, et regardant directement en face de lui. Il est nécessaire que l'animal reste dans la position qu'on lui a fait prendre, et sans faire de mouvement des deux jambes de devant ou de la tête, pendant le temps que dure l'opération du mesurage; mais celle-ci n'exige que peu d'instants, lorsqu'on en possède quelque habitude.

La personne qui opère se tient placée près d'une des épaules du bœuf, de préférence près de l'épaule gauche, pendant qu'un aide est placé de même de l'autre côté. Le premier donne alors à l'aide l'extrémité non divisée de la mesure, en la croisant entre les jambes du bœuf; c'est-à-dire qu'il la passe derrière la jambe gauche, pour que l'aide la prenne en avant de la jambe droite. Ce dernier porte alors l'extrémité de la mesure sur le garrot du bœuf, en faisant passer le ruban ou le cordon sur le plat de l'épaule droite. Quant au premier, il porte en même temps au garrot l'extrémité de la mesure qu'il tient, et en ayant soin que le ruban s'applique de ce côté, non pas sur le plat de l'épaule, mais sur la surface des côtes, le long de l'épaule, et immédiatement derrière elle. Saisissant alors d'une main l'extrémité que l'aide lui a remise, il la rapproche de la partie qu'il tenait ; et en serrant très-légèrement, de manière à ce que la mesure s'applique partout sur la surface de la peau sans pression, il observe à quel degré de l'échelle correspond la première division qui forme le point de départ.

Si la conformation du bœuf était parfaitement régulière dans ses deux membres antérieurs, et si ces membres se trouvaient placés très-régulièrement dans l'opération, ce seul mesurage suffirait ; car on trouverait absolument la même mesure en recommençant l'opération en sens inverse, c'est-à-dire en passant la mesure devant la jambe gauche et derrière la jambe droite. Mais comme on ne peut jamais être assuré qu'il en est ainsi, il est nécessaire de procéder immédiatement à cette opération en sens inverse, ce qui se fait sans que les deux personnes se déplacent. Si le bœuf avait changé la position d'une de ses jambes pendant la seconde opération, ou dans l'intervalle entre la première et la seconde, il serait nécessaire de recommencer, afin qu'on ait toujours le contrôle de deux opérations faites dans la même position des jambes de l'animal. La moyenne, entre les indications de ces deux opérations, donne la mesure exacte du bœuf.

J'avertis ici que cette mesure offre des résultats très-inexacts, si on veut l'appliquer aux vaches ou aux taureaux.

Quant à l'appréciation du poids de viande nette par le procédé du pesage en vie, on calcule généralement qu'un bœuf maigre ne rend en viande que moitié de son poids.

S'il est en bon état, le rendement pourra être de 55 pour cent ; et de 60, et quelquefois jusqu'à 65, pour des bœufs très-gras.

On entend par viande nette, les quatre quartiers que l'on forme de l'animal après l'avoir dépouillé de sa peau ; après avoir coupé la tête et les pieds ; et après avoir enlevé avec les intestins tout le suif qui les couvre. Les usages diffèrent, au reste, un peu selon les localités, sur les parties qui doivent être ou non comprises dans la pesée.

TROISIÈME SECTION

De l'engraissement d'été

C'est dans de riches pâturages que l'on engraisse le plus généralement les bœufs pendant l'été ; et l'art consiste ici à proportionner dans chaque enclos la quantité d'animaux qu'on y place, selon leur taille et l'état où ils se trouvent, à la richesse et à l'étendue des pâturages, en sorte qu'il n'y ait pas d'herbe perdue, mais que les animaux soient toujours copieusement nourris. On joint ordinairement aux bœufs un petit nombre d'animaux d'autres espèces, par exemple quelques chevaux ou juments et quelques bêtes à laine ; ceux-ci tirent parti de quelques espèces de plantes ou de quelques portions de pâturages que les bœufs négligeraient.

Il ne faut pas croire au reste que les pâturages de cette

sorte, qui sont toujours des prés de très-haute fertilité,
ne puissent être employés que de cette manière à l'engraissement des bœufs. On pourrait presque toujours
laisser croître l'herbe de ces pâturages, pour la faucher et
la donner en vert au ratelier ; et dans un nombre de cas,
on trouverait de très-grands avantages à adopter cette
pratique, malgré l'économie apparente du procédé de dé-
paisance sur place. Je rapporterai à ce sujet un fait qui
m'a été communiqué par un engraisseur de profession,
très-expérimenté, et qui doit une belle fortune à cette industrie. Cet engraisseur possède une prairie d'excellente
qualité, située à la porte même de ses étables ; et pendant
fort longtemps, il l'a employée comme pâturage pour l'engraissement d'été de grands bœufs de la Haute-Alsace qui
y prospéraient fort bien. Il voulut essayer, toutefois, de
faucher cette prairie pour engraisser ses bœufs dans l'é-
table, en leur en distribuant chaque jour l'herbe verte.
Comme le sol est fort riche, et que le propriétaire dispose
à volonté d'un bon cours d'eau, il coupe presque toujours
son herbe trois fois dans le cours de l'été, en devançant
pour les premières coupes l'époque de la floraison. Il y
avait dix ans que ce propriétaire suivait cette méthode,
lorsqu'il m'en a parlé ; et il m'a déclaré, qu'en nourrissant
ainsi avec sa prairie le même nombre de bœufs qu'il
nourrissait auparavant par le moyen du pâturage, il lui
restait environ la moitié du terrain, qu'il récoltait à l'état
de foin sec. Il trouvait d'ailleurs que les bœufs ainsi entretenus à l'étable, profitaient mieux que lorsqu'ils étaient
exposés aux intempéries de l'atmosphère. Je cite ce fait,

parce que la personne de qui je le tiens, mérite la plus entière confiance; mais on ne trouve rien là qui doive surprendre, lorsqu'on considère la destruction d'herbe qui est constamment opérée par les pieds des animaux au pâturage. On comprend qu'il puisse bien se consommer autant d'herbe par ce moyen, qu'il en est brouté par les dents de l'animal.

On peut très-bien opérer aussi l'engraissement d'été des bœufs à l'étable, en leur donnant des fourrages artificiels récoltés verts, par exemple de la luzerne, des vesces, du sainfoin, etc. Le trèfle peut aussi y être employé; mais il est inférieur, sous ce rapport, aux fourrages que je viens de nommer. La précaution la plus importante dans ce cas est de prendre ses mesures pour avoir constamment des fourrages à faucher dans le meilleur état; car, par exemple, si l'on ne pouvait donner à des bœufs déjà avancés dans l'engraissement que de la luzerne trop vieille et dure, qui cependant conviendrait très-bien encore à des animaux de travail, les bœufs, devenus difficiles et exigeants par l'embonpoint et le défaut d'exercice, mangeraient peu et pourraient dépérir au lieu de profiter. Si un inconvénient semblable se présentait, on ne pourrait guère y porter remède qu'en donnant aux animaux un ample supplément en grains farineux ou en tourteaux. Il est toujours bien, au reste, de joindre aux fourrages verts une ration journalière de l'une ou de l'autre de ces substances. L'engraissement en est plus prompt et réellement plus économique, pourvu que les grains ou les tourteaux ne soient pas à un prix trop élevé. On peut porter cette ration de deux à six kilogrammes par tête, selon la taille des bœufs, selon le degré de graisse qu'ils ont déjà pris, et selon l'état du fourrage vert.

Malgré l'énorme quantité de plantes légumineuses vertes que les bœufs à l'engrais consomment, puisqu'il faut leur en donner complétement à discrétion, ce régime n'offre aucun danger de météorisation, pourvu qu'on use des précautions que j'ai indiquées au 2e § de la 4e section du chapitre Ier. Mais il ne faut pas songer à employer à l'engraissement des bœufs, les fourrages de plantes légumineuses, au moyen du pâturage ; car le risque de la météorisation est toujours imminent dans ce cas,

Plusieurs des observations que je présenterai dans la section suivante, en parlant de l'engraissement d'hiver, doivent s'appliquer également à l'engraissement d'été, lorsqu'il a lieu à l'étable.

———

QUATRIÈME SECTION

De l'engraissement d'hiver

Les étables dans lesquelles on procède à l'engraissement des bœufs pendant l'hiver, doivent avant tout être chaudes ; car les bœufs s'engraissent toujours très-imparfaitement lorsque cette condition n'est pas remplie. On la conciliera le mieux qu'il sera possible, avec un renouvellement modéré de l'air ; mais on évitera avec grand soin,

surtout dans les temps froids, tout renouvellement brusque, comme cela a lieu lorsqu'on donne passage à l'air
par deux ouvertures placées des deux côtés opposés de
l'étable. Si l'on tient ouverte seulement une ou deux fois
par jour, et pendant que les animaux mangent, une
porte extérieure, on reconnait que les premiers bœufs
placés près de cette porte profitent beaucoup moins que
les autres.

Quelques personnes distribuent la ration en trois repas ;
mais je pense qu'il vaut mieux n'en donner que deux,
parce que les animaux ont plus de temps pour se
reposer et dormir entre les repas ; et ce repos est tout
aussi nécessaire à l'engraissement qu'une bonne alimentation. Il faut, au reste, que les repas dùrent longtemps ;
et deux heures ne sont pas trop pour chacun d'eux :
ainsi, le repas du matin se donnera par exemple à six
heures, et durera jusqu'à huit ; l'autre à trois heures de
l'après-midi jusqu'à cinq. La distribution des aliments
pendant chaque repas, doit être variée et faite par petites
portions à la fois ; on ne donne une nouvelle portion que
lorsque l'autre a été entièrement consommée. On commence ordinairement chaque repas par l'espèce de nourriture dont les animaux sont le moins avides, parce qu'ayant
alors tout leur appétit, ils la mangeront plus volontiers qu'à
la fin du repas. On donnera d'abord, par exemple, la
moitié de la ration de fourrage sec ; lorsqu'il n'en reste
plus aucune portion, on distribue la moitié des racines
que l'on saupoudre de tourteaux ; ensuite l'autre moitié
des racines est toujours celle dont les bœufs sont le plus

avides, si l'on en donne de deux espèces. Dans le cas où l'on donnerait des grains réduits en farine, c'est à cette dernière portion de racine qu'il conviendrait de les mélanger.

On distribue ensuite la boisson, qui doit être de bonne eau pas trop froide, et en la laissant à chaque animal un temps suffisant pour qu'il en boive à discrétion. Enfin, comme les bœufs mangent encore volontiers un peu de fourrage sec après avoir bu, on leur distribue le reste de la ration de foin. J'ai donné le détail de cette distribution comme un exemple, mais non comme une règle à laquelle on doive s'assujettir dans tous les cas. Le point que l'on doit avoir en vue est de régler la distribution de la manière qui plait le plus aux animaux, car c'est le moyen d'exciter leur appétit; et l'on doit s'attacher dans l'engraissement à faire consommer les plus fortes rations qu'on peut, sans toutefois amener le dégoût. On augmentera donc progressivement les rations, jusqu'à ce qu'on reconnaisse qu'on a atteint la limite que l'on ne peut dépasser sans que les bœufs laissent perdre quelque portion d'aliments; car lorsque les distributions sont faites avec soin, la totalité doit être consommée, et il y a dilapidation toutes les fois qu'il n'en est pas ainsi. En variant ainsi les aliments, on peut communément porter la ration journalière jusqu'à l'équivalent de 20 à 30 kilogrammes de foin, selon la taille des bœufs. Cependant si les animaux sont très-maigres, on ne doit pas les faire passer immédiatement d'un mauvais régime à la ration complète d'engraissement; il conviendra alors de ne donner pendant les quinze premiers jours, que du foin et des racines en quantités modérées, et en accroissant progressivement la ration.

On a proposé souvent de faire consommer aux bœufs à l'engrais les tourteaux ou la farine, en les délayant dans leur boisson ; mais j'ai trouvé que beaucoup de bœufs refusent, du moins pendant longtemps, de boire l'eau ainsi blanchie, tandis qu'ils boivent très-bien l'eau pure. D'ailleurs, une partie de ces substances se déposent promptement au fond du baquet ; en sorte que si un bœuf ne boit pas jusqu'à la dernière goutte, il perd une partie de sa ration. Je préfère par ces motifs donner les farineux sous d'autres formes. Les animaux mangent toujours volontiers la farine des grains, de quelque manière qu'on la leur présente ; mais souvent il n'en est pas de même des tourteaux, surtout de ceux de colza et de navette qui ont une saveur âcre ; et lorsque la ration de ces tourteaux est un peu forte, on éprouve parfois de la difficulté pour la faire consommer en totalité. C'est à l'intelligence de chaque engraisseur à vaincre la répugnance que montrent les animaux, par des mélanges de tourteaux avec d'autres aliments, selon la nature de ces derniers.

On ne peut guère, au reste, donner, à chaque bœuf plus de quatre à cinq kilogrammes par jour, de tourteaux de colza ou de navette, sans éprouver un inconvénient qui consiste dans une maladie qui survient aux extrémités postérieures, et quelquefois aussi aux quatre pieds. Quelquefois même cet accident se manifeste lorsque les animaux consomment une ration de tourteaux de colza moindre que celle que je viens d'indiquer. Dans cette affection, les pieds se gonflent, s'enflamment, et l'animal a peine à se tenir debout. Il m'a toujours semblé que cette affection est due à l'âcreté que contractent les excréments des animaux qui mangent des tourteaux de cette espèce. Les pieds étant en contact avec ces excréments, éprouvent l'action d'un véritable synapisme : en effet, c'est évidemment à la peau que réside le siége de ce mal; et il suffit pour le faire disparaître de cesser pendant quelques jours l'usage des tourteaux, en les remplaçant par des farineux. Il importe, au reste, d'avoir promptement recours à ce remède; car, si on laisse le mal s'empirer, les animaux souffrent et profitent peu. Souvent plusieurs bœufs en sont attaqués à la fois dans une étable. Les tourteaux de lin ne présentent pas cet inconvénient; et, toutes les fois qu'on le pourra, on fera bien de les faire entrer pour la moitié ou les deux tiers dans la ration de tourteaux.

Parmi les diverses racines, la betterave est sans aucun doute celle qui convient le mieux pour l'engraissement des bœufs. Ils peuvent en consommer de très-fortes rations sans jamais s'en dégoûter. J'ai vu souvent des bœufs consommer par jour 35 ou 40 kilogrammes de betteraves par tête; et au bout de quatre à cinq mois de régime, c'était toujours l'aliment dont ils étaient le plus avides : on ne pourrait donner des pommes de terre crues qu'en quantité beaucoup moindre; et si l'on voulait faire entrer ces tubercules dans la ration des bœufs à l'engrais pour une proportion considérable, il faudrait les faire cuire. On pourrait cependant très-bien faire entrer les pommes de terre crues pour un quart ou un cinquième dans la ration des racines, en composant le reste de betteraves; mais les animaux donnent une grande préférence à cette dernière. J'entends parler dans tout ceci, de la betterave blanche de Silésie, plus sucrée et plus nutritive que la betterave champêtre. Pour les fourrages secs, le bon foin de prairies naturelles, le foin de luzerne, de vesces ou de sainfoin, conviennent très-bien à l'engraissement; le regain des prairies naturelles y est particulièrement propre; le foin de trèfle un peu moins peut-être; mais on peut fort bien le faire entrer pour moitié dans la ration des fourrages secs.

Quant à la boisson, on lâche quelquefois les bœufs deux fois par jour pour qu'ils s'abreuvent à une fontaine, à une mare ou à un ruisseau. Mais les animaux soumis au régime de l'engraissement dans une étable, sont fort enclins à user de ce moment de liberté pour courir et gambader; et ces mouvements violents nuisent à l'engraissement et donnent souvent lieu à des accidents. Il est donc préférable de présenter la boisson à chaque bœuf dans l'étable même, en plaçant des baquets devant eux.

C'est pendant que les bœufs sont occupés à prendre le repas du matin, que l'on enlève communément le fumier pour leur donner de la litière fraîche qui doit être abondante et de bonne qualité. C'est pendant ce temps aussi, qu'on étrille ces animaux, opération fort importante pour l'engraissement, et qui doit être faite soigneusement chaque jour. On y emploie, soit un morceau de bois denté approprié à cet usage, soit une vieille étrille émoussée dans le pansement des chevaux. Les repas doivent se donner régulièrement, aux mêmes heures, avec une minutieuse exactitude; et aussitôt que les animaux ont cessé de manger, les valets doivent se retirer et fermer les portes de l'étable, de manière que personne n'y entre jusqu'au repas suivant. Les plus habiles engraisseurs attachent une grande importance à l'observation de cette règle; et lorsque le maître, entr'ouvrant avec précaution la porte, observe l'état des choses, une heure après que le repas est terminé, il veut voir tous les bœufs couchés, et ne permettrait pas que personne troublât leur repos. On se persuaderait avec peine quelle différence apporte l'observation de tous ces soins de détails, dans les résultats que l'on peut obtenir, pour l'engraissement, de la consommation d'une quantité donnée de fourrages.

Là où l'on ne rationne pas les animaux, c'est-à-dire lorsqu'on n'emploie pas les poids et la mesure pour déterminer la ration de chaque jour, le valet qui préside aux distributions doit être un homme très-expérimenté dans cette partie; car à chaque instant, il faut que l'observation et le fait viennent suppléer à la mesure, pour éviter l'insuffisance ou la dilapidation; et les hommes de cette espèce se rencontrent difficilement. Mais avec des rations régulières, la tâche est bien plus facile; et à l'aide d'une certaine surveillance du maître, on pourra trouver partout un homme intelligent et soigneux dont on puisse faire, en peu de temps, un bon valet d'engraissement.

L'engraissement des animaux a une limite que l'on ne peut dépasser, sans qu'il en coûte beaucoup pour obtenir

les dernières portions de graisse ; cependant là où la viande grasse se paie convenablement on trouve ordinairement du profit à atteindre au degré que l'on nomme en
terme de boucherie *fin-gras* ; et d'après mon expérience,
on parvient facilement à ce point, à l'aide des betteraves
comme base de la nourriture, sans qu'on soit forcé de
faire une grande dépense en grains pour terminer l'engraissement. Il est arrivé fréquemment que des bœufs de
7 à 8 quintaux nourris ainsi, ont produit à la boucherie
60 à 70 kilogrammes de suif par tête avec des rations
assez faibles de farine ou de tourteaux, et sans qu'on ait
été forcé de rien changer à leur régime pour contenir
leur appétit. Lorsqu'on emploie le procédé du mesurage,
on juge facilement, au reste, si l'accroissement de poids
de viande, par chaque semaine, continue de compenser la
dépense de nourriture. Dans les villes de grande consommation, où les bouchers sont généralement connaisseurs,
le bœuf *fin-gras* se vend communément 3 ou 4 francs par
quintal de plus que celui qui n'est que gras ; et ce dernier
vaut généralement 3 ou 4 francs de plus aussi que le bœuf
simplement en bonne chair. C'est sur cette différence
dans la valeur de la viande de tout l'animal, que se fonde
le profit que l'on trouve à pousser les bœufs à un degré
avancé de graisse.

Beaucoup de praticiens font fréquemment usage des
saignées pendant la durée de l'engraissement ; et, d'après
mon expérience, si cette opération n'est pas généralement
nécessaire pour le succès de l'engraissement, elle est du
moins utile dans beaucoup de cas. Lorsqu'on met à l'en-

grais des bœufs maigres épuisés par la fatigue, une saignée est très-convenable huit à quinze jours après qu'ils
sont entrés à l'étable. Lorsqu'on remarque que des bœufs,
sans être malades, profitent peu ou ne mangent pas avec
appétit, une saignée rétablit souvent les choses dans l'état
normal. On pratique souvent aussi cette opération sur la
fin de l'engraissement, lorsque l'appétit commence à diminuer ; et dans tous ces cas on peut réitérer l'opération au
bout de huit ou quinze jours. Les saignées doivent être
copieuses, et l'on tire à un gras bœuf 7 à 8 litres de sang.
Beaucoup d'engraisseurs font encore des saignées un
usage plus fréquent ; et quelques-uns ne manquent pas de
faire saigner les bœufs tous les quinze jours ou tous les
mois pendant la durée de l'engraissement, mais il me
semble qu'il y a là abus d'une bonne pratique.

Lorsqu'on vend des bœufs au quintal, la peau et le suif
ne se pèsent pas et appartiennent au boucher. C'est là ce
qui explique comment il se fait que les bouchers achètent
généralement la viande plus cher qu'ils ne la vendent. Si
cette dernière se vend en détail 45 centimes (9 sous) le
demi kilogramme (la livre), en moyenne, sur toutes les
parties qui se pèsent ; les bouchers peuvent payer, en général, les bœufs gras à 50 ou 51 francs le quintal ; et ils le
payeront jusqu'à 54 ou 55 francs pour des bœufs fin-gras,
surtout s'ils jugent que ceux-ci produiront beaucoup de
suif ; appréciation à laquelle on peut arriver, soit par les
connaissances que donne ce maniement, soit d'après le
régime auquel on sait qu'ont été soumis les animaux
chez un engraisseur qui a la réputation de bien nourrir.

QUATRIÈME PARTIE

QUATRIÈME PARTIE

DES BÊTES A LAINE

AVANT-PROPOS

CONSEILS AUX ÉLEVEURS

Dans un état peu avancé de la culture, les bêtes à laine présentent, dans beaucoup de cas, le seul moyen de tirer un parti utile de vastes étendues de pâturages naturels. Lorsqu'une plus grande portion des terres est soumise à la culture dans le système d'assolement triennal, c'est par le moyen des bêtes à laine que l'on utilise la vaine pâture dans un grand nombre de circonstances. Enfin dans le système de culture alterne, qui est celui des pays les plus avancés dans l'industrie agricole, l'éducation des bêtes à laine forme encore un des objets les plus importants des spéculations de l'agriculture ; et partout les troupeaux de cette espèce présentent la source la plus féconde des engrais qui accroissent l'abondance des récoltes de tout genre.

Il est facile de reconnaître, d'après cet exposé, que l'industrie des bêtes à laine est de première importance dans toutes les périodes de l'art agricole ; et il n'est aucun autre genre de bétail qui puisse disputer la prééminence à celui-ci, sous le rapport de l'utilité qu'en tire l'agriculture, seul point de vue sous lequel je veux considérer ici les bêtes à laine. Si l'on en excepte les grains et le vin, la production de la laine est celle qui atteint au chiffre le plus élevé, parmi toutes les industries productives ; et il faut y ajouter la valeur de la viande que crée la même industrie. On peut juger par là, de la place qu'occupe l'économie des troupeaux dans la richesse générale du pays.

Dans les cantons où des troupeaux d'animaux chétifs errent dans d'immenses bruyères et où l'on n'assigne presqu'aucune valeur à la nourriture de ces animaux, on ne comprend pas qu'il soit possible d'entretenir des troupeaux avec profit, lorsqu'il faut consacrer à leur subsistance des aliments dont la création entraîne une dépense assez élevée. En effet le produit des premiers troupeaux dont je viens de parler, est si minime qu'il deviendrait nul, s'il fallait en déduire une certaine dépense d'entretien. Le cas est le même pour beaucoup de troupeaux nourris au moyen de la vaine pâture ; aussi l'opinion générale des cultivateurs dans ces cantons est, que c'est un genre d'animaux qui ne peut supporter presque aucune dépense d'entretien. Mais à mesure qu'on leur consacre plus de soins et une nourriture plus abondante, on voit les races s'améliorer et leurs produits en laine et en viande s'accroître dans une grande proportion ; en sorte que les troupeaux

payent largement l'excédant de dépenses que l'on affecte
à leur entretien.

Il est évident, au reste, pour tout observateur attentif,
que l'industrie des bêtes à laine se trouve en ce moment en
France sinon dans un état de crise, du moins dans une
situation transitoire qui mériterait une attention particulière de la part des hommes d'Etat désireux de s'occuper
des intérêts agricoles du pays. Pour bien comprendre
cette situation, il faut reconnaitre que, dans un grand nombre de localités, les progrès de la culture font disparaitre à
leur suite les troupeaux de bêtes à laine; d'abord parce
que l'on met en culture de grandes étendues de pâturages
naturels; et ensuite parce que les améliorations dans la
culture sont fréquemment la suite du morcellement des
grandes propriétés. En effet partout où la propriété terri-
toriale est très-divisée, les troupeaux ne pourraient subsister qu'à l'aide de la vaine pâture; mais cette institution
ne tarde guère à disparaitre après le démembrement des
grandes fermes, parce que les petits propriétaires adoptent
généralement des méthodes de culture très-variées, dans
lesquelles ils font peu d'usage de la jachère, et où ils ne
sont pas disposés à s'assujettir à l'assolement de leur
voisin. Un grand nombre de troupeaux de bêtes à laine
disparaissent chaque jour, par suite de ce morcellement;
et nous sommes loin d'être au terme de cette route dans
laquelle s'est engagée la distribution de la propriété terri-
toriale, en France. Il est certain, au contraire, que dans un
avenir qui n'est pas très-éloigné, une partie très-considérable du territoire français aura cessé de pouvoir entretenir

des bêtes à laine, à cause de la grande division des propriétés, tandis qu'une grande partie des pâturages naturels encore existants, aura cessé aussi d'être employée à cet usage.

D'un autre côté, les progrès de l'agriculture tendent à multiplier les troupeaux dans les grandes fermes qui subsistent encore ; car à l'aide des assolements alternes, on peut entretenir, sur une étendue donnée de terrain, un beaucoup plus grand nombre d'animaux que dans le système de l'assolement triennal et de la vaine pâture.

Les deux causes dont je viens de parler agissent donc dans des directions opposées ; et la dernière tend à contrebalancer les effets de la première. Mais leur action simultanée s'exerce-t-elle en France, en ce moment, de manière à maintenir l'équilibre de la production ? L'examen approfondi de cette question m'entraînerait dans des considérations qui ne peuvent trouver place ici. Je dirai seulement, que l'accroissement des troupeaux n'a pas été en rapport dans ces derniers temps avec celui des besoins des manufactures ; car nous sommes forcés de tirer de l'étranger une quantité de laine beaucoup plus considérable qu'on ne l'avait jamais fait. En effet, Chaptal dans son *Industrie française*, évalue à environ 12 millions de francs, les importations annuelles de laines de 1815 à 1818 ; et il dit qu'en 1789 ces importations s'élevaient à environ 14 millions ; mais en 1835, on a importé pour la consommation, des laines pour une valeur déclarée de 34,222,120 francs ; or chacun sait que la valeur déclarée est beaucoup inférieure à la valeur réelle, dans le système si vicieux de la

fixation du droit d'entrée d'après la valeur; et l'on restera
certainement au-dessous de la vérité, en portant à 42 millions la valeur réelle des laines importées pour les besoins
de nos manufactures. C'est plus du triple de la quantité
qui s'importait à l'époque où écrivait Chaptal. L'industrie
des troupeaux est donc restée bien en arrière, dans le
développement des industries productives du pays. Dans
le travail que je vais présenter, j'ai eu pour but de donner,
s'il est possible, plus d'activité au principe de reproduction
et de multiplication des troupeaux, puisqu'il n'est donné à
personne d'exercer une action efficace sur la cause de
diminution que j'ai signalée.

L'industrie des bêtes à laine se trouve encore en France
dans une situation transitoire sous un autre rapport, celui
des races sur lesquelles elle s'exerce. La race espagnole
ou mérinos a seule occupé l'attention des hommes qui se
sont livrés aux améliorations depuis un demi-siècle; et il
en est résulté un des progrès les plus importants qu'ait faits
notre agriculture. Mais il est vraisemblable que l'on a
atteint aujourd'hui sous le rapport des améliorations, en
général, la limite à laquelle on pouvait atteindre par cette
route. Une autre voie, négligée jusqu'à ce jour, ne pourrait-elle pas nous conduire à des succès nouveaux et non
moins importants? C'est une question que j'aurai l'occasion d'examiner dans le cours de cet ouvrage.

Je vais commencer par présenter quelques considérations sur les diverses races qui existent aujourd'hui en
France. J'exposerai ensuite avec quelque détail les connaissances et les soins qui peuvent assurer le succès dans

l'élève des troupeaux, soit relativement à la reproduction, soit pour ce qui concerne l'alimentation et le régime ; ainsi que les connaissances qui se rapportent à diverses particularités de l'économie des bêtes à laine. Je terminerai en présentant des calculs de dépenses et de produits, afin d'indiquer aux propriétaires la marche par laquelle ils peuvent se rendre compte à l'avance, du moins dans un certain degré d'approximation, des résultats pécuniaires que l'on peut attendre des spéculations qui ont pour objet diverses races de bêtes à laine, ou qui soumettraient à diverses combinaisons l'économie des troupeaux.

CHAPITRE I

DES DIVERSES RACES

PREMIÈRE SECTION

Variétés de la race commune

Toutes les bêtes à laine qui se rencontrent sur la surface de la plus grande partie de l'Europe semblent appartenir à une source unique, dont les générations ont été singulièrement modifiées par des circonstances de climat et de régime; souvent aussi par les soins que l'on a pris de propager certaines formes, ou certaines variétés de couleurs dans la laine ou les poils qui couvrent quelques parties des animaux. Soumise à un régime abondant et substantiel, cette race offre un très-grand développement du corps des animaux, comme on le voit dans les sous-races de quelques parties de l'Allemagne, où les moutons sont généralement du poids de 50 à 60 kilogrammes (100 à 120 livres) de chair nette, et offrent des toisons de 6 kilogrammes (12 livres) de laine. C'est cette même race qui, développée en Angleterre par une abondante nourriture depuis l'introduction du système de culture alterne dans ce pays, a été améliorée sous le rapport des formes, de l'aptitude à l'engraissement, et de la beauté de la laine, par les soins judicieux de *Bakewell*, et de plusieurs de ses imitateurs. Dans les parties de la France où la culture est le plus avancée, cette race offre aussi des animaux de très-grande taille ; tandis qu'ils sont chétifs et ne produisent que de très-petites quantités de laine, dans les cantons où la pâture est pauvre et stérile. On connaît toutefois que la race dite flandrine, qui se rencontre dans l'ancienne Flandre française, a une origine différente, et qu'elle y a été introduite par les Hollandais qui l'avaient importée des Indes. Le brin de la laine est généralement gros et raide dans les espèces de la race commune ; quoique variant dans ses caractères, même sous le rapport de la finesse dans les diverses sous-races. A mesure que le corps des animaux se développe par l'effet d'une nourriture plus abondante, le brin de la laine s'allonge d'une manière remarquable ; et à l'aide de soins dans le choix des animaux destinés à la reproduction, on peut propager et améliorer les caractères de la laine qui conviennent le mieux aux usages auxquels cette laine est destinée.

Sous l'influence d'un régime très-abondant, la fécondité de cette race s'accroît aussi très-facilement ; et, dans les sous-races des *Marches*, en Allemagne, les brebis portent généralement deux agneaux et quelquefois trois. Ce caractère de fécondité se remarque également dans les sous-races les plus fortes de l'Angleterre. Dans ces dernières, les jambes de ces animaux sont remarquablement courtes ; mais ce caractère est dû à l'usage où l'on est dans ce pays, depuis fort longtemps, de tenir les animaux jour et nuit dans des enclos d'où ils ne sortent guère que pour passer de l'un dans l'autre. Les animaux faisant ainsi très-peu d'usage de leurs jambes, cette partie n'a pas pris un développement proportionné à celui des autres parties du corps. Cette circonstance rend cette sous-race peu propre à aller chercher chaque jour sa nourriture dans des pâturages un peu éloignés de la bergerie ou du parc, comme c'est l'usage dans les systèmes de culture adoptés en France. Mais, lorsque les animaux importés sont soumis à ce dernier régime, ce caractère disparait peu à peu, ainsi que d'autres qui tenaient à l'ensemble des conditions auxquelles les troupeaux sont soumis dans le pays où les sous-races se sont formées. Il en est de même des sous-races que l'on a quelquefois transportées d'Allemagne en France, et qui ne peuvent se conserver avec leurs caractères que dans des circonstances de régime semblables à celles qui leur ont donné ces caractères.

On doit donc ne procéder qu'avec beaucoup de réserve, lorsqu'on veut introduire une sous-race d'un canton dans un autre. Si les circonstances de la culture, et par conséquent celles du régime des animaux, restent les mêmes, le plus sage sera presque toujours de ne pas songer à changer la race qui est accoutumée à ce régime. Si des améliorations dans la culture permettent de consacrer aux animaux, dans toutes les saisons de l'année, une nourriture plus abondante, on pourra souvent gagner du temps dans l'amélioration de la race par l'introduction de celle d'un autre canton, où le corps des animaux a plus de volume, et porte de plus fortes toisons. Ici encore, il faut se garder d'aller plus loin dans la taille des ani-

maux importés, que ne peut le comporter le régime auquel
ils doivent être soumis : car dans ce cas il y aura certainement rétrogradation ou dégénération de la race ; et les
animaux souffriraient sous le rapport de la vigueur et de
l'état de santé. Il y aurait moins d'inconvénients à rester
un peu au-dessous de la taille que peut comporter le
nouveau régime des animaux ; car alors la taille s'accroîtra
promptement sous l'influence de ce régime, et l'on obtiendra une race beaucoup plus vigoureuse que dans le premier cas. A côté de l'accroissement de taille ou du poids
des animaux, on peut faire marcher des améliorations fort
importantes dans les formes du corps, dans le poids
relatif des toisons, dans la longueur de la laine, ou dans
les autres caractères qui peuvent lui donner plus de prix.
A l'aide d'une observation attentive sur un troupeau pris
dans la même sous-race, on remarque des différences
très-sensibles entre beaucoup d'individus, sous le rapport
des formes et des divers caractères de la laine ; et si l'on
pèse à part toutes les toisons, ainsi que les animaux eux-
mêmes après qu'ils ont été tondus, on trouve aussi de
grandes différences dans le rapport de ces deux poids.
En accouplant ensemble dans la même sous-race ou dans
deux sous-races différentes les individus qui se distinguent
par les formes du corps ou les caractères de la laine que
l'on veut propager, on peut fournir de nouvelles sous-
races dont l'entretien offre beaucoup plus d'avantages que
les anciennes. C'est ainsi qu'on a procédé dans les améliorations des races anglaises ; et il est certain que si l'on eût
consacré en France, depuis un demi-siècle, autant de

soins à améliorer les races du pays que l'on en a donné à celle des mérinos, on eût obtenu d'importants résultats, qu'attend encore notre agriculture.

Les améliorations ne devraient pas, au reste, comme je l'ai déjà fait voir, tendre au même but que l'on a atteint en Angleterre à cause des différences de régime des animaux dans les deux contrées. Si nous devons envier quelque chose à l'agriculture anglaise, ce n'est certainement pas le régime des enclos où les animaux sont tenus jour et nuit, et qui du moins ne conviendrait pas à notre climat. Il en résultera peut-être que nous ne pourrons atteindre au même degré d'aptitude à l'engraissement chez les animaux, parce que le repos presque complet est une des principales conditions qui tendent à produire les formes favorisant le plus cette aptitude. On n'en doit pas moins chercher à se rapprocher, autant qu'il est possible dans les conditions d'un régime donné, des formes que l'expérience a fait reconnaître comme les plus favorables à l'engraissement ; car on ne doit jamais oublier que la laine n'offre qu'un des produits de la race ovine, et qu'avec des animaux d'une race distinguée sous le rapport de l'aptitude à l'engraissement, on obtient réellement la laine à plus bas prix, puisqu'une portion plus considérable de la nourriture des animaux se trouve payée par le produit de la viande.

Les animaux les plus propres à l'engraissement sont bas sur jambes, avec une croupe large, le thorax volumineux, et le corps arrondi en forme de tonneau. Les os doivent être petits, qualité qui est ordinairement indiquée par la petitesse relative de la tête des animaux. Ce sont là, d'après l'expérience acquise en Angleterre, les caractères distinctifs des animaux qui présentent le plus d'aptitude à l'engraissement; et l'on retrouve des formes analogues dans quelques sous-races allemandes ou françaises. Comme on peut, sous l'influence d'un régime donné, exercer une certaine action sur les formes, par le choix des individus reproducteurs, on fera bien de rechercher dans ce choix, ceux qui se rapprochent le plus des formes indiquées; sans négliger le poids relatif des toisons, et les caractères de la laine que l'on a l'intention de reproduire.

DEUXIÈME SECTION

Race Mérine

L'introduction en France de la race mérine a formé, vers la fin du siècle dernier, une des périodes les plus remarquables de l'industrie des bêtes à laine; jamais, peut-être, aucune innovation agricole n'avait excité autant d'intérêt et n'a été propagée par un aussi grand nombre de propriétaires et de cultivateurs distingués; aussi la promptitude de la multiplication de cette race est un fait sans exemple. Dans les commencements, l'éducation des mérinos a offert de très-grands profits, même à beaucoup de personnes qui n'étaient pas placées dans les conditions les plus favorables pour l'entretien des troupeaux. Non-

seulement les laines de cette espèce se sont maintenues
pendant longtemps à des prix fort élevés, mais la demande soutenue des animaux destinés à la reproduction
donnait aux produits de ces troupeaux, une valeur beaucoup supérieure à celle des animaux de toutes les autres
espèces. C'est alors que l'on a vu des propriétaires se
procurer de grands profits avec des troupeaux de mérinos,
entretenus dans la combinaison agricole qui n'aurait pu
offrir que de la perte avec tout autre genre de bétail. Il
n'était guère question d'apprécier la valeur de cette race
pour la boucherie; ce qu'on recherchait, c'était la laine
fine et des animaux de reproduction, dont le placement, à
des prix fort avantageux, était généralement facile. Un tel
état de choses ne pouvait durer, et le niveau ne pouvait
tarder de s'établir sous le rapport des profits entre cette
race, et les autres espèces de bêtes ovines. Il semble que
vers 1830 le nivellement, résultat nécessaire de la concurrence, était déjà établi; peut-être même avait-on déjà
un peu dépassé le but en forçant la production des laines
fines, ce qui paraît indiqué par l'excessive dépréciation des
laines mérinos de 1825 à 1830. Mais la mortalité des bêtes
à laine, qui fut générale en Europe vers cette dernière
époque, et certainement aussi un accroissement dans le
besoin de la consommation, sont venus rétablir l'équilibre.
Depuis lors, les troupeaux de mérinos entretenus économiquement, et dans de bonnes combinaisons agricoles,
donnent généralement un produit plus élevé que les troupeaux de race commune. Mais leur entretien est plus coûteux; car quoiqu'on en ait pu dire, les mérinos sont plus

délicats, plus sujets à beaucoup de maladies et exigent une nourriture sinon plus abondante, du moins de meilleure qualité dans toutes les saisons de l'année. Il est certain, en particulier, que les animaux de race commune peuvent subsister sur les pâturages pendant une grande partie de la mauvaise saison de l'année; tandis qu'il faut alors nourrir les mérinos presque exclusivement à la bergerie. Il faut donc, pour qu'il y ait équilibre, que ces troupeaux donnent un produit plus élevé. Mais si l'on consacrait aujourd'hui à des troupeaux de race commune les soins et l'abondance de nourriture que reçoivent généralement les mérinos, on pourrait certainement, dans un très-grand nombre de cas, tirer de ces races ainsi améliorées des produits qui ne le céderaient pas à ceux que l'on obtient des mérinos. D'ailleurs il ne paraît pas vraisemblable que les prix des laines fines se soutiennent encore longtemps au taux où ils sont remontés depuis 1831; et l'expérience montre qu'il y a beaucoup plus de solidité dans les cours des laines communes, qui n'ont participé qu'à un faible degré aux variations qu'ont éprouvées ceux des laines mérinos depuis quinze ans. Tout porte donc à penser que la révolution industrielle, opérée par l'introduction de la race mérine en France et en Allemagne, est maintenant accomplie et que cette industrie est aujourd'hui nivelée avec les autres branches de l'éducation des bestiaux. Je reviendrai sur ce sujet dans la cinquième section.

La race mérine s'est conservée partout avec les caractères qui lui sont propres, et qui la distinguent nettement des races communes. Cette circonstance donne lieu de croire qu'elle appartient à une origine ou souche différente, quoique toutes les deux de la même espèce, puisque les animaux des deux races accouplés ensemble, reproduisent des individus féconds. Il existe depuis fort longtemps en Angleterre une race de moutons à laine fine, nommée *Ryeland,* qui a beaucoup d'analogie avec la race mérine ; et l'on présume qu'elles ont une origine commune.

Les mérinos, quoique conservant partout où ils ont été transportés les caractères particuliers à leur race, ont cependant subi, par l'effet des divers régimes auxquels ils ont été soumis, de grandes modifications dans la taille et dans les formes de quelques parties du corps et dans le poids des toisons, ainsi que dans le degré de la finesse de la laine, sous l'influence d'un régime alimentaire abondant et substantiel. La taille a grandi, le poids du corps des animaux s'est accru ; et .ensuite, par la continuation du même régime, la peau et les divers tissus du cou et du poitrail ont pris un développement qui s'est manifesté par des plis ou par un fanon pendant qui ont été regardés comme un mérite par quelques personnes, mais qui ne sont que des difformités aux yeux des éleveurs éclairés ; le poids des toisons s'est accru dans une grande proportion en même temps que le volume du corps, mais le brin de la laine y a perdu sous le rapport de la finesse.

Dans des pàturages d'une médiocre fertilité, au contraire, il s'est formé des sous-races de mérinos de petite taille, portant des toisons beaucoup moins pesantes, mais remarquables par la finesse et l'élasticité de la laine. En choisissant, pour les employer à la reproduction, les animaux qui se distinguent particulièrement par la finesse et les autres qualités que l'on recherche le plus dans la laine, on est parvenu à former des sous-races dont les toisons, d'une finesse extrême, ont une valeur très-élevée lorsqu'on la calcule à la livre. Dans quelques parties de l'Allemagne, et surtout en Saxe et en Silésie, on a poussé très-loin l'art des appareillages, dans le but d'obtenir dans les toisons non-seulement beaucoup de finesse, mais aussi une grande égalité pour les portions de laine qui couvrent les diverses parties du corps de l'animal. En France, le troupeau de Naz et quelques autres sont arrivés, par des moyens analogues, à un haut degré de perfection sous le rapport de la finesse de la laine.

On a beaucoup discuté sur la préférence qu'il convient d'accorder aux grandes ou aux petites races de mérinos. D'abord il ne faut pas croire que chacun soit libre de faire un choix entre ces deux directions imprimées à l'amélioration. Dans chaque localité, la richesse naturelle des pâturages, même ceux qui sont créés par la main du cultivateur, et la nature des aliments que l'on peut consacrer aux troupeaux pendant l'hiver, d'après les circonstances de l'exploitation, forment presque toujours une limite que l'on ne peut dépasser que très-difficilement, soit relativement à la taille des animaux, soit relativement à la finesse de la laine. C'est en vain que l'on s'efforcerait d'entretenir une sous-race de grande taille et à fortes toisons, dans une exploitation dont le sol n'est pas naturellement très-fertile et n'a pas été amené à un haut état de fécondité, par la longue succession d'une bonne culture : une prompte dégénération de cette sous-race serait bientôt le résultat d'une telle tentative. De même, si l'on introduit dans des pâturages fort riches, une race de petite taille et à toisons très-fines, la taille s'accroîtra bientôt ainsi que le poids des toisons, mais la finesse de la laine ne se soutiendra pas au même degré. On peut bien, jusqu'à un certain point, prévenir cette dernière altération par des soins constants à n'employer que des béliers de la plus haute finesse, et en réformant scrupuleusement les brebis qui s'éloignent trop du caractère de finesse que l'on recherche ; mais on ne parviendra, à force d'art, que très-imparfaitement aux résultats qui se présentent naturellement dans des pâturages moins riches ; et si l'on applique aux troupeaux nourris dans ces derniers la même attention à rechercher la haute finesse dans les produits, on atteindra à un degré de perfection que l'on ne peut espérer d'obtenir dans d'autres circonstances. Le poids des toisons diminue généralement à mesure que la laine gagne en finesse : j'entends parler ici du poids des toisons relativement à celui du corps des animaux. En ne considérant que la production de la laine, il serait en effet assez indifférent au cultivateur de recueillir 6 kilogrammes (12 livres) de laine sur le corps d'un animal pesant 50 kilogrammes (100 livres), ou sur le corps de deux animaux pesant ensemble le même poids, puisque tout porte à croire que ces deux derniers animaux ne consommeront pas plus pour leur entretien que le premier seul. Les poids relatifs du corps et de la toison forment donc une circonstance fort importante ici; et il est certain, que dans les sous-races de mérinos de grande taille et à laine grossière, ce rapport est plus favorable· pour la toison que dans les sous-races à laine superfine. Comme, d'un autre côté, les moutons de grande taille sont généralement préférés pour la consommation des boucheries, on comprend qu'il faut que la laine superfine se vende à un prix beaucoup plus élevé que la laine commune des grandes espèces de mérinos, pour qu'il y ait compensation dans les avantages relatifs de l'entretien des deux espèces. Il en est en effet toujours ainsi, et le prix des laines de haute finesse est beaucoup plus élevé dans le commerce. Cependant le rapport entre les prix a été altéré dans ces derniers temps par l'effet des progrès mêmes de l'industrie de la fabrication des draps; et parce qu'on est parvenu à fabriquer, avec des laines de moyenne finesse, des tissus, à la vérité moins beaux et moins durables que ceux pour lesquels on a employé des laines superfines, mais qui néanmoins en diffèrent assez peu en apparence pour faire illusion au plus grand nombre des acheteurs : il est résulté de là une baisse relative dans le prix des laines de haute finesse. Au reste, la production des laines superfines exigeant des soins et une attention soutenue, qui ne sont à la portée que d'un petit nombre d'éleveurs, il est vraisemblable que dans les rapports qui se fixeront entre les prix des diverses qualités, d'après les besoins de la consommation, il s'établira toujours, en France, pour les laines superfines, un avantage propre à compenser les soins qu'on apportera à les produire.

TROISIÈME SECTION

Races Métisses

Depuis l'introduction de la race mérine, on a opéré, en France et en Allemagne, beaucoup de croisements en introduisant des béliers mérinos dans les troupeaux de brebis de race commune; et un grand nombre de troupeaux de ces métis sont arrivés à un point d'amélioration de la laine qui les fait rentrer sous ce rapport dans la même classe que les mérinos des grandes races. Les laines de métis très-avancés dans l'amélioration, se confondent souvent dans le commerce avec celles de ces dernières : et on les désigne les unes et les autres sous le nom de *laines intermédiaires*. Les métis des diverses sous-races sont, au reste, soumis aux mêmes considérations que j'ai exposées en parlant des mérinos, relativement aux rapports qui doivent exister entre la taille des animaux et le régime auquel on veut les soumettre. Mais les métis conservent généralement plus de rusticité que les mérinos purs, et c'est là la seule considération qui pourra leur faire donner la préférence dans certains cas; car le prix élevé des brebis de la race mérine, qui a déterminé dans l'origine une multitude de personnes à se livrer de préférence au métissage, ne serait plus un motif aujourd'hui, puisque ces prix ont considérablement baissés. Il existe déjà tant de

métis à divers degrés de croisements, que les personnes qui
voudraient entretenir des troupeaux de cette espèce trouveront vraisemblablement plus d'avantage à acheter ceux
qui leur conviendront, qu'à se livrer elles-mêmes à l'opération lente du métissage qui donne pendant longtemps,
dans le même troupeau, des produits en laine de qualités
fort inégales. Dans les troupeaux de métis, les soins pour
l'amélioration de la laine et des formes du corps sont,
au reste, les mêmes que pour les troupeaux de races
pures ; et c'est toujours principalement par le choix des
mâles, que l'on arrive à ce résultat dans les limites que
peuvent comporter les circonstances du régime.

QUATRIÈME SECTION

Race anglaise à longue laine

L'introduction en France des races de moutons anglais
à longue laine remonte déjà à une époque assez reculée ;
mais pendant longtemps, les tentatives qu'on a faites dans
ce genre n'ont pas été heureuses. On a récemment introduit ces animaux en beaucoup plus grand nombre, et
l'expérience de leur éducation a été faite par beaucoup de
propriétaires et de cultivateurs. Les faits observés jusqu'à
ce jour permettent de donner des solutions précises aux
principales questions qui les concernent. On ne peut éle-

ver aucun doute sur la possibilité de leur acclimatation, mais on ne parviendra pas à conserver à ces races les caractères qui les distinguent, si on ne les place dans des circonstances de régime très-analogues à celles dans lesquelles elles ont été formées ; car ce n'est, comme je l'ai dit, qu'une sous-race de la race commune, et le régime, à l'aide duquel elle a été modifiée, est une des conditions de la conservation de ces caractères. En Angleterre, les animaux restent jour et nuit dans de riches pâturages divisés en enclos de médiocre étendue ; et pendant l'hiver, ils sont placés de même dans des enclos d'où ils ne sortent pas, et où ils trouvent en abondance des turneps ou navets qu'ils consomment sur place. Sans doute, le régime des bergeries, si préférable sous beaucoup de rapports, n'est pas incompatible avec la conservation des principaux caractères de ces races ; mais cela suppose qu'on pourrait les nourrir pendant toute la belle saison dans de riches pâturages à proximité de la bergerie ; et que pour l'hiver, si les rations de racines et autres sont distribuées à l'intérieur, les animaux pourront néanmoins passer une partie des journées dans des enclos situés dans le voisinage immédiat de la bergerie. La richesse des pâturages, et le régime composé principalement de racines pendant l'hiver, sont ici les circonstances les plus indispensables. Ensuite, l'état de repos presque complet, est une autre circonstance qui ne l'est guère moins ; et s'il faut qu'un troupeau de la race *Dishley* aille chercher chaque jour sa nourriture dans des pâturages un peu éloignés de la bergerie, ou du parc, il est entièrement impossible que la race n'éprouve pas promptement des modifications dans les formes du corps, et dans la disposition à prendre la graisse ; peut-être aussi dans le poids des toisons et dans la longueur de la laine. Chacun pourra juger, d'après ces modifications, si dans les circonstances où se trouve placée son exploitation, il peut espérer de maintenir avec leurs caractères ces races, qui doivent leur origine à un système agricole entièrement différent de ceux qu'il peut nous convenir d'adopter.

Quelques personnes ont invoqué en faveur de l'introduction de ces races, un motif d'intérêt général puisé dans le besoin, qui se fait sentir dans nos manufactures, de laines longues de cette espèce, pour divers genres de fabrications. Sans doute, il serait fort utile que nous pussions produire ces laines chez nous, au lieu de les demander à l'Angleterre ; mais nous achetons aussi de l'étranger des laines communes en proportion beaucoup plus considérable que ces laines longues lustrées ; et les laines communes forment, en général, plus des .deux tiers du chiffre total des importations. C'est là un fait qu'il ne faut pas perdre de vue, lorsqu'on veut rechercher quelles sont les espèces de laine que réclament les besoins de l'industrie manufacturière et qu'il importe par conséquent le plus de produire à l'intérieur ; tant que nous ne serons pas parvenus à suffire à la consommation du pays en laines communes, on ne voit pas ce qu'il y aurait à gagner, dans l'intérêt général, à diriger les accroissements de la production vers d'autres espèces que vers celles qu'il nous est le plus facile de produire. Au total, on peut dire que l'on a beaucoup trop négligé en France, dans ces derniers temps, les bêtes à laine de race commune, soit pour les multiplier, soit pour les améliorer; et il y a vraisemblablement aujourd'hui, en suivant cette direction, autant de profits à faire pour les éleveurs, qu'en s'adonnant à l'entretien des autres races de bêtes à laine, et autant d'avantages à acquérir dans l'intérêt général du pays.

temps les bêtes à laine de race commune soit pour les
multiplier, soit pour les améliorer ; et il y a vraisemblablement aujourd'hui, ... direction, amené à ...
profils à faire pour les obtenir, qu'en s'efforçant à l'...
tien des nombreuses qualités qu'elle aura ... à m-
gent à acquérir dans l'intérêt général du pays.

CHAPITRE II

PREMIÈRE SECTION.

Appareillage et second...

Dans les races de bêtes à laine ... on arrive que pour les
bestiaux de tout genre, le choix des individus destinés à la
propagation exerce sur les propriétés que la race sera im-
... que l'on doit toujours compliquer avec les circonstances du régime, pour donner à cette race le plus haut
degré d'utilité possible ... et ... avons dit que
l'on veut atteindre. Dans ce choix, c'est surtout ... les
mâles qu'il faut diriger, son attention ; car un seul bélier
pourra donner par année vingt-cinq et ... agneaux, lt
son sang, ou ... suivante ... mélange, s'il est ...
procédé de la monte à la main. Tout je participer tout à
l'heure, tandis qu'une brebis ne ... donne qu'un agneau
par année. On peut donc, par l'interposition d'un petit
nombre de béliers, modifier profondément dans un peu
nombre d'années le caractère d'un troupeau de bêtes à
laine ; tandis qu'on n'exerce qu'une influence presque insensible sur le troupeau, en y reproduisant le même nom-

CHAPITRE II

DE LA REPRODUCTION

PREMIÈRE SECTION

Appareillage et accouplements

Dans les races de bêtes à laine, de même que pour les
bestiaux de tout genre, le choix des individus destinés à la
propagation exerce sur les propriétés de la race une influence que l'on doit toujours combiner avec les circonstances du régime, pour donner à cette race le plus haut
degré d'utilité possible, relativement aux divers buts que
l'on veut atteindre. Dans ce choix, c'est surtout vers les
mâles qu'il faut diriger son attention ; car un seul bélier
pourra donner par année vingt-cinq ou trente agneaux de
son sang, ou même soixante et quatre-vingt, si on suit le
procédé de la *monte à la main* dont je parlerai tout à
l'heure, tandis qu'une belle brebis ne donnera qu'un agneau
par année. On peut donc, par l'introduction d'un petit
nombre de béliers, modifier profondément dans un petit
nombre d'années le caractère d'un troupeau de bêtes à
laine ; tandis qu'on n'exerçait qu'une influence presque insensible sur le troupeau, en y reproduisant le même nom-

bre de brebis. Cependant, lorsqu'on veut continuer l'amélioration par les mâles d'une race différente, c'est-à-dire lorsqu'on procède par métissage, il convient souvent d'introduire en même temps dans le troupeau un certain nombre de brebis de la même race que les mâles, afin de produire constamment des béliers de race pure ; car il importe beaucoup de revenir du moins pendant fort longtemps aux mâles de sang pur : ce n'est que dans un état fort avancé du métissage que l'on peut espérer de conserver l'amélioration au point où on l'a amenée, en employant à la reproduction des mâles de la race métissée.

Il est donc vrai, sous un certain rapport, que les béliers exercent une action plus puissante que les brebis sur l'amélioration des races ; et il est facile de comprendre pourquoi les hommes qui s'occupent de ce genre d'amélioration mettent souvent un très-haut prix à un bélier distingué, tandis qu'une brebis, qui présente les mêmes caractères, n'a qu'une valeur beaucoup moindre. Mais c'est une erreur de croire, comme on l'a dit quelquefois, que dans l'accouplement individuel le mâle exerce plus d'influence que la femelle sur l'amélioration. On a prétendu aussi que les mâles exercent plus d'influence sur la toison de leurs descendants ; tandis que pour les formes du corps, ce sont celles des femelles qui se transmettent le plus facilement. C'est encore là une erreur ; et lorsqu'on veut améliorer les formes du corps, c'est principalement par l'influence des mâles que l'on procède, de même que pour l'amélioration de la laine.

Dans l'amélioration des races, c'est toujours par le régine, c'est-à-dire, par une augmentation de nourriture, que l'on doit tendre à l'accroissement de la taille ; et le choix des mâles doit se diriger vers les améliorations dans la toison ou dans les formes des animaux. On rencontre, en effet, dans la race ovine, les mêmes inconvénients que dans les autres, à vouloir accroitre la taille d'une race par l'introduction de mâles relativement plus grands que les femelles : les productions dans ce cas pèchent toujours par des défauts de conformations.

Dans tous les troupeaux soignés, on tient les béliers séparés des femelles, jusqu'au moment que l'on a désigné pour la monte. Cette pratique a pour but de faire en sorte que les agneaux naissent tous à peu près en même temps, c'est-à-dire dans l'espace d'un mois ou six semaines au plus. Cette précaution est utile pour toutes les races, parce qu'elle permet de concentrer sur une moins longue durée, les soins de détails qu'exige un troupeau de brebis pendant l'agnelage ; et qu'elle facilite les soins qu'il convient de donner aux agneaux pendant quelque temps après le sevrage ; mais elle est plus importante encore pour la race mérine, parce que les brebis de cette race se laissent facilement téter par le premier agneau venu, en sorte que les agneaux les plus jeunes sont fréquemment victimes de la voracité des agneaux d'un âge plus avancé.

Le choix du bélier doit avoir pour but l'amélioration des formes du corps, ou celle de la toison sous le rapport de la finesse et des autres caractères que l'on recherche dans la laine, ainsi que sous le rapport du poids relatif de la laine que produit chaque animal. L'art de l'appareillage des mâles et des femelles, pour produire certaines modifications dans les formes du corps, a été poussé très-loin en Angleterre ; mais je ne crois pas qu'il ait jamais été réduit à des règles que l'on puisse transmettre par écrit : c'est par un certain tact et par l'expérience acquise des résultats produits par tels accouplements ou tels croisements, que les éleveurs les plus habiles se sont dirigés ; et lorsque des personnes étrangères à la pratique de cet art ont voulu poser quelques principes pour la direction des éleveurs, il est vraisemblable que l'on se tromperait bien souvent, si on appliquait ces principes à des races différentes de celles qui ont fait le sujet des observations sur lesquelles on les a fondés. Le seul principe général qui soit constaté par l'expérience de chaque jour, c'est la tendance de la nature à reproduire dans les extraits, les formes des ascendants ; mais la difficulté se rencontre ici dans la combinaison qui s'établira entre les formes du père et celles de la mère : c'est par les études et par des expériences personnelles, que chaque éleveur doit acquérir sur ce point, les connaissances d'après lesquelles il se dirigera.

C'est en Allemagne que l'on a poussé au plus haut point de perfection l'art des appareillages dans la race ovine, pour l'amélioration de la laine. Les propriétaires de troupeaux de mérinos se sont surtout distingués dans cette carrière, dès la fin du siècle dernier ; mais aujourd'hui, on rencontre en Bohême, en Hongrie et surtout en Silésie, une multitude de troupeaux de la même race, dirigés par les soins les plus intelligents, et qui ne le cèdent en rien à ceux de la Saxe, pour la perfection qui avait acquis à ces derniers une si haute réputation. Dans tous ces établissements, on a adopté la méthode de la *monte à la main*, qui permet de donner à chaque brebis le bélier qui lui convient le mieux, pour corriger les défauts qui peuvent se rencontrer dans la toison. Par cette méthode, les béliers peuvent aussi saillir un plus grand nombre de brebis dans le même espace de temps : dans la méthode de la monte libre, c'est-à-dire lorsqu'on place les béliers dans le troupeau des femelles pendant l'espace de temps que l'on consacre à la monte, on calcule communément qu'un bélier ne peut suffire qu'à 25 ou 30 brebis ; lorsqu'on pratique la *monte à la main*, un bélier peut communément saillir de 60 à 80 brebis pendant environ un mois et demi, que dure la monte ; et il n'est pas rare de trouver des béliers qui, pendant plusieurs années consécutives, ont sailli constamment de 100 à 120 brebis. Cette différence est due à ce que les béliers ne se fatiguent pas inutilement dans la monte à la main, qui consiste à placer chaque bélier dans une loge séparée où l'on amène successivement une à une les brebis qu'on lui destine, et à mesure qu'elles sont en chaleur. On reconnaît cet état en introduisant, deux fois par jour, dans le troupeau de femelles des béliers communs dits *béliers chasseurs*, munis de tabliers pour empêcher l'accouplement, et qui font reconnaître aux bergers les brebis qui sont en chaleur.

Les caractères de la laine sont fort variés aujourd'hui dans les plus belles bergeries de l'Allemagne ; mais la distinction la plus frappante entre elles, consiste dans la longueur de la laine qui la rend propre à des usages différents. Partout on cherche à reproduire et à accroître les qualités essentielles qui consistent principalement dans la finesse, l'élasticité, la douceur et le moelleux, et à éviter certains défauts parmi lesquels on remarque principalement la disposition de la toison à se feutrer. Les soins dans l'appareillage tendent à corriger ces défauts, par le choix du mâle qu'on destine à chaque femelle. La *monte à la main* présente donc le moyen le plus efficace d'introduire dans une bergerie une grande uniformité entre tous les animaux, sous le rapport des caractères de la toison, et une certaine égalité dans la laine produite par les diverses parties du corps de l'animal. Cette dernière considération est d'une très-haute importance, car certains animaux pourront donner la moitié ou même les trois quarts de leurs toisons en laine superfine, tandis que d'autres n'en produiront qu'un quart ou même moins de la même qualité, et le reste de la toison se composera de laine d'une valeur beaucoup moindre.

L'appareillage, qui a pour but l'amélioration des toisons sous ces divers rapports, constitue un art tout spécial, dans lequel excellent un assez grand nombre d'hommes en Allemagne, soit parmi les propriétaires eux-mêmes, soit parmi les agents agricoles connus dans ce pays sous le nom de *Verwalter*. La perfection des produits de chaque bergerie, ainsi que la réputation dont ils jouissent, dépendent essentiellement de la sagacité de l'homme qui dirige les appareillages, et des soins minutieux et constants qu'il prend pour connaître, avec les plus grands détails, les caractères spéciaux de la toison de chaque individu mâle ou femelle du troupeau.

Afin de se procurer un grand choix parmi les béliers que l'on peut employer à la monte, on ne soumet communément à la castration dans leur jeunesse que la moitié ou le tiers des agneaux, composés de ceux chez lesquels on reconnaît les caractères qui indiquent que leurs toisons n'auront pas une grande supériorité. L'année suivante, on fait encore châtrer ceux dont les toisons sont de qualité inférieure, et ce n'est qu'à la troisième tonte qu'on fait un choix définitif des animaux les plus distingués par les qualités de leurs toisons. Ordinairement, toutefois, on commence à essayer dès l'âge de dix-huit mois les béliers qui annoncent le plus de distinction, en leur faisant saillir seulement vingt ou vingt-cinq brebis, afin de ne pas les fatiguer ; on examine attentivement les produits de chacun, relativement aux qualités des brebis qu'il a saillies. L'on tire de cette comparaison des indices fort utiles sur la valeur de chaque bélier pour l'amélioration ; car l'expérience montre qu'à finesse égale entre deux béliers, l'un peut montrer beaucoup plus de disposition que l'autre à reproduire la haute finesse dans ses descendants. Tout ce que je viens de dire sur la monte à la main et sur les soins dans l'appareillage, en prenant en considération les différences individuelles de tous les animaux des deux sexes, peut s'appliquer au cas où l'on a en vue l'amélioration des formes du corps des animaux, aussi bien qu'aux circonstances où l'on recherche principalement le perfectionnement des toisons. C'est par cette marche que l'on peut arriver rapidement à des modifications prononcées dans les races.

Jusqu'à ces derniers temps, on s'était occupé, en Allemagne, presque exclusivement à améliorer les toisons sous le rapport de la finesse et des autres qualités qui donnent le plus de prix à la laine. Mais on a reconnu généralement qu'on avait trop négligé, dans cette amélioration, d'avoir égard au poids des toisons; car il en est résulté des bêtes à laine d'une haute perfection sous le rapport de la finesse et de l'égalité, mais dont les toisons sont, en général, très-faibles. Dans beaucoup de bergeries les plus renommées de la Saxe, le poids moyen des toisons des brebis adultes et antenoises n'est que de 750 grammes (1 livre et demie) de laine lavée à dos; et dans les belles bergeries de la Silésie et de la Bohéme, où l'on s'est plus occupé depuis quelque temps de prévenir la trop grande diminution du poids des toisons, ainsi que dans quelques bergeries de la Saxe et de la Prusse où l'on a donnée cette direction à l'amélioration, cette moyenne ne dépasse presque jamais 1 kilogramme (2 livres) par tête. On peut calculer approximativement qu'un demi kilogramme (1 livre) de laine soigneusement lavée à dos, comme on le fait dans tous ces pays, représente 1 kilogramme (2 livres) en suint; en sorte que cela donnerait un poids moyen de toisons, supposées en suint, qui varirait de 1 et demi à 2 kilogrammes (3 à 4 livres) entre les diverses bergeries à laine superfine de l'Allemagne. Ce poids est très-faible, car la taille des animaux n'est pas en général très-petite, et le poids moyen des brebis peut être évalué à environ 30 kilogrammes (60 livres). Aujourd'hui on fait une grande attention à cette considération, et l'on attache un prix particulier aux animaux qui joignent à une grande finesse de laine un poids un peu plus élevé de la toison. Il est au reste fort difficile de réunir ces deux conditions ; et il est incontestable que la haute supériorité à laquelle on est parvenu dans les bergeries de mérinos de l'Allemagne, sous le rapport de la beauté de la laine, est due précisément à ce que l'on y a négligé pendant longtemps le poids des toisons, ou du moins de ce que l'on en avait fait une considération fort secondaire dans le choix des béliers.

On comprend que c'est toujours relativement au poids du corps des animaux, qu'il convient d'apprécier celui des toisons. Dans les mérinos ordinaires, le poids de la toison en suint est communément le dixième de celui de l'animal tondu, supposé en état moyen d'embonpoint ; et il dépasse souvent cette proportion. Pendant quatorze années que je me suis occupé de l'amélioration du troupeau de mérinos de Roville, en ayant pour point principal l'accroissement de la finesse de la laine, j'ai adopté toutefois pour principe de ne pas employer un bélier à la monte, quelque fin qu'il fût, si le poids de la toison n'était pas très-approximativement le dixième de celui de l'animal. A cet effet, aussitôt que chaque bélier était tondu, on pesait à part la toison et l'animal, on faisait de même pour les brebis ; et les poids étaient annotés sur un registre destiné à cela en regard du numéro distinctif de chaque animal. Ces opérations, long-temps continuées, m'ont permis de reconnaître combien il est difficile de rencontrer dans le même individu une haute finesse de la laine avec une certaine égalité entre les diverses parties de la toison, et en même temps un poids élevé de cette toison relativement à celui du corps de l'animal. Pour poursuivre la route que je m'étais tracée, j'ai été forcé de faire le sacrifice d'un grand nombre de béliers de haute finesse. La difficulté se compliquerait encore bien davantage, si l'on voulait élever la prétention d'améliorer en même temps les formes des animaux sous le rapport de l'aptitude à l'engraissement ; et l'on reconnaîtrait bientôt que sur quelques centaines de béliers, on en trouverait à peine un que l'on pût employer à la reproduction, avec l'intention de poursuivre à la fois ces différents buts. On pourrait bien plus facilement concilier le poids élevé des toisons avec les formes des animaux propres aux usages de la boucherie, parce que ces qualités se rencontrent bien plus fréquemment dans le même individu, et sont le résultat de régimes analogues ; mais il faudrait presque toujours sacrifier la finesse de la laine, qui se concilie difficilement avec ces autres qualités.

En suivant la marche que je m'étais tracée, j'ai beaucoup accru la finesse du troupeau de Roville, sans perdre sensiblement sur le poids relatif des toisons : ce poids varie toujours d'une tonte à l'autre, comme chacun le sait, mais il n'était presque jamais au-dessous de neuf pour cent du corps des animaux, sur la masse de toutes les bêtes adultes du troupeau ; et il montait quelquefois jusqu'à la proportion de 11 à 12 pour cent. Je n'ai pas tenté de pratiquer la monte à la main, parce qu'il m'était impossible de donner personnellement des soins assidus à cette opération si minutieuse et si délicate. Cela a été cause que l'amélioration n'a pas marché aussi rapidement qu'elle aurait pu le faire, et que le troupeau n'est pas parvenu à cette égalité si désirable entre tous les animaux, relativement à la finesse de la laine ; mais au total et en moyenne la finesse de ce troupeau s'est sensiblement accrue, sans perte appréciable sur le poids relatif des toisons.

Toutes les fois que l'on veut améliorer un troupeau de bêtes à laine, soit sous le rapport de la finesse des toisons, soit sous le rapport des formes des animaux, mais surtout lorsqu'on veut pratiquer la monte à la main, il est indispensable de procéder comme on le fait généralement dans toutes les bergeries bien soignées de l'Allemagne ; c'est-à-dire de conserver des états de la filiation de tous les individus du troupeau : cela suppose que l'on emploie un moyen d'individualiser tous les animaux qui le composent, ce qui se fait à l'aide d'un numéro d'ordre qui distingue chaque individu. Dans quelques bergeries, le numéro indicatif est tracé sur de petites feuilles de fer-blanc, ou de petits morceaux de bois, que l'on suspend par divers moyens au cou des animaux ; mais ces numéros se perdent souvent, et il est préférable d'indiquer le numérotage à l'aide d'une combinaison de crans ou entailles placés aux diverses parties du bord des deux oreilles. Une brebis ainsi marquée l'est pour toujours, et les plus simples aides bergers s'habituent facilement à lire ces numéros. Je crois devoir décrire ici ce mode de numérotage que j'ai employé pendant fort longtemps, et qui peut s'appliquer aux porcs de même qu'aux bêtes à laine. Si l'observateur place l'animal entre ses jambes, la tête devant lui, cette dernière avec les deux oreilles lui présente à peu près l'aspect qu'offrent les deux figures ci-contre.

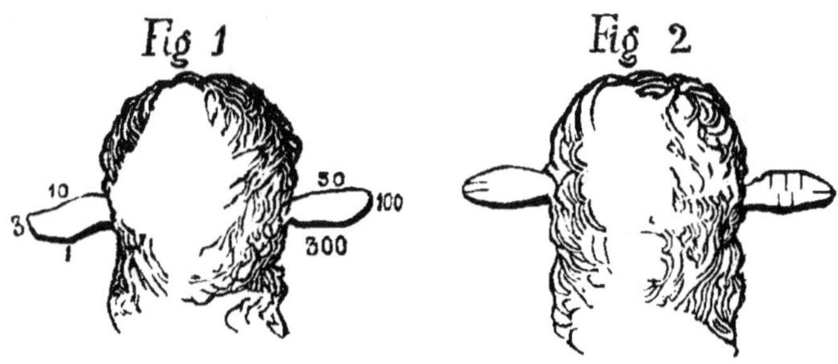

Dans la première, on a indiqué par des chiffres près de chaque partie du bord des deux oreilles, la valeur de chaque cran placé à cette partie de l'oreille. Ces nombres sont comme on le voit, les suivants : 1, 3, 10, 30, 100 et 300. Les nombres les plus faibles commencent à la partie postérieure de l'oreille gauche, et les plus forts se trouvent à la partie postérieure de l'oreille droite, en sorte que la progression se fait en tournant autour des oreilles et de la tête dans une direction constante, et dans un ordre qui se grave facilement dans la mémoire. Ces nombres ont été combinés de telle sorte que l'on peut produire tous les numéros jusqu'au maximum, sans dépasser le nombre de trois à chaque face des oreilles. Dans la *fig.* 2e qui représente la même tête, on a indiqué la place des crans qui devraient exprimer le numéro 796. Pour lire le numérotage, on doit toujours commencer par les crans qui indiquent les nombres les plus élevés ; et en tournant autour des oreilles, on parcourt successivement tous les crans en additionnant par la pensée les nombres qu'ils expriment à mesure qu'on les rencontre.

On voit que chaque oreille offre trois places où les crans

expriment des nombres différents, savoir le bord antérieur, le bord postérieur et l'extrémité ou la pointe de l'oreille. On peut facilement pratiquer à chacune de ces places, trois crans séparés des autres par une assez grande distance, en sorte qu'ils soient bien distincts. Si les deux oreilles portaient la totalité des crans ainsi distribués, c'est-à-dire 9 pour chacune, cela exprimerait le nombre 1332. Mais comme on peut encore placer facilement deux crans à la place où chacun d'eux exprime 300, il en résulte qu'on peut, par cette méthode, pousser le numérotage jusqu'au nombre 1932.

Ces crans s'exécutent très-facilement à l'aide d'une petite pince à main dont les mâchoires présentent un emporte-pièce de la forme d'un V. On marque ainsi chaque agneau peu de jours après sa naissance, en indiquant le numéro de la mère sur le registre d'agnelage ; et comme, à l'aide du registre de la monte, on connaît le numéro du bélier qui a sailli cette brebis dans le système de monte à la main, on possède ainsi les éléments complets de la filiation de chaque animal sur le registre de la tonte ; on indique à mesure, en regard du numéro de chaque animal tondu, le poids de sa toison, ainsi que celui de l'animal lui-même, que l'on pèse aussitôt. On y joint la note du degré de finesse, les autres caractères de la laine, ainsi que le plus ou le moins d'égalité de la toison. Par la combinaison de ces moyens, on possède la connaissance la plus complète de tous les individus d'un troupeau, et l'on rend faciles toutes les combinaisons par lesquelles on peut tendre à l'amélioration des toisons par les appareillages.

Lorsque l'on marque les agneaux, on fait deux séries de numéros, l'une pour les mâles et l'autre pour les femelles. On pourrait donc employer la méthode de numérotage que je viens d'indiquer, dans les troupeaux extrémement nombreux où il naîtrait chaque année près de deux mille agneaux de chaque sexe. Il faudrait alors recommencer une série de numéros chaque année. On peut procéder de même dans les troupeaux beaucoup moins nombreux ; mais quel que soit le nombre des agneaux, si l'on commence chaque année une nouvelle série de numéros, il faut distinguer par un signe particulier les agneaux qui naissent chaque année, afin d'éviter par la suite l'incertitude que laissent toujours les signes de l'âge. Pour y parvenir, on pratique un petit trou rond au centre d'une des oreilles, par exemple de l'oreille droite, pour tous les agneaux qui naissent dans la même année. L'année suivante, on marque tous les agneaux par un trou semblable à l'oreille gauche ; la troisième année, on fera deux trous à l'oreille droite ; la quatrième, deux trous à l'oreille gauche, et la cinquième année on ne fait aucun trou. On a, par ce moyen, une série de cinq années, dont les agneaux sont bien distincts entre eux ; ce qui est bien suffisant, puisque les erreurs ou les incertitudes de l'âge, d'après les indices des dents, ne peuvent jamais s'étendre aussi loin. Dans beaucoup de bergeries de l'Allemagne, on procède différemment ; et l'on continue la même série de numéros pendant plusieurs années ; et c'est seulement par les registres d'agnelage qu'on reconnaît l'année de la naissance de chaque agneau. Pour qu'on puisse adopter cette méthode, il faut que la série entière de numéros puisse embrasser toutes les naissances pendant cinq années environ, afin que les mêmes numéros ne reviennent que sur des animaux d'âges assez différents pour qu'on puisse les distinguer sans méprise. On peut donc appliquer cette méthode à tous les troupeaux où il ne naît pas plus de 400 agneaux de chaque sexe par année; et il est fort rare qu'il en existe de plus nombreux en France. L'autre méthode me semble toutefois préférable, parce qu'elle fournit l'indication exacte de l'âge de chaque animal, d'après la seule inspection des oreilles, et sans qu'il soit nécessaire de recourir aux registres. L'époque où l'on exécute le plus commodément les trous qui indiquent l'âge, est celle de la tonte des agneaux; on pratique les trous à mesure qu'on tond ceux de chaque année, et cela se fait à l'aide d'un emporte-pièce semblable à ceux dont se servent les selliers; on étend l'oreille de l'animal sur un petit billot de bois, et le trou est opéré par un coup de maillet appliqué sur l'emporte-pièce.

L'usage s'est introduit dans la plupart des bergeries de mérinos, de faire naître les agneaux de très-bonne heure dans la saison, et souvent dès le 25 décembre. Dans les troupeaux de race commune, au contraire, on ne fait naître ordinairement les agneaux que vers le mois de mars; et cette pratique est vraiment plus rationnelle, parce que les brebis trouvent déjà de la nourriture aux pâturages pendant qu'elles allaitent, et les agneaux dès qu'ils peuvent brouter l'herbe, pourront déjà recevoir une bonne nourriture dans les pâtures choisies. On a dit souvent, en faveur de la première méthode, que les agneaux deviennent plus forts, lorsqu'ils naissent de bonne heure; sans doute, ils sont plus faits à une époque déterminée, par exemple au mois de septembre de l'année suivante, mais il n'y a aucune raison de croire qu'ils seront plus forts à âge égal, ce qui est la seule chose importante. On a répété bien souvent aussi que lorsque les agneaux sont nés de bonne heure, les antenoises seront plus fortes lorsqu'on les fera saillir dans la seconde année, mais l'erreur ici est évidente; car si l'on a retardé l'époque de la monte pour faire naitre les agneaux plus tard, on doit supposer que cette époque sera la même, lorsqu'on fera saillir les antenoises; en sorte qu'elles auront le même âge dans un cas comme dans l'autre. Au reste, c'est seulement dans les bergeries où l'on peut disposer d'une nourriture d'hiver très-abondante, que l'on peut se permettre de faire naitre les agneaux pendant l'hiver; car si les brebis n'étaient pas très-fortement nourries pendant l'allaitement, et si l'on ne distribuait aux agneaux une provende de grains ou d'autres aliments choisis jusqu'au moment où ils peuvent trouver de la nourriture aux pâturages, on n'aurait aucun espoir de les faire prospérer. Il vaudrait beaucoup mieux alors, adopter pour les mérinos l'usage de faire naitre les agneaux au printemps; et peut-être cette méthode, conforme aux indications de la nature, est-elle la meilleure pour tous les cas. Dans quelques bergeries très-bien soignées de l'Allemagne, on a adopté depuis quelques années la méthode de faire naitre les agneaux en juillet et août; et quelques propriétaires s'applaudissent beaucoup des résultats qu'ils en obtiennent, parce que les pâturages d'automne étant généralement plus abondants que ceux du printemps, les agneaux profitent mieux dans les premiers moments de leur naissance, ce qui importe beaucoup pour leur développement futur.

Les brebis portent environ cent cinquante jours; quelquefois un ou deux jours de plus ou de moins. C'est d'après cette connaissance que l'on se réglera pour faire naitre les agneaux à l'époque que l'on aura choisie. En effet, les béliers doivent être tenus séparés des brebis jusqu'à l'époque de la monte; sans cela, les agneaux naitraient à des époques indéterminées et pendant un long espace de temps, ce qui présente beaucoup d'inconvénients. La chaleur des brebis revient après un intervalle de dix-sept jours; mais elle est principalement déterminée par la présence des béliers. Lorsqu'on ne pratique pas la monte à la main, on ne met d'abord qu'un petit nombre de béliers dans le troupeau; et l'on en ajoute successivement, à mesure que l'on reconnait qu'un plus grand nombre de brebis sont en chaleur. On doit laisser quelques béliers pendant soixante-dix jours au moins, afin que les brebis qui n'auraient pas conçu à la première ou à la deuxième chaleur, puissent encore prendre le bélier à la troisième. Les béliers de monte doivent toujours recevoir une provende journalière de grains, à dater d'une quinzaine de jours avant qu'on les mette avec les brebis; et ce régime continue pendant la durée de la monte. Trois béliers pour cent brebis, sont généralement nécessaires dans le fort de la monte, et si l'on emploie des antenois ou des béliers faibles, il vaut mieux en mettre quatre ou cinq. On peut obtenir de forts beaux agneaux des béliers antenois; mais on doit les ménager beaucoup, si l'on ne veut pas nuire à leur développement.

Quant aux femelles, il est certain que des antenoises fortes et bien constituées sont en état de produire de beaux agneaux sans inconvénient pour elles ; mais les antenoises faibles doivent être écartées de la monte. Si l'on avait l'intention de grandir la race, il pourrait être convenable de faire saillir les femelles une année plus tard, c'est-à-dire à l'âge de deux ans et demi environ. Les femelles pleines doivent recevoir un supplément de nourriture, surtout vers la fin de la gestation. On aurait peine à se persuader jusqu'à quel degré l'état d'embonpoint des brebis, à l'époque de l'agnelage, influe sur la grosseur et la vigueur des agneaux et sur l'abondance du lait qu'auront ensuite les mères. Pendant la gestation, on doit prendre les plus grandes précautions pour éviter que les brebis soient tourmentées par les chiens, ou pressées en passant par les portes ; et il résulte beaucoup d'avortement du défaut d'attention à cet égard.

DEUXIÈME SECTION

Soins depuis l'époque de la naissance

L'époque de la naissance des agneaux, est celle qui exige le plus d'attention et d'activité de la part des bergers; et c'est de leurs soins que dépend, au sevrage, en grande partie le nombre plus ou moins considérable d'agneaux vivants que l'on obtiendra du troupeau. Lorsqu'une brebis est en travail, le berger doit s'en apercevoir aussitôt, et elle doit être mise, soit d'avance, soit dès que l'agneau est né, dans une loge où l'on réunit ainsi les brebis avec leurs agneaux, pendant les premiers jours de leur âge. Il est même beaucoup de brebis, surtout dans la race mérine, pour lesquelles il est indispensable d'enfermer dans une petite loge séparée, la mère seule avec son agneau, jusqu'à ce qu'elle le connaisse bien. Enfin, dans cette race, beaucoup d'agneaux, surtout parmi les plus faibles, dépérissent et meurent souvent; soit parce que les mères n'ont pas assez de lait pour les nourrir, soit parce qu'elles se laissent téter par d'autres agneaux plus forts ou plus hardis. Le berger doit connaître les agneaux qui réclament ainsi des soins particuliers; et ils les tient enfermés à part avec leurs mères, ou il leur fait téter à la main les brebis qui ont abondance de lait.

Quelques chèvres, nourries constamment dans la bergerie, sont fort utiles dans cette circonstance; et l'on peut sauver ainsi beaucoup d'agneaux faibles ou dont les mères manquent de lait, en leur faisant téter les chèvres. On peut aussi donner à ces agneaux un supplément de nourriture, en leur présentant du lait de vaches tiède qu'on leur fait sucer à l'aide d'un biberon.

Dès l'âge d'un mois environ, les agneaux commencent à manger; et on leur distribue du foin tendre et fin ou d'autres aliments, en profitant du moment où les mères sont hors de la bergerie. Plus tard on pourra leur donner un peu de grain concassé. Si c'est au printemps, on leur consacrera quelque pâturage de choix, où on les conduira à part, à moins que les brebis n'aient elles-mêmes d'excellents pâturages très-rapprochés de la bergerie ; car alors il ne serait pas nécessaire de les séparer.

La castration des mâles s'opère communément à l'âge d'un mois ou deux, et presque toujours par l'arrachement des testicules. L'opération à cet âge est sans aucun danger. En même temps on coupe la queue des femelles à 10 ou 12 centimètres (3 ou 4 pouces) de sa naissance. Le sevrage ne doit pas s'opérer avant l'âge de quatre mois ; et l'on y procède graduellement, c'est-à-dire en augmentant d'un jour à l'autre l'espace de temps pendant lequel les agneaux sont séparés de leurs mères. On les en sépare enfin tout à fait ; et l'on a soin de les en tenir éloignés pendant encore assez longtemps, afin qu'ils s'oublient réciproquement.

L'âge des bêtes à laine se connaît par l'inspection des dents. Ces animaux conservent la dénomination d'agneaux et d'agnelles, jusqu'à la naissance des agneaux de l'année suivante, c'est-à-dire pendant un an. A dater de cette époque on les appelle antenois et antenoises, nom qui leur reste encore pendant une année. Les agneaux ont huit dents de lait étroites et pointues à la mâchoire inférieure, outre les molaires ; la mâchoire supérieure n'en porte pas. A l'âge d'un an ou d'un an et demi, c'est-à-dire lorsque les agneaux prennent la dénomination d'antenois, les deux incisives du milieu tombent et sont remplacées par une paire de dents plus larges. L'année suivante, les deux dents pointues voisines des précédentes tombent également et sont remplacées par des dents larges. L'animal est alors dans sa troisième année. Un an plus tard, c'est-à-dire au commencement de la quatrième année, les deux dents pointues qui suivent font également place à des dents larges. Enfin, dans la cinquième année, les deux dernières dents qui forment les extrémités du râtelier des incisives éprouvent le même changement. Ainsi la bête de deux dents est celle qui est dans sa deuxième année ; et l'on emploie plus fréquemment pour elle la dénomination d'antenois. La bête de quatre dents est dans sa troisième année, celle de six dents dans sa quatrième, et celle de huit dents *ou bouche faite*, est dans la cinquième année de son âge ; ces changements s'opèrent toutefois avec quelques variations relativement aux époques, en sorte qu'il y a souvent un peu d'incertitude sur l'âge précis d'un animal. A partir de l'âge de cinq ans faits, on ne connaît plus celui des bêtes à laine que par l'usure des dents qui, toutefois, deviennent de plus en plus longues ; parce que les gencives se retirent. Cette usure varie infiniment selon les circonstances, en sorte que l'âge devient fort incertain. La nature du sol des pâturages influe beaucoup sur la promptitude de l'usure des dents ; et les bêtes nourries dans les pâturages sablonneux paraissent plus vieilles que celles qui fréquentent les sols calcaires. On ne conserve guère les bêtes à laine au delà de l'époque où les dents se carient et tombent par éclats ; cependant, pour des animaux précieux, si on veut les tenir à part et les nourrir d'aliments d'une mastication très-facile, on peut les conduire jusqu'à un âge fort avancé. Dans beaucoup de troupeaux, surtout dans la race mérine, dont la vie paraît avoir une plus longue durée que celle des races communes, il n'est pas rare de trouver des brebis de 10 ou 12 ans qui donnent encore, chaque année, de forts beaux agneaux; et on peut les conserver souvent jusqu'à l'âge de dix-huit ou vingt ans, en les nourrissant à part avec soin.

CHAPITRE III

NOURRITURE ET RÉGIME

PREMIÈRE SECTION

Nourriture d'été

Les personnes qui veulent entretenir un troupeau de bêtes à laine doivent s'assurer, avant tout, d'un approvisionnement suffisant de nourriture pendant toutes les saisons de l'année. Dans de certaines circonstances agricoles, ces animaux trouvent une nourriture abondante sur les pâturages à certaines époques ; mais ils sont dans la pénurie dans d'autres saisons. Là, on peut se livrer, soit à l'engraissement, soit à des spéculations d'entretien temporaire d'un troupeau ; mais on ne peut s'y livrer à l'élève qu'avec un grand désavantage, soit que l'on considère les troupeaux sous le rapport de la production de la laine, soit qu'on ait en vue le développement du corps des animaux.

La nourriture annuelle des bêtes à laine se partage en deux périodes bien distinctes : la nourriture d'été, qui a lieu sur les pâturages ; et celle d'hiver, qui se donne à la bergerie en fourrages récoltés et emmagasinés à cet effet.

Les pâturages peuvent se diviser en trois classes : la première comprend les *pâturages naturels,* c'est-à-dire

les landes, bruyères, bois, broussailles et autres terres
qui n'ont pas encore été soumises à la culture, et qui ont
été rendues à leur état naturel depuis un temps plus ou
moins long. La seconde est formée de ce que l'on désigne
plus spécialement sous le nom de *vaine pâture*; c'est-à-
dire le pâturage sur les terres en jachère, sur les chaumes
après la récolte, et sur les prés après la coupe de la première ou de la seconde herbe. Les *pâturages artificiels*
composent la troisième classe ; ce sont ceux qui sont créés
par les soins du cultivateur pour la nourriture des troupeaux.

Les *pâturages naturels* font encore la principale ressource pour la nourriture des bêtes à laine, dans les
cantons où l'art agricole est peu avancé. Cependant leur
étendue tend sans cesse à diminuer par l'effet de l'accroissement de la population et des progrès de l'industrie,
parce que de nouvelles étendues de terre sont mises
chaque jour en culture. On doit peu le regretter, dans
l'intérêt même de la propagation des bêtes à laine; car les
pâturages naturels ne peuvent fournir la subsistance qu'à
un nombre d'animaux beaucoup inférieur à celui que peut
nourrir la même étendue de terre soumise à une culture
judicieuse; et cette terre offre alors en même temps une
multitude d'autres produits pour les divers besoins de
l'homme. Il est cependant quelques terrains qui doivent
rester en pâturages naturels destinés aux bêtes à laine,
parce qu'ils ne pourraient vraisemblablement être employés plus utilement d'une autre manière. Ce sont ceux
qui sont situés sur le penchant des montagnes, et dont le

sol n'est pas assez riche pour pouvoir être employé avec plus de profit à l'entretien du bétail à cornes, ainsi que des terrains plats, ordinairement élevés, mais dont la couche de terre végétale a trop peu d'épaisseur, ou dont le sol est trop aride et trop léger pour pouvoir être soumis à la culture avec profit. Ces pâturages ne peuvent nourrir qu'un petit nombre d'animaux pour de grandes étendues ; et ils ne peuvent guère être améliorés parce que les principales améliorations ne pourraient s'obtenir que par les résultats d'une bonne culture et on les payerait souvent trop cher dans de tels sols. Il est cependant un genre d'améliorations qui peut être très-utile et très-profitable : ce sont les soins que l'on prend pour égoutter et assainir certaines places humides, qui se rencontrent souvent, même dans des terrains fort élevés et en pente ; l'humidité n'y est souvent que souterraine, et il n'en jaillit pas de source, mais le sol reste détrempé à la surface, sur des espaces plus ou moins étendus, quelquefois pendant toute l'année, quelquefois seulement en hiver et au printemps. Des espèces de plantes particulières, et propres aux lieux marécageux, croissent spontanément sur ces places. Quoique celles-ci ne forment souvent qu'une étendue très-restreinte relativement à la superficie totale, et quoique l'humidité disparaisse à la surface dans le cours de l'été, le pâturage sur certains de ces terrains n'en est pas moins très-dangereux, en automne, pour les bêtes à laine ; et il semble que leur effet nuisible résulte des exhalaisons qui ont leur source dans le sous-sol encore imprégné d'humidité. On ne peut mettre trop de soins à corriger ce vice dans les pâturages de moutons ; et beaucoup de localités, dont l'expérience a fait reconnaître l'insalubrité pour les bêtes à laine, doivent cette propriété à quelques espaces, souvent très-petits, et que l'art n'est pas venu assainir. Le remède est ordinairement facile et peu coûteux, lorsque le terrain a une pente suffisante : c'est à l'aide de saignées couvertes que l'on se débarrasse le plus facilement de cette espèce d'humidité dans le sol ; mais il faut que les saignées soient dirigées avec intelligence, de manière à aller chercher l'eau, par leurs ramifications, dans toutes les parties où elle imprègne le sous-sol. Ces saignées ont leur issue dans un cours d'eau naturel, ou dans un fossé que l'on pratique à cet effet et qui conduit l'eau hors de la pièce. Ce n'est ordinairement que l'année suivante, surtout dans les sols argileux, que le terrain se trouve complétement assaini, même par les saignées exécutées avec le plus de soin ; probablement parce qu'il faut un certain espace de temps pour que l'eau se crée de petites issues, dans toute l'étendue du sol, pour se rendre dans les saignées couvertes.

Les pâturages naturellement plus fertiles, sont généralement réservés au bétail à cornes. Cependant on y met quelquefois les bêtes à laine au printemps, lorsque l'herbe n'est pas encore assez élevée pour le pâturage des grands animaux ; et, lorsqu'on n'use de cette ressource qu'avec modération, on ne nuit pas à la croissance ultérieure des herbes : on croit même dans plusieurs localités que le pâturage destiné aux bêtes à cornes en est amélioré. Quant aux pâturages naturels sur des terrains bas et humides, les bêtes à laine doivent en être écartées avec soin; mais c'est surtout à l'automne qu'ils leur sont éminemment nuisibles en faisant naître la pourriture ou cachexie aqueuse. Le pâturage des terrains aquatiques et acides est nuisible en tout temps.

La vaine pâture produit à la fin de l'été et en automne une nourriture abondante pour les moutons, soit sur les prairies saines et sèches après la coupe de l'herbe, soit sur les chaumes des céréales, après l'enlèvement des récoltes. Ces pâturages se continuent au printemps dans les prés, jusqu'à une époque qui varie selon les localités, et qui est déterminée par la pousse de la nouvelle herbe. Dans le nord de la France, on peut ainsi faire pâturer les prés naturels sans inconvénient pour la récolte du foin, jusqu'à une époque qui peut s'étendre du 15 mars au 10 avril, selon la situation des prés et selon la précocité de la saison. Partout où l'on use de la vaine pâture en commun, les règlements fixent une époque déterminée et uniforme pour l'exclusion des bêtes à laine des prairies. C'est un usage très-vicieux; et ce pâturage ne peut être utilisé avec le plus de profit possible pour les troupeaux, et sans dommages pour les prairies, que par les propriétaires eux-mêmes qui peuvent, selon les situations et les circonstances, en user ou le faire cesser; en effet, la récolte du foin est considérablement diminuée par ce pâturage, s'il est continué un peu trop tard. Dans cette saison, on peut aussi sans inconvénient pour la santé des bêtes à laine faire pâturer les prés soumis à l'irrigation, pourvu que l'eau en ait été retirée quelques jours à l'avance et que le terrain soit bien égoutté. Il n'en résulte d'autres dommages que les dégradations que les pieds des animaux causent aux rigoles. Mais en automne, le pâturage de ces mêmes prés est ordinairement funeste aux troupeaux, quand même ils seraient parfaitement secs, et encore que l'irrigation n'ait eu lieu qu'au printemps.

Dans les terres arables, on continue de faire pâturer les chaumes jusqu'au premier labour qui suit la récolte dans les terrains soumis à la jachère ; le sol fournit encore quelque nourriture dans l'intervalle entre les labours, mais cette ressource est de peu d'importance ; et, en supposant qu'on laisse les chaumes sans les labourer jusqu'après l'hiver, la vaine pâture laisse les troupeaux presque sans subsistance, depuis le mois d'avril jusqu'en août ou septembre. On a remarqué dans beaucoup de localités, que le pâturage des chaumes d'avoine, lorsqu'on en use à l'automne et avant les premières gelées, occasionne presque à coup sûr la cachexie aqueuse chez les bêtes à laine ; et l'on n'y envoie à cette époque que les troupeaux que l'on destine à la boucherie, ces pâturages étant éminemment engraissants. Cependant, dans d'autres cantons, on n'a pas fait la même remarque et l'on fait pâturer indifféremment les troupeaux d'élève sur les chaumes de froment et d'avoine. On ne sait pas encore bien à quoi tient cette différence entre les résultats observés dans divers cantons.

La ressource que la vaine pâture offre aux bêtes à laine diminue nécessairement avec les progrès de la culture ; car, non-seulement la jachère disparait ou se trouve considédérablement restreinte, mais les bons procédés de culture tendant à rendre les récoltes des céréales plus nettes d'herbe ; les chaumes fournissent une pâture bien moins abondante ; et le procédé du déchaumage, que l'on exécute ordinairement peu de temps après la récolte des céréales, vient encore diminuer cette ressource pour les moutons. Aussi remarque-t-on généralement que les partisans des troupeaux de bêtes à laine sont les ennemis nés des perfectionnements de l'agriculture, lorsqu'ils ne sont pas assez éclairés pour comprendre que d'autres combinaisons agricoles peuvent offrir à ces animaux une nourriture plus abondante.

Dans les systèmes agricoles les plus parfaits, on fait usage de la vaine pâture pour les bêtes à laine, autant qu'elle peut se concilier avec les procédés de culture les plus favorables aux récoltes, et l'on met aussi à profit les pâturages naturels qui ne peuvent recevoir une destination plus lucrative ; mais la nourriture d'été des troupeaux de bêtes à laine est fondée principalement sur des pâturages artificiels créés à cet effet, et qui alternent dans les assolements avec d'autres genres de culture. Ces pâturages, formés de plantes choisies et cultivées sur des terrains bien préparés et amendés, nourrissent à surface égale une quantité de bêtes beaucoup plus considérable que les pâturages naturels. De quelque nature que soient, au reste, les pâturages sur lesquels on peut compter pour la nourriture des troupeaux, il est fort important que le propriétaire ait une connaissance exacte de leur ensemble et des circonstances particulières de chacun d'eux, afin de régler la jouissance ou la consommation, de manière que le troupeau trouve en tout temps une nourriture suffisante, sans excès et sans disette, car l'un est presque aussi nuisible que l'autre. Il est bien rare que l'on puisse, à cet égard, s'en rapporter aux soins des bergers, qui sont en général disposés à saisir, avec empressement et sans prévoyance, l'occasion de fournir aux troupeaux une nourriture abondante de quelques jours. Il faut, au contraire, ménager chaque ressource, de manière à ne laisser jamais ces animaux dans la pénurie ; car ces alternatives sont aussi nuisibles à leur santé, qu'à la qualité des toisons. Dans les laines superfines principalement, les connaisseurs savent fort bien distinguer les portions du brin de la laine qui ont crû sous l'influence d'une nourriture chétive ou abondante, et cette inégalité en déprécie beaucoup la valeur. C'est là, on ne peut le nier, un avantage des pâturages naturels très-étendus, placés dans des situations diverses et où il y a toujours vraiment abondance pour un nombre fort limité de bêtes relativement à la surface. Mais avec des soins judicieux, on peut atteindre au même but sur des espaces beaucoup moins étendus, lorsqu'on a bien combiné, relativement à leur succession, les diverses ressources dont on peut faire usage dans le système des pâturages artificiels.

On a souvent cherché à calculer le nombre de bêtes que peut nourrir un espace donné de pâturages, mais il est bien difficile de déterminer ce nombre à *priori*, parce qu'il dépend d'une multitude de circonstances, indépendamment de la fertilité du sol qui exerce toutefois constamment la plus grande influence sur la richesse du pâturage. Dans quelques sols très-fertiles ensemencés en plantes variées et bien appropriées à la nature du terrain, on peut entretenir quelquefois 25 à 30 bêtes de taille moyenne par hectare, pendant toute la saison. Dans beaucoup de terrains maigres, on ne pourrait nourrir que la moitié ou le tiers de ce nombre. Ces calculs ne sont pas au reste d'une grande importance, parce qu'il est fort rare qu'à côté des pâturages artificiels, on ne trouve pas pour les troupeaux une partie de leur nourriture dans des pâturages naturels ou dans la vaine pâture. Il est prudent aussi d'avoir en pâturages artificiels un certain excédant que l'on fauche pour le foin, si l'on n'a pas besoin de le faire pâturer; car des circonstances diverses peuvent diminuer le produit des pâturages, et l'on doit tout faire pour éviter que les animaux soient jamais dans la pénurie.

<hr>

DEUXIÈME SECTION

Nourriture d'hiver et logement

La nourriture d'hiver des bêtes à laine se compose généralement de foin de prairies naturelles ou artificielles, de paille, de racines et quelquefois de grains. En réduisant en foin la valeur nutritive de tous les aliments que l'on fait consommer aux animaux, on peut calculer que 1 kilogramme (2 livres) de foin forme à peu près la ration journalière de bêtes de taille plutôt petite que grande, et dont le poids moyen en vie est de 25 à 30 kilogrammes (50 à 60 livres) ; mais, dans un état un peu avancé de l'art agricole, on ne donne presque jamais le foin seul : une partie de la ration y consiste en racines ; et ce régime convient parfaitement bien aux animaux. On doit alors fixer la quantité de racines que l'on distribue, pour remplacer une certaine quantité de foin, d'après la valeur nutritive de chaque espèce de racines. Les betteraves et les pommes de terre sont celles que l'on donne le plus généralement, parce que ce sont celles que l'on peut se procurer le plus facilement en grande quantité. Les betteraves surtout conviennent spécialement aux bêtes à laine. On peut sans inconvénient les faire entrer dans la ration pour une proportion plus considérable que les pommes de terre, par exemple pour la moitié ou les deux tiers de la ration totale. On doit les découper par tranches. Les animaux les mangent toujours avec avidité, et elles procurent aux mères nourrices un lait très-abondant. J'ai dit ailleurs que, d'après les expériences auxquelles je me suis livré, 100 kilogrammes (200 livres) de pommes de terre environ ou 110 kilogrammes (220 livres) de betteraves de bonne espèce, par exemple de l'espèce blanche de Silésie, forment l'équivalent de 50 kilogrammes (100 livres) de foin relativement à la faculté nutritive.

La bonne paille de froment, d'avoine ou d'orge peut être considérée comme ayant à poids égal une propriété nutritive à peu près moitié moindre que celle du foin. Cela doit s'entendre toutefois de la portion de la paille que les animaux mangent réellement ; mais il est nécessaire d'en mettre dans les râteliers une quantité beaucoup plus considérable, dont le reste sert de litière, attendu que les animaux ne mangeraient les fortes tiges de la paille que dans le cas où ils seraient entièrement affamés. Les balles de froment et d'avoine qui forment une ressource très-importante pour la nourriture des troupeaux, dans beaucoup de circonstances, ont certainement une valeur nutritive supérieure à celle de la paille et qui se rapproche de celle du foin. Il en est de même des siliques de colza et de navette, lorsqu'on a eu soin de les emmagasiner à l'époque du battage. Les bêtes à laine de race moyenne peuvent recevoir par jour et par tête 1 demi-kilogramme (1 livre) de foin, 1 kilogramme (2 livres) de betteraves et un peu de paille. Si l'on a de la paille, on pourra diminuer les autres aliments; mais il ne convient jamais de dépasser la proportion de moitié de la ration, pour la nourriture en paille. Si l'on donne de bonne paille à discrétion et 1 kilogramme (2 livres) de betteraves par tête, on pourra ne donner qu'une très-faible ration de foin, par exemple 125 grammes (un quart de livre). La paille des pois, des féveroles et des vesces récoltés pour graines, est particulièrement propre à la nourriture des bêtes à laine, et l'on doit, vraisemblablement, bien lui assigner une valeur nutritive intermédiaire entre celle du foin et celle de la paille des céréales.

Les grains ne s'emploient pas fréquemment à la nourriture des bêtes à laine, du moins en grande proportion. Cependant, aux époques où leur prix est fort bas relativement à celui du foin, on pourrait souvent les faire entrer avec profit pour une assez grande proportion dans la ration des troupeaux. On leur donne quelquefois de l'avoine ; mais d'autres grains sont fréquemment à plus bas prix, relativement à leur faculté nutritive : l'orge, le sarrasin, les féveroles, les pois, etc., conviennent particulièrement à ces animaux. On ne doit pas donner les grains dans leur état naturel ; il est bien préférable de les faire égruger ou concasser. C'est surtout aux agneaux et aux mères nourrices qu'on les applique avec profit. Les sons de froment sont aussi une fort bonne nourriture pour les mères nourrices, ainsi que les tourteaux de lin, de colza ou de navette. Les tourteaux de lin sont particulièrement propres aux agneaux, et on les leur donne soit découpés, soit délayés dans leur boisson.

D'après ce que j'ai dit sur les rations journalières des animaux, chacun pourra calculer la quantité de fourrages ou de racines qui sera nécessaire pour l'approvisionnement de son troupeau. Dans le nord de la France, on compte communément que la nourriture d'hiver comprend 150 jours ; mais il est des années où ce nombre est beaucoup trop faible et où il faut réellement nourrir les animaux à la bergerie pendant bien près de deux cents jours, si on veut les maintenir en bon état. Il est donc prudent d'avoir toujours un excédant de provision, surtout en fourrages secs qui se conservent d'une année à l'autre. En fixant la durée de la nourriture d'hiver, je ne veux pas dire que les troupeaux resteront constamment à la bergerie pendant ce temps. Il importe beaucoup au contraire pour leur santé, surtout chez les animaux de race commune,

qu'on les conduise aux pâturages tous les jours, excepté
dans les mauvais temps. Mais le pâturage de cette saison
présente en général peu de ressources alimentaires, à
moins qu'on n'en possède de grandes étendues ; et les
jours où les animaux rentrent après avoir pris une nourriture tant soit peu copieuse, on a soin de diminuer propor-
tionnellement la ration distribuée dans la bergerie.

Les bêtes à laine doivent boire à discrétion dans toutes
les saisons de l'année, mais toujours de l'eau bien saine et
non celle des mares croupissantes. Si l'on a eu quelquefois
lieu de craindre que les bêtes bussent avec excès, c'était
uniquement parce qu'elles avaient été privées de boisson
pendant longtemps. Tant que les bêtes à laine sont
nourries à la bergerie, on doit les conduire chaque jour à
un abreuvoir où elles se désaltèrent à volonté.

Les bêtes à laine doivent être logées dans des bâtiments
spacieux, élevés, bien éclairés et aérés. Un simple hangard
est suffisant, même en hiver, pour les moutons et pour les
brebis qui ne portent pas ; car ces animaux sont bien ga-
rantis par leur fourrure contre les atteintes du froid ; et
il suffit qu'ils soient mis à l'abri des pluies, de la neige et
des grands vents. Mais pour les brebis qui mettent bas, et
pour les agneaux dans leur premier âge, une température
plus douce est nécessaire ; et une bergerie fermée, mais
bien aérée, est le meilleur local où l'on puisse loger ces
animaux. Les ouvertures doivent être nombreuses plutôt
que très-grandes, et pour qu'elles atteignent bien le but,
on doit les placer à la partie supérieure des murailles et
près du plancher qui couvre la bergerie. Elles doivent

exister au moins sur deux côtés opposés, afin que la circulation de l'air s'établisse, quel que soit le vent qui souffle. Elles doivent se fermer par des volets qui se manœuvrent du bas, afin qu'on puisse à volonté donner de l'air ou maintenir dans le local une chaleur suffisante. Lorsqu'on le peut, il est fort utile que la bergerie soit attenante à une cour particulière un peu vaste, sur laquelle une porte de la bergerie est ouverte, et dans laquelle les animaux peuvent prendre l'air à volonté, pendant un certain temps de chaque journée. Cette cour ne doit en conséquence être destinée à aucun autre usage. A l'aide de cours semblables, on peut à la rigueur nourrir les bêtes à laine, constamment au râtelier, en leur donnant en été des fourrages verts : et cette pratique a été réellement usitée dans certaines bergeries de l'Allemagne, mais on a trouvé en définitive qu'elle n'est pas économique. Cependant on continue dans quelques bergeries à nourrir ainsi les animaux jusqu'à la moisson, époque où ils trouvent au dehors la ressource de la vaine pâture.

On construit des râteliers de bergeries de formes fort différentes ; mais quelle qu'en soit la construction, le devant doit présenter une petite crèche formée d'une planche de 25 à 30 centimètres (8 à 9 pouces) de largeur, avec un rebord de 6 centimètres (2 pouces) de hauteur environ sur le devant. C'est dans cette crèche que l'on distribue les grains, les racines découpées, les sons, les tourteaux et autres aliments de cette nature. La crèche recueille également les débris de fourrage qui tombent du râtelier. Les fuseaux de ce dernier, plantés sur le derrière de la crèche, doivent être fort peu inclinés en avant afin que les débris de la paille et du fourrage qui en tombent, pendant que les animaux mangent, ne salissent pas la laine de leur tête et de leur col. Le fond du râtelier est formé par un plan incliné en planches, qui vient aboutir aux pieds des fuseaux, et qui ramène tous les débris du fourrage dans la crèche. Le pourtour de la bergerie est garni de râteliers simples appliqués contre les murs; les divisions sont formées de râteliers doubles, où toutes les parties dont je viens de parler sont répétées des deux côtés; et le fond du râtelier forme un V renversé, par la rencontre des deux plans inclinés. Il est bon d'avoir quelques râteliers portatifs doubles, de 3 à 4 mètres (10 à 12 pieds) de longueur, pour former dans la bergerie des divisions temporaires; et il est nécessaire d'en avoir du même genre, mais plus bas, pour les distributions destinées aux agneaux qui ne mangent qu'avec peine dans les crèches et dans les râteliers disposés pour les grands animaux.

CHAPITRE IV

DÉTAILS DIVERS DE L'ÉCONOMIE DES BÊTES A LAINE

PREMIÈRE SECTION

Du parcage de nuit

On peut faire usage du parcage de nuit sans inconvénient pour la santé des animaux, pourvu que ce soit seulement dans la saison chaude et avec la précaution de les faire
rentrer à la bergerie lorsque le temps devient pluvieux
et froid. On doit aussi éviter les fortes averses. Mais ce
qui est le plus nuisible aux animaux dans le parc, c'est
l'humidité du sol sur lequel ils reposent. Par ce motif les
terres argileuses surtout ne doivent jamais être parquées
dans les temps humides. Ces précautions sont surtout nécessaires pour les mérinos; car les animaux de race commune supportent mieux quelques intempéries dans le parc,
de même que dans les pâturages. Les animaux doivent
avoir dans le parc un espace suffisant pour se coucher à
l'aise. Pour les races moyennes on peut évaluer cet espace
à 1 mètre (3 pieds) carré par tête.

DEUXIÈME SECTION

Des bergers

Les propriétaires de troupeaux de bêtes à laine s'accordent généralement à reconnaître, qu'un de leurs plus graves soucis consiste dans la difficulté de se procurer de bons bergers. C'est une profession dans laquelle il n'est pas aussi facile de former des sujets capables, que dans beaucoup d'autres; il faut que les habitudes des bergers soient contractées dès l'enfance, et c'est pour cela que cette profession est généralement héréditaire, partout où cet art est un peu avancé. Il en résulte malheureusement que les défauts qu'on leur reproche, à trop juste titre, se transmettent également de génération en génération. On doit reconnaître toutefois que, depuis qu'un assez grand nombre de propriétaires éclairés se sont occupés de l'éducation des troupeaux, un grand nombre aussi de bergers se sont améliorés par des relations plus fréquentes avec leurs maîtres. Leurs préjugés et leurs obstinations se sont affaiblis; et l'esprit de rapine au profit des animaux, que ces hommes portent dans leur état, a souvent cédé devant l'assurance que le maître était lui-même disposé à faire les sacrifices nécessaires pour alimenter convenablement les animaux dans lesquels un bon berger concentre toutes ses affections. Heureux le propriétaire qui peut confier le soin de son troupeau à un homme doux, patient, sobre et docile; mais le moyen le plus assuré pour se mettre en garde contre les défauts d'un berger, et même pour les corriger, c'est toujours que le propriétaire s'occupe beaucoup lui-même de son troupeau; qu'il apprenne à connaître ce que le berger doit faire dans chaque occasion; et qu'il surveille exactement tous ses actes, afin de le prévenir de ses fautes et de l'encourager par des marques d'approbation, lorsqu'il fait bien. J'ai parlé de la douceur du berger; il est cependant nécessaire qu'il ait dans le caractère cette fermeté qui met un homme en état de commander, car il y a un être qu'il doit tenir dans une dépendance continuelle : cet être, c'est son chien. Un bon chien est un trésor pour la garde d'un troupeau; mais un bon chien ne se rencontrera que sous le commandement d'un berger qui a su le dresser avec patience, qui réprime avec fermeté ses moindres écarts, qui sait lui faire comprendre ses ordres et en exiger l'exécution, sans dureté mais avec énergie. Un tel homme ne consentira jamais à ce que son chien soit conduit par un autre que par lui, même pendant un seul jour.

Il est d'usage, dans beaucoup de cantons, de permettre que le berger mette dans le troupeau un certain nombre d'animaux qui lui appartiennent; mais il en résulte trop d'abus, pour qu'un propriétaire éclairé consente jamais à un tel arrangement. Cet abus était tellement invétéré dans la Prusse, qu'on a été forcé, pour l'extirper, de faire intervenir une loi spéciale qui défend aux propriétaires, sous des peines sévères, de faire de semblables accords avec leurs bergers. Cette mesure a eu un succès complet, malgré l'esprit de corps qui anime les hommes de cette profession. C'est là un des exemples, assez rares, d'un bon effet produit par des mesures législatives qui limitent le droit qu'ont naturellement les hommes de faire entre eux des conventions en toute liberté, lorsqu'elles ne concernent que leurs intérêts respectifs. Les propriétaires de troupeaux ont souvent cherché aussi à contracter, avec leurs bergers, des stipulations de diverses espèces, propres à les encourager en leur donnant un intérêt à la réussite ; mais, en définitive, il se trouve que presque toutes ces conventions tournent au préjudice du maitre, ou deviennent la source de fàcheuses difficultés. Le seul arrangement de ce genre, qui me semble convenable, consiste en une gratification allouée au berger pour tous les agneaux amenés au sevrage dépassant une certaine proportion avec les brebis comptées à l'époque de la monte ; parce qu'il dépend en effet des soins du berger d'accroître beaucoup cette proportion. Si l'on se contente d'allouer une somme fixe par tète pour tous les agneaux, cette somme ne peut ètre que très-faible ; et l'intérèt du berger est presque nul à obtenir quelques agneaux de plus. Mais si l'on détermine une proportion comme devant ètre le minimum du produit en agneaux venus à bien, par exemple 70 agneaux pour 100 brebis, et qu'on accorde une gratification un peu élevée, comme 75 centimes ou 1 franc par tète d'agneaux qui dépassent ce nombre, le berger aura alors un intérèt considérable à prodiguer ses soins à la réussite de tous les agneaux ; et le propriétaire regagnera presque toujours amplement le montant de cette gratification. Cet arrangement porte cependant encore avec lui ses inconvénients ; mais ils sont infiniment moindres que ceux de toutes les autres combinaisons par lesquelles on a voulu souvent intéresser les bergers à la prospérité du troupeau. Un berger habile doit être, au reste, bien rétribué ; et il est rare que l'excédant de traitement que l'on consacre·à s'attacher un homme expérimenté et affectionné à son troupeau, ne soit pas bien compensé par un accroissement de produit net.

TROISIÈME SECTION

Tonte des Troupeaux

La tonte de la laine se fait, généralement, à l'époque où la température chaude est bien établie au printemps : dans le nord de la France, c'est dans la seconde quinzaine de mai ou dans les premiers jours de juin. On a essayé quelquefois de tondre les bêtes à laine deux fois dans l'année ; et quelques propriétaires d'Allemagne ont prétendu avoir gagné à cette opération une légère augmentation dans le poids annuel de la laine, mais cette opinion était vraisemblablement erronée ; ou du moins la différence ne pouvait résulter que de la perte de quelques flocons de la laine sur des animaux malsains, lorsque la croissance de la toison est fort avancée. Quoi qu'il en soit, on n'a pas trouvé qu'il

y eût un motif suffisant à ces doubles tontes ; et l'on y a
généralement renoncé. On comprend en effet qu'il y a un
grand inconvénient à dépouiller les animaux de leur
fourrure aux approches de la saison froide ; et l'avantage
que l'on y trouverait ne pourrait résulter que du prix
plus élevé que mettraient quelques fabricants à des laines
courtes, comme étant plus propres à certains genres de
fabrication. Pour le plus grand nombre, au contraire, la
longueur du brin est une qualité recherchée ; et par ce
motif, on a voulu aussi quelquefois laisser croître la laine
pendant deux ans avant de la tondre. Cette pratique, au
reste, a présenté aussi de graves inconvénients qui l'ont
fait abandonner.

Dans certains pays, et pour certaines races de bêtes à
laine, on tond en *suint ;* et pour d'autres races ou dans
d'autres cantons, il est d'usage de laver les toisons sur le
dos des animaux avant de les tondre. Les propriétaires ne
sont pas entièrement libres d'adopter l'une ou l'autre de
ces pratiques ; car pour la vente de la laine on a presque
toujours à perdre, en s'écartant des usages du commerce
dans la localité. Le lavage à dos est cependant une opération vicieuse en elle-même, puisqu'elle laisse beaucoup
d'arbitraire dans la proportion de suint que chaque propriétaire détache de la laine, par un lavage plus ou moins
soigné ; et cette opération peut être nuisible à la santé des
animaux dans les saisons froides et humides, qu'il n'est
pas toujours possible d'éviter. Il serait donc à désirer que
l'usage s'introduisît généralement de vendre les toisons en
suint. Cet usage s'est heureusement établi en France, dans

la plupart des localités, pour la race mérine; mais presque partout on lave à dos les troupeaux de race commune. En Saxe, et dans presque toute l'Allemagne, on pratique le lavage à dos des mérinos; et l'on exécute généralement cette opération avec plus de soin qu'on ne le fait en France. Ainsi, on plonge complétement dans l'eau, douze heures à l'avance, les animaux que l'on veut laver, et on les laisse en cet état à la bergerie, afin que le suint se détrempe bien; on les conduit ensuite à l'eau de nouveau, et là, deux hommes, saisissant successivement chaque animal plongé dans l'eau, pressent de la main toutes les parties de la toison pour en extraire autant de suint qu'on le peut, mais en évitant les frottements qui pourraient entremêler les brins de la laine : l'animal, après cette opération et pour compléter le lavage, est forcé de traverser, presque à la nage, un certain espace du courant d'eau pour se rendre dans un petit enclos préparé sur un pré bien sec et exempt de poussière. L'opération s'exécute à peu près de même en France, mais sans qu'on prenne le soin de détremper le suint par une immersion préalable. Après le lavage, on a soin de conduire le troupeau au grand air et au soleil, dans des lieux exempts de poussière, afin d'accélérer la dessiccation des toisons. On ne tond que lorsqu'elles sont parfaitement sèches. Quelques personnes sont dans l'usage d'enfermer, après cette dessiccation, le troupeau, pendant deux ou trois jours, dans une bergerie close et très-chaude. C'est une fraude qui a pour but de *faire remonter le suint* en déterminant une forte transpiration chez les animaux, et d'accroître par conséquent le poids de la toison. Cette pratique est d'ailleurs fort nuisible à la santé des animaux que l'on soumet ainsi à des alternatives réitérées de température chaude et froide, au moment où leur corps va être mis à nu par l'effet de la tonte. J'ai pratiqué pendant deux années de suite, sur un troupeau de mérinos, le lavage à dos selon la méthode saxonne que je viens d'écrire ; et j'ai trouvé que la laine en suint diminue à peu près de moitié de son poids dans cette opération, mais je n'ai nullement retrouvé la compensation de ce déchet dans le prix auquel j'ai pu vendre la laine. On croit communément que la laine des races communes diminue beaucoup moins dans le lavage que celle des mérinos ; cependant, dans des expériences que j'ai faites sur le lavage à dos d'animaux à grosse laine de la grande race du Wurtemberg, la diminution de poids a été également d'environ moitié.

La tonte est exécutée dans quelques cantons par des hommes et ailleurs par des femmes ; mais on doit attacher une grande importance à n'employer à cette opération que des mains habiles et expérimentées : car de mauvais ouvriers tourmentent beaucoup les animaux, leur font beaucoup de blessures, et les font quelquefois périr par une compression maladroite. Ils obtiennent d'ailleurs un produit moindre, parce que la laine n'est pas tondue bien rase partout. Lorsqu'un mouton est bien tondu, la peau est complétement découverte, sans égratignure et sans qu'on aperçoive des raies qui sont formées par les inégalités dans l'action de l'instrument tranchant. Les tondeurs les plus habiles travaillent debout, en étendant l'animal sur une table, après avoir assujetti les quatre pattes par un lien modérément serré. Dans d'autres cantons, surtout lorsque ce sont des femmes qui travaillent; elles s'asseyent à terre sur une aire de grange bien nettoyée, ou sur une grande toile étendue sur le sol, afin de recueillir tous les débris de la laine. L'ouvrière place alors l'animal entre ses jambes, qui l'aident à le contenir; mais il est toujours nécessaire d'assujettir les pattes par un lien, afin d'éviter les mouvements brusques qui pourraient occasionner des blessures. Quelquefois on paye les ouvriers à la journée, et d'autres fois par tête d'animal tondu. Le premier mode est préférable lorsqu'on n'emploie pas des tondeurs habiles ; parce qu'ils sont sujets à travailler fort mal, par suite de la précipitation qu'ils mettent, pour tondre un plus grand nombre d'animaux. Le prix de la tonte à la tâche est assez généralement fixé à 10 centimes (2 sous) par tête d'animaux adultes; cependant il peut varier selon les races ou la taille des animaux.

Les tondeurs expérimentés emploient toujours à cette opération de *petites forces* construites pour cet usage. Elles sont bien préférables, pour la promptitude et la perfection de l'opération, aux ciseaux qui ne sont guère employés que par les femmes qui manquent de l'aptitude nécessaire pour manier les forces. Depuis quelques années on emploie généralement, dans les meilleures bergeries de l'Allemagne, des forces d'une construction particulière et qui ne laissent rien à désirer pour la perfection du travail : les lames de ces forces sont un peu recourbées dans le sens de leur épaisseur, à partir du milieu de la longueur de la lame jusqu'à la pointe. La corde de cette courbure est d'environ 3 millimètres (1 ligne), et la courbure est parfaitement la même dans les deux lames, en sorte qu'elles coupent sur tous leurs points, aussi bien que si elles étaient droites. On comprend que cette courbure a pour but de permettre au tondeur d'appuyer fortement la surface des lames sur la peau de l'animal, sans risquer de l'entamer par les pointes de l'instrument. Ces forces présentent encore une autre particularité fort ingénieuse : la tige, qui attache une des deux lames au cercle d'acier qui forme le ressort, est brisée, ou plutôt est formée de deux parties dont l'une est fixée à la lame, l'autre au ressort. Ces deux parties de la tige sont plates et superposées l'une à l'autre dans une longueur de 5 ou 6 centimètres (1 pouce et demi à 2 pouces), en partant du cercle qui forme ressort ; elles sont réunies par un rivet formant centre de rotation, et placé à un tiers de la longueur environ en partant du ressort. La surface des portions de tige en contact sont dans un plan perpendiculaire à celui de la surface des laines ; en sorte que lorsqu'on fait tourner une des lames sur le rivet elle se détache de l'autre et s'en écarte en se plaçant dans la direction opposée. Près de l'extrémité opposée au rivet, c'est-à-dire près du tranchant des lames, les portions de tiges sont réunies et assujetties par un coulant carré en fer qui se serre à l'aide du frottement qu'il exerce sur les bords des deux portions de tige. Lorsqu'on dégage le coulant, une des deux lames tourne sur le rivet, et l'on peut les repasser avec beaucoup de facilité, ce qu'on ne peut faire commodément avec les forces à branches fixes. Le rivet qui forme le centre de rotation, n'est pas placé au milieu de la largeur des deux tiges superposées, mais bien d'une couple de millimètres plus près d'un des côtés de l'une des tiges, ce qui rend le mouvement de cette tige excentrique. Il résulte de là que le coulant, lorsqu'on le serre, presse le bord d'une des tiges et le bord opposé de l'autre : et l'excentricité est disposée de manière que cette pression s'opère sur la tige fixée à la lame, dans le sens nécessaire pour presser cette lame contre l'autre. Ainsi le coulant produit ici le même effet qui s'opère dans les ciseaux ordinaires, par la vis qui forme le point du centre, et qui permet de tenir constamment les tranchants des deux lames convenablement pressés l'un contre l'autre. Des ouvriers exercés exécutent, à l'aide de ces forces, un travail parfait et avec une grande promptitude.

A mesure que les toisons sont recueillies, on dispose d'une manière particulière celles qui doivent être soumises au triage, comme cela a toujours lieu pour les laines fines. A cet effet, on étend la toison sur une grande table, on la ploie avec soin dans sa largeur, puis on la roule dans sa longueur pour en former un paquet bien serré que l'on assujettit par un lien de ficelle. Dans quelques bergeries, on étend plusieurs toisons les unes sur les autres, et on les ploie ensemble de manière à former un paquet de 10 à 12 kilogrammes (20 à 25 livres).

Dans les bergeries où l'on vise à l'amélioration de la race, il est nécessaire de prendre note à l'instant de la tonte, du poids de chaque toison, ainsi que de ses qualités, et du poids du corps de l'animal qui l'a fournie. Cela est facile en établissant un certain ordre dans le travail. Comme je me suis livré à cette opération pendant assez longtemps, je crois devoir indiquer ici la marche par laquelle je suis arrivé à y établir un ordre entièrement satisfaisant. Pour dix ou douze tondeuses, trois personnes sont nécessaires, sans compter les aides bergers qui amènent les animaux aux tondeuses, et l'ouvrier qui ploie les toisons. Une de ces personnes, assise près d'une petite table placée à cet effet dans le local, prend les notes ; une autre est chargée de peser sur des balances, près du bureau, les toisons et les animaux, à mesure qu'ils sortent des mains des tondeuses. La troisième distribue les billets aux tondeuses, comme je vais le dire, et surveille l'ensemble de l'opération, afin qu'il ne se commette pas de méprise. Lorsqu'un animal est amené, on constate son numéro d'ordre, et la personne chargée de ce soin inscrit ce numéro sur un billet ou petit morceau de papier qu'elle remet à la tondeuse en même temps que l'animal. L'écrivain prend note du tout sur un tableau dont la première colonne porte le nom de la tondeuse; la seconde, le numéro de l'animal. Lorsque ce dernier est tondu, l'ouvrière place la toison à côté d'elle en déposant par-dessus le billet qui lui a été remis. Ce billet doit suivre la toison sur la table du plieur qui l'assujettit sous le lien de la toison, de manière que lorsque celle-ci arrive à la balance, il ne peut y avoir d'hésitation sur l'indication de l'animal auquel elle a appartenu. La tondeuse a également remis entre les mains du préposé, l'animal tondu, dont les pattes sont encore liées, et qui est aussitôt porté sur la balance. Celui qui tient la plume inscrit ces deux pesées dans deux colonnes disposées sur le tableau et à la suite du numéro de l'animal et du nom de la tondeuse.

Lorsque ces trois personnes s'entendent bien, l'opération marche ainsi avec ordre, et sans qu'il puisse se commettre de méprise; mais je ne crois pas possible de supprimer un seul des trois employés, sans qu'il en résulte de la confusion. Une quatrième personne serait même nécessaire, si l'on voulait prendre des échantillons de toutes les toisons des animaux tondus; comme cela doit se faire, lorsqu'on a pour but principal l'amélioration de la laine. Cette personne recueille alors les échantillons sur trois parties déterminées du corps de l'animal, au moment où l'on va remettre celui-ci entre les mains de la tondeuse. Il dispose ces mèches avec symétrie sur une carte d'échantillons destinée à cet usage, et sur laquelle il inscrit le numéro de l'animal. On peut aussi inscrire plus tard sur la même carte, à l'aide de notes prises sur les tableaux, le poids de la toison, celui du corps de l'animal, ainsi que son âge et son état de santé; en sorte qu'on possède dans la réunion de ces cartes, placées dans des cartons appropriés à cela, tous les éléments d'appréciation de tous les individus qui composent un troupeau.

Dans tous les troupeaux bien soignés, on doit procéder soit chaque mois, soit, au plus tard, tous les trimestres, à une inspection générale qui a pour but de constater si le nombre existant est conforme aux états antérieurs, déduction faite de la mortalité dont on doit tenir des notes journalières sur un registre destiné à cet usage, et où l'on indique la cause apparente de la mort de chaque animal. L'inspection a aussi pour but de constater l'état de santé du troupeau ; à cet effet, on examine individuellement chaque animal, on place son numéro sur le tableau d'inspection, et dans une colonne à côté, on inscrit un numéro qui indique son état de santé : on désigne par le numéro 1, toutes les bêtes parfaitement saines ; par le numéro 2, celles qui paraissent faibles ; par le numéro 3, celles dont la santé est fort douteuse ; et enfin par le numéro 4, celles qui semblent incurables. Les tableaux d'inspection, de même que ceux de santé, d'agnelage, etc., sont portés sur des cahiers peu volumineux et très-portatifs, disposés avec peu d'apprêts ; car ce ne sont que des brouillons que l'on doit toutefois conserver avec soin. Mais lorsque chaque opération est terminée, on doit en consigner les résultats généraux sur le registre consacré à l'état de la bergerie. En parlant de ces divers registres ou cahiers, j'ai supposé que l'on avait adopté la méthode de numérotage individuel de tous les animaux. Dans les troupeaux qui ne sont pas soumis à ce numérotage, la tenue des mêmes registres n'en est pas moins nécessaire, si l'on veut mettre quelque ordre dans les opérations de la bergerie ; seulement on supprime alors la colonne qui doit recevoir les numéros désignant les individus.

QUATRIÈME SECTION

Engraissement des moutons

L'engraissement des moutons est une spéculation à part pour celui qui achète, pour l'engraissement, les animaux qu'il veut y soumettre. C'est presque toujours alors sur des moutons dans leur troisième année que cette industrie s'exerce; parce que c'est à cet âge qu'il est le plus profitable aux éleveurs de vendre ces animaux. Cependant, dans les troupeaux d'élèves, il convient souvent aussi de se livrer à l'engraissement, soit des moutons que l'on pourrait vendre aux engraisseurs, soit des brebis que l'on veut réformer. Dans quelque saison que ce soit, on est généralement dans l'usage de tondre les moutons lorsqu'on commence l'engraissement, parce que l'expérience apprend que les moutons fraîchement tondus consomment plus d'aliments et profitent davantage. On engraisse les moutons dans la belle saison, soit sur le pâturage des chaumes après les récoltes, soit sur de riches pâturages spécialement consacrés à cette opération. C'est surtout au printemps et dans le commencement de l'été, que l'on emploie à cet usage des pâturages spéciaux; car en automne, l'engraissement s'opérant presque partout à l'aide de la vaine pâture, les animaux gras sont trop abondants sur les marchés pour qu'on puisse les engraisser avec profit par d'autres moyens. On peut faire parquer, ou faire rentrer pendant la nuit dans la bergerie les moutons que l'on engraisse pendant la belle saison ; mais il est néces-saire que les pâturages soient placés à peu de distance du parc ou de la bergerie, parce qu'on retarderait beaucoup l'engraissement, si l'on faisait chaque jour parcourir aux animaux un chemin un peu long. On doit conduire le matin, de très-bonne heure, au pâturage les moutons à l'engrais, et les y laisser le soir jusque fort tard ; car le pâturage à la rosée, fort dangereux pour les animaux d'élève, favorise singulièrement l'engraissement. Dans les heures les plus chaudes de la journée, on les fait rentrer à la bergerie, ou on les tient en repos dans un lieu om-bragé. Le pâturage des lieux bas et humides, aussi funes-te que la rosée au troupeau d'élèves, convient fort bien à l'engraissement pourvu que les herbes y soient de bonne qualité et que les moutons les mangent volontiers. Mais lorsque les animaux ont été ainsi nourris, surtout en automne, ils ont ordinairement contracté le germe de la cachexie aqueuse, et on doit les livrer à la boucherie aussitôt qu'ils ont atteint le degré d'engraissement que l'on cherche. Dans tous les cas, le pâturage doit être abondant, en sorte que les animaux mangent entièrement à leur discrétion.

En hiver et au commencement du printemps, c'est par les aliments distribués à la bergerie que l'on engraisse les moutons. Ils doivent être logés dans un lieu très-aéré et recevoir une grande abondance de nourriture ; car l'en-graissement est d'autant plus profitable qu'on peut faire consommer aux animaux, dans un espace de temps moin-dre, une quantité donnée de fourrages. De bon foin de prairies naturelles ou artificielles forme généralement la base du régime. Le regain est, pour cet usage, bien préférable au foin de première coupe. Il est très-utile d'y ajouter des racines, et les betteraves conviennent particulièrement à ce but, parce qu'on peut en faire consommer de bien plus fortes rations que de pommes de terre crues. Ces dernières doivent être cuites, si l'on veut les donner en grande proportion. Pour que l'engraissement marche promptement, il est presque toujours profitable d'ajouter à ces fourrages une ration journalière de grains moulus ou de tourteaux de graines oléagineuses. Au moyen de cette variété d'aliments, on peut faire consommer aux animaux une quantité de nourriture plus que double de celle qui suffirait à leur entretien. Ainsi, des moutons pesant en vie 50 kilogrammes (100 livres) environ, consommeront fort bien par jour et par tête, 1 kilogramme (2 livres) de foin, 2 kilogrammes ou 2 kilogrammes et demi (quatre ou cinq livres) de betteraves ou de pommes de terre cuites, et 250 grammes (1/2 livre) de grains ou de tourteaux. On doit toutefois éviter d'amener la satiété, et l'on réduit la ration aussitôt que l'on s'aperçoit que les animaux laissent quelque chose des aliments qu'on leur avait distribués. Ils doivent toujours boire de bonne eau, à discrétion; et la litière doit être abondante et fréquemment renouvelée. Si l'on reconnaît qu'une addition de sel excite l'appétit des animaux, et permet d'accroître la ration, comme cela paraît avoir lieu pour certaines races qui y ont été habituées, c'est une dépense qui sera bien compensée par la promptitude de l'engraissement. Cette re-

marque s'applique également aux moutons que l'on engraisse aux pâturages ; mais l'utilité de la distribution du
sel, dans ces deux cas, ne s'étend ni à toutes les races ni
à toutes les circonstances ; et afin d'éviter une dépense
inutile, il faut qu'un berger attentif s'assure par ses observations si les distributions de sel ont vraiment pour effet
d'accroître l'appétit des animaux.

Il importe infiniment, pour le profit de l'opération, de
livrer les animaux à la boucherie aussitôt qu'ils ont atteint un certain degré de graisse, et qu'ils ne profitent plus,
ou ne profitent que peu. On comprend bien en effet que la
nourriture distribuée à la bergerie étant fort coûteuse, l'on
éprouvera une perte considérable si le poids des animaux
reste stationnaire, ne fût-ce que pendant une quinzaine de
jours. Or, il arrive assez fréquemment que dans ce même
espace de temps, lorsque l'engraissement est parvenu à un
point avancé, le poids des animaux diminue au lieu d'augmenter bien qu'on leur ait toujours donné la même ration.
L'engraissement des moutons n'est donc généralement
profitable qu'aux personnes qui peuvent vendre immédiatement les animaux à mesure qu'ils sont gras ; et l'on doit
apporter la plus grande attention à juger des progrès de
l'engraissement et à reconnaitre l'époque où les animaux
cessent de profiter convenablement. C'est peut-être là,
de toutes les parties de l'art de l'engraisseur, celle qui
exige le plus d'habitude et de tact naturel. Lorsque les
rations ont été distribuées sans parcimonie, l'engraissement complet des animaux a communément lieu dans un
espace de temps qui varie d'un mois à deux, selon l'état
primitif des animaux, la qualité des fourrages, etc.

CHAPITRE V

CALCULS DE PRODUITS ET DE DÉPENSES

Les produits en viande et en laine, et encore plus en argent, des diverses races de moutons, peuvent varier suivant une multitude de circonstances. On ne peut donc établir d'avance de calcul bien positif à cet égard. Cependant il me parait utile de présenter ici quelques données qui pourront du moins aider les cultivateurs à établir des calculs de ce genre, chacun pour les circonstances où il se trouve placé. Un troupeau se compose généralement d'animaux de diverses classes : et, avant de présenter des données sur le produit total, je vais analyser ce produit, en établissant le calcul pour chaque classe à part. Supposons un troupeau de race commune et d'animaux de taille un peu forte, dont les moutons gras, à l'âge de deux ans et demi à trois ans, donnent un poids moyen de 20 à 22 kilogrammes 500 (40 à 45 livres) de viande nette. Je prendrai l'exemple, que je cite ici, dans une sous-race que l'on rencontre dans une partie considérable de la Lorraine Allemande, et qui se rapproche beaucoup, sous le rapport de la taille et des produits, des sous-races de bêtes à laine communes qui peuplent certains cantons de la Champagne, de l'ancien Bassigny et d'autres localités dans le Nord-Est du royaume. Les toisons de cette race sont assez grossières; mais cette laine est employée en grande quantité aux usages de la bonneterie, à la fabrication des étoffes communes, à la confection des matelas, etc. La vente en est assurée, en quelque quantité qu'on la produise; et les cultivateurs trouvent toujours à la vendre chez eux, peu de temps après la tonte. Les brebis de la sous-race dont je parle, donnent environ 2 kilogrammes (4 livres) de laine, lavée à dos, en y comprenant la laine de leur agneau à la première tonte. Le prix de cette laine varie habituellement de 1 franc 60 centimes à 1 franc 80 centimes les 500 grammes (la livre) Je prendrai pour moyenne 1 franc 70 centimes. La valeur de la toison sera donc de 6 francs 80 centimes. L'agneau lui-même, à l'entrée de l'hiver qui suit sa naissance, vaut communément 8 francs. Le produit en fumier des brebis, y compris celui de leurs agneaux, peut être évalué de 800 à 1,000 kilogrammes par tête; et l'on peut attribuer à ce fumier une valeur de 8 francs, dont la moitié sera imputée à la dépense de la paille qui a été employée en litière, et l'autre moitié à l'accroissement de valeur que les excréments des animaux ont donné à cette paille. Cette partie du produit d'une brebis est donc de 4 francs, et le produit total pour l'année se trouve porté ainsi à 18 francs 80 centimes.

L'agneau de cette race devenu antenois à sa seconde tonte, donne environ 1 kilogramme 500 grammes (3 livres) de laine, soit un produit de 5 francs 10 centimes. La valeur de son corps s'accroît en outre d'une somme d'environ 5 francs, en sorte que le mouton antenois vaut environ

13 francs à l'entrée de l'hiver. En comptant 2 francs pour le produit en fumier, nous trouvons seulement 12 francs 10 centimes pour produit total de la bête à laine dans sa deuxième année; mais aussi elle consomme moins alors que la brebis portière ou le mouton dans sa troisième année.

Le mouton à sa troisième tonte, produit environ 2 kilogrammes (4 livres) de laine qui vaudront 6 francs 80 centimes; et il aura lui-même une valeur d'environ 18 francs pour être livré à l'engraissement dans l'automne de sa troisième année : c'est un accroissement de valeur de 5 francs ; et si l'on y ajoute 3 francs pour la valeur du fumier, on arrive à un produit total de 14 francs 80 centimes pour le mouton dans sa troisième année. La femelle, dans cette année, donne son premier agneau et rentre dans la classe des brebis. Elle conserve une valeur que l'on peut porter à 16 francs.

Les sommes que j'ai portées comme accroissement de valeur des jeunes animaux, ne sont pas généralement réalisées ainsi à la fin de chaque année; mais elles sont représentées par la valeur des moutons que l'on vend ordinairement dans la troisième année, et par celle des vieilles brebis qui sont réformées chaque année et qui sont remplacées dans le troupeau par les antenoises.

Si l'on compare ce produit à celui des mérinos, on trouvera qu'il est peu de troupeaux de cette dernière espèce dont les toisons offrent en moyenne une valeur de 11 à 12 francs pour les animaux adultes des deux sexes, d'après les prix qu'ont obtenus les laines de 1832 à 1836.

Ceux qui sont dans ce cas, sont de très-grande taille et consomment beaucoup plus que les animaux de race commune dont je viens de parler ; ils exigent surtout une nourriture de qualité supérieure et plus coûteuse. Dans le plus grand nombre des troupeaux, même de grande race de mérinos, la valeur de la toison ne dépasse guère 10 francs. Quant à la valeur des élèves, dans leurs différents âges, on a pu, pendant longtemps, la porter à un chiffre élevé, parce que les jeunes animaux étaient destinés à la propagation ; mais pour les usages de la boucherie, ces animaux auront à peine autant de valeur que ceux de la race commune que j'ai prise pour point de comparaison. Nous ne trouverions donc qu'une différence de 4 à 5 francs au plus par tête, dans les produits en masse d'un troupeau, en faveur des grandes races de mérinos. Mais ce calcul est fondé sur la supposition d'un cours assez élevé des laines mérinos ; et, si les prix retombaient aux cours que nous avons vus de 1825 à 1830, une grande partie du moins de cette différence serait effacée. Il est certain que les prix des laines communes se soutiennent généralement avec beaucoup plus de fermeté, parce que c'est un produit qui répond à une plus grande masse de besoins.

Quant aux troupeaux de petite race de mérinos, les toisons des bêtes adultes ont en général une valeur moyenne de 8 à 9 francs et souvent moins ; et les animaux, lorsqu'il faut les livrer à la boucherie, ont une valeur très-inférieure à celle des animaux de race commune, mais aussi leur consommation en nourriture est un peu au-dessous de celle de la première race d'animaux communs dont j'ai parlé. Au total, on peut voir que la race mérine s'est à peu près nivelée avec les autres pour les produits, comme cela devait nécessairement arriver par l'effet de la concurrence. Et si d'autres sous-races de l'espèce commune présentent, dans d'autres cantons, des produits inférieurs à ceux que je viens d'indiquer, c'est que la consommation est infiniment moindre par l'effet de l'état de misère dans lequel on entretient ces sous-races. Que l'on remarque bien aussi, qu'à part le régime plus abondant dans certains pays, il n'a été jusqu'ici donné presque aucun soin à l'amélioration des produits des races communes, sous le rapport de la qualité de la laine, du poids des toisons et des qualités relatives à la boucherie. On s'est au contraire constamment occupé de ces améliorations pour les mérinos, et il n'est pas douteux que les produits des races communes ne puissent recevoir un grand accroissement, lorsqu'on leur consacrera des soins du même genre et une nourriture aussi abondante et d'aussi bonne qualité que celle que l'on donne généralement aux troupeaux de mérinos. C'est vraisemblablement dans cette direction que se rencontrent les plus importantes améliorations que l'industrie des bêtes à laine est appelée à recevoir désormais en France. Pour sentir toute la portée de ces améliorations, il suffit de comparer attentivement, non-seulement divers troupeaux de la même sous-race et dans le même canton, et soumise à divers régimes, mais même les individus du même troupeau : on y remarquera des différences très-sensibles, d'abord relativement aux formes des animaux, et ensuite dans le poids relatif des toisons, dans la finesse et les divers caractères de la laine qui sont‚ appréciés ou rebutés par les consommateurs. En s'attachant à propager les animaux qui offrent au plus haut degré les qualités que l'on cherche, en réformant scrupuleusement ceux qui pèchent par quelques graves défauts, ou en corrigeant ceux-ci par des croisements judicieux, on arrivera infailliblement à créer une sous-race beaucoup plus profitable que celle sur laquelle on travaillait.

J'ai indiqué approximativement le produit annuel par tête d'animaux de diverses classes qui composent un troupeau de bêtes à laine, parce que cette donnée peut être utile dans plusieurs cas; mais on s'exposerait à de graves mécomptes, si l'on calculait le produit moyen d'un troupeau, en multipliant le produit individuel par le nombre des animaux qui le composent : il y a le chapitre de la mortalité et des accidents de tous genres, dont il faut bien faire la part. J'ai indiqué le produit d'une brebis avec son agneau; mais toutes les brebis d'un troupeau ne deviennent pas pleines; il y a des avortements; enfin un certain nombre d'agneaux succombent dans le premier âge. Outre la mortalité générale sur les animaux de différents âges, il y en a aussi quelques-uns qui n'accroissent pas de taille et de valeur comme ils le devraient naturellement. Si nous prenons pour exemple un troupeau de la race commune dont j'ai parlé tout-à-l'heure, roulant annuellement sur 300 brebis portières à l'époque de la monte, c'est-à-dire en août ou septembre, et dans lequel on en conserve les moutons jusqu'à l'âge de deux ans et demi environ, nous trouverons que, d'après les chances probables de mortalité et d'accidents, l'effectif au moment de la tonte suivante sera à peu près celui-ci :

Brebis portières   285
Béliers adultes. . . . . , ...   12
Agneaux.   270
Brebis antenoises.   130
Moutons et béliers antenois.   130
Moutons et béliers de 2 ans et demi . . .   125

Total. . . . .   952 bêtes.

On conçoit que les femelles de 2 ans et demi sont comprises dans les brebis portières, puisqu'elles ont déjà donné un agneau.

Le produit payable en laine sera, comme il suit, réduit en argent :

285 Brebis portières avec leurs agneaux,

à . . . . 6 ^{fr} 80 ^{c} 1 938   »

137 Béliers vieux et moutons de

2 ans et demi à . . . . . 6 ^{fr} 80 ^{c} 931   60

260 Antenois des deux sexes à. 5 ^{fr} 10 ^{c} 1 326   »

Total. 4 195   60

On aura à vendre en animaux dans l'automne suivant :

Vieilles brebis qui seront remplacées par les femelles antenoises et béliers de réforme, 130 ou un peu plus, à raison de 13 francs par tête. . . . . 1 690   »

A reporter . . . 1 690   »

Report... 1,690   »

Moutons ayant presque trois ans et prêts à être mis à l'engrais, en réservant 5 béliers pour le service du troupeau, 115 à 18 francs....... 2,070   »

Total..... 3,760   »

En ajoutant à ce produit celui de la laine, nous trouvons une somme totale de 7,955 francs 60 centimes, à laquelle il faudrait encore ajouter quelque chose pour le prix de la vente des peaux des animaux morts dans l'année.

Mais on se tromperait encore, si l'on regardait cette somme comme le produit moyen d'un troupeau ainsi composé, car j'ai supposé une année où l'on ne court que les chances ordinaires de mortalité et d'accidents; mais il arrive de temps à autre des épizooties ou des accidents qui dépassent les limites ordinaires, et qui causent dans les troupeaux des ravages plus ou moins considérables. Il faut bien en tenir compte, lorsqu'on cherche le produit moyen. Les avis pourront être fort partagés sur le chiffre auquel il faut porter la déduction pour couvrir les chances de ces accidents; et ce chiffre doit en effet varier suivant les situations et les circonstances; mais je pense que dans la plupart des cas, il convient de porter ce chiffre à 10 0/0 du produit total. Ce dernier se trouverait donc réduit à la somme de 7,160 francs, comme moyenne sur un grand nombre d'années du revenu produit en argent par le troupeau. Il faut y ajouter la valeur du fumier qui, d'après les données que j'ai établies ci-dessus, se portera à

2,074 francs pour la valeur ajoutée à celle de la paille par sa conversion en fumier. Le produit total du troupeau sera donc de 9,231 francs.

Si nous passons maintenant au chapitre de la dépense nous trouverons que l'évaluation est fort difficile, principalement en ce qui concerne les pâturages dont la valeur laisse beaucoup à l'arbitraire. Si toute la nourriture se donnait en foin, on pourrait évaluer à 1 kilogramme 250 grammes (2 livres 1/2) par tête, la ration journalière des brebis de la race dont je parle ; autant pour les béliers et les moutons dans leur troisième année, et un peu moins de 1 kilogramme (2 livres) peut-être pour les antenois des deux sexes ; de plus, environ 500 grammes (1 livre) de foin par tête d'agneau pendant neuf mois, depuis l'époque de leur naissance jusqu'à l'automne suivant. Je compte cette ration depuis la naissance de l'agneau, quoiqu'il ne mange pas encore ; mais il faut bien la donner comme supplément à la brebis pendant l'allaitement. La consommation du troupeau s'établira donc comme il suit :

Pour 422 brebis, béliers et moutons de 3 ans à 1 kilogramme 250 grammes (2 livres 1/2) par tête pendant 365 jours, en nombre rond............... 385 milliers.

Pour 260 antenois des deux sexes à 1 kilogramme (2 livres) par tête............. 190 —

Pour 270 agneaux à 500 grammes (une livre) par tête pendant 280 jours......... 75 —

Total..... 650 milliers.

En évaluant seulement le foin à 18 francs le millier, cela formerait une dépense de............. 11 700^{fr} »^{c}

Il faut y ajouter les autres dépenses de la bergerie que l'on peut établir ainsi :

Un chef berger coûtera rarement moins de 600 francs, en comptant son logement et les autres menus avantages qu'il faut lui accorder.   600 »

Un aide berger........................   350 »

Nourriture de deux chiens à 30 francs l'un.   60 »

Loyer de la bergerie...................   300 »

Eclairage, entretien des râteliers, claies, etc.   100 »

Dépenses éventuelles de vétérinaire et remèdes................................   100 »

Intérêts d'un capital évalué à 13,000 francs, et que nous ne devons porter qu'à 5 0/0, puisqu'on tient compte des chances d'accidents dans les produits......................   650 »

Total des dépenses autres que la nourriture.   2 160 »

Dépenses de nourriture en foin comme ci-dessus.................................   11 700 »

Total de la dépense du troupeau..........   13 860 »

Nous avons vu que le produit total était de.   9 231 »

La perte serait donc de..................   4 629 »

Ce résultat suffit pour démontrer qu'il serait impossible d'entretenir économiquement des bêtes à laine, si on les nourrissait de foin pendant toute l'année, et cela est vrai pour quelque race que ce soit; mais pendant au moins la moitié de l'année, les animaux se nourrissant aux pâturages, consomment une nourriture moins coûteuse, d'abord, parce qu'elle ne supporte aucun frais ni aucune chance de retrait et de dessiccation, ensuite parce qu'elle est produite dans beaucoup de cas par des terrains qui ne pourraient pas donner une récolte de quelque importance en fourrages à faucher. Les troupeaux consomment aussi sur les chaumes, et après la dernière coupe des prairies naturelles et artificielles, un produit qu'on peut bien considérer comme un pur bénéfice des bêtes à laine, puisqu'on ne pourrait en tirer parti autrement. Quant à la nourriture d'hiver, le foin n'en forme encore généralement qu'une partie; et le reste se compose d'aliments que le cultivateur peut produire à plus bas prix, relativement à leur faculté nutritive, ou auxquels il ne peut attribuer un prix aussi élevé, parce qu'il ne peut en réaliser la valeur que par l'intermédiaire de son troupeau. Ces aliments sont : la paille des céréales, des pois, des vesces des féveroles, etc.; les balles du froment et de l'avoine; les siliques du colza ou de la navette; etc. Ainsi, au lieu de 1 kilogramme 250 grammes (2 livres 1/2) de foin par tête de brebis et de moutons, on ne donnera le plus souvent que 500 grammes (une livre), et le reste de la ration se composera de quelques-uns des aliments que je viens d'énumérer. Comme la nourriture d'hiver ne comprend que la moitié de l'année au plus, on trouvera qu'en définitive, la consommation en foin est réduite à moins du quart de la quantité qui serait nécessaire, si les animaux ne mangeaient pas autre chose pendant toute l'année; souvent on. la réduit encore davantage. Ainsi, là où l'on a une grande abondance de racines, principalement de betteraves, et un fort approvisionnement en paille, le troupeau que j'ai pris pour exemple pourrait être fort bien entretenu sans consommer chaque année plus d'une cinquantaine de milliers de foin de prairies naturelles ou artificielles ; mais dans ce cas, il faudrait presque toujours évaluer les racines à un prix correspondant à leur propriété nutritive relativement au foin. C'est dans l'économie que l'on peut faire sur les diverses portions de la nourriture, que se rencontre réellement le profit que l'on peut trouver dans l'entretien d'un troupeau de bêtes à laine. Mais il est impossible de poser d'avance les chiffres de la réduction que l'on pourra obtenir ainsi sur le montant des dépenses, parce que la nourriture des troupeaux se compose en grande partie d'articles auxquels on ne peut attribuer de valeur fixe comme cela se fait pour les fourrages secs ; mais que chacun doit évaluer suivant les circonstances dans lesquelles il se trouve placé. Toutefois, il est important de faire remarquer que les économies de ce genre sont beaucoup plus considérables pour les animaux de races communes que pour les mérinos ; parce que, ces animaux étant moins délicats, on peut remplacer le foin dans une plus grande proportion par de la paille et d'autres aliments, et surtout par le pâturage qu'ils peuvent supporter en hiver, et dans les mauvais temps, beaucoup mieux que les mérinos.

Quant à l'engraissement des moutons, on ne peut, dans un grand nombre de cas, par le motif que je viens d'indiquer, poser un chiffre déterminé pour la valeur de la nourriture qu'ils prennent au pâturage. La seule question que puisse se poser le cultivateur dans ces circonstances, c'est celle de savoir s'il trouvera plus de profit à faire consommer cette pâture ou par des moutons à l'engrais ou par des bêtes d'élève, ou en général par du bétail de telle ou telle espèce. En effet, la valeur de ces pâtures n'est déterminée que par le produit qu'on peut en tirer par l'intermédiaire du bétail ; et toute autre base d'évaluation serait illusoire.

Pour l'engraissement d'hiver qui s'opère à la bergerie, on trouve des bases plus fixes de calcul : j'ai supposé que les moutons de la race que j'ai prise pour exemple, valent 18 francs la pièce à l'automne de leur troisième année. Si on les met à l'engrais au commencement de l'hiver, on aura d'abord pour produit de leur tonte, approximativement, 750 grammes (une livre et demie) de laine valant environ 2 francs 50 centimes, ce qui réduit le prix de l'animal à 15 francs 50 centimes. Il consommera bien par jour l'équivalent de 3 kilogrammes (6 livres) de foin pendant la durée de l'engraissement, tant en fourrages secs que racines, tourteaux et grains. Si l'engraissement dure cinquante jours, la consommation sera par tête de 150 kilogrammes (300 livres) qui, au prix de 13 francs le millier, ont une valeur de 5 francs 40 centimes. Il faut donc que le mouton gras se vende environ 21 francs pour payer la dépense de son engraissement ; en laissant le fumier pour compensation des soins et de la valeur de la paille de litière, car l'animal à l'engrais n'en consomme pas d'autre. Ce prix se réalisera souvent et même avec quelque bénéfice ; car il est rare que, dans cette saison, le prix du mouton gras ne dépasse pas 55 francs le quintal ; et en supposant que ce mouton donne 20 kilogrammes (40 livres) de viande, il vaudrait à ce prix 22 francs. Il ne faut pas croire cependant que les engraissements de moutons à la bergerie présentent toujours les résultats favorables que je viens d'indiquer : c'est une opération qui est soumise à beaucoup de chances, par les variations accidentelles dans le prix des animaux lors de l'achat et de la vente ; et aussi parce que l'engraissement demande à être dirigé avec beaucoup d'habileté, pour que les fourrages consommés produisent le plus grand accroissement de poids qu'il est possible chez les animaux, et pour que ceux-ci se maintiennent exempts de diverses maladies ou d'accidents auxquels ils sont sujets pendant l'engraissement. Il faut aussi que la même habileté, résultat du tact et de l'expérience, préside au choix de l'instant où il convient de présenter sur les marchés la totalité ou seulement une partie d'un lot d'animaux que l'on a soumis à l'engraissement. Cette opération ne sera donc généralement lucrative que pour les hommes qui possèdent des connaissances pratiques sur ces matières ; qui s'occupent eux-mêmes des achats et des ventes, ainsi que de la direction du régime des animaux ; et qui sont à la fois, en un mot, d'habiles connaisseurs en bestiaux, d'habiles spéculateurs et d'habiles engraisseurs.

CHAPITRE VI

DE QUELQUES MALADIES DES BÊTES A LAINE

PREMIÈRE SECTION

Cachexie aqueuse ou pourriture

Il ne peut entrer dans mon intention de donner ici un traité d'art vétérinaire. Il me semble qu'il est utile, toutefois, de présenter quelques notions pratiques sur les maladies auxquelles les troupeaux de bêtes à laine sont le plus souvent exposées. Les moyens préservatifs et curatifs de ces maladies sont bien plus souvent dans le domaine d'un berger expérimenté ou du propriétaire du troupeau, que dans celui des hommes qui professent l'art de guérir; et l'on appelle rarement ces derniers, dans les cas de maladies des bêtes à laine, à cause du peu de valeur de chaque animal en particulier.

La *cachexie aqueuse*, connue plus généralement sous le nom de pourriture, ou sous d'autres dénominations locales, est certainement l'ennemi le plus redoutable des troupeaux de bêtes à laine; et il serait peut-être vrai de dire qu'il meurt plus d'animaux de cette maladie, que de toutes les autres prises ensemble, si le claveau ne venait pas quelquefois exercer des ravages qui ne le cèdent guère à ceux de la cachexie. C'est surtout dans les saisons humides et pluvieuses que la cachexie exerce des ravages, qui s'étendent souvent sur d'immenses étendues de territoire, et contre lesquels les soins les plus éclairés des propriétaires ne luttent pas toujours avec succès. Dans quelques localités basses et humides, cette maladie règne presque toutes les années ; et là, la seule spéculation à laquelle on puisse se livrer sur les bêtes à laine, c'est l'engraissement. Dans les localités mieux situées, la maladie ne se montre qu'après de longues intempéries, ou par suite d'imprudences commises dans le régime des animaux. Cette maladie n'est jamais contagieuse.

Les premiers signes extérieurs de la cachexie, sont la pâleur de la membrane de l'œil, dont les veines ne sont presque plus apparentes ; la pâleur de la peau des lèvres et de l'intérieur de la bouche, et même de la peau sur toute la surface du corps de l'animal ; dans une bête saine, la peau s'aperçoit sous une nuance rose, si l'on écarte la laine qui la couvre, tandis qu'elle est d'un blanc mat dans l'animal attaqué de cachexie. Celui-ci montre une faiblesse générale, qui le fait rester constamment à la queue du troupeau : aussi est-ce toujours sur les animaux qui se placent ainsi naturellement dans la marche, que l'on doit porter son examen, pour connaitre l'état de santé d'un troupeau. Si l'on saisit un tel animal par une de ses jambes postérieures, il fait peu d'efforts pour s'échapper, tandis qu'un animal sain se débat dans ce cas avec violence et pendant longtemps. Si l'on appuie la main sur la croupe de l'animal bien portant, il résiste à la pression, tandis que la bête malade cède au moindre effort. La pâleur de l'œil est ordinairement le premier signe que l'on puisse facilement apercevoir ; mais malheureusement lorsqu'il se montre, il est déjà trop tard pour qu'il y ait quelque probabilité de guérir l'animal. Ainsi, lorsque ce symptôme se manifeste sur plusieurs animaux à la fois, c'est à tout le troupeau qu'il faut se hâter de donner des soins pour arrêter les progrès du mal. Peu de temps après l'apparition des signes dont j'ai parlé, tous les tissus s'infiltrent d'un épanchement séreux qui constitue une véritable hydropisie ; celle-ci se manifeste fréquemment au dehors par un gonflement, ou tumeur molle, sous la ganache, que l'on nomme communément *la bouteille*, et qui disparait souvent à la bergerie pour se remontrer lorsque les animaux ont été pendant quelque temps au pâturage : à cette période, la maladie est complétement incurable. A l'ouverture du corps des animaux attaqués de cachexie, on remarque diverses lésions, parmi lesquelles on a souvent regardé comme caractéristique la présence dans le foie d'un nombre plus ou moins considérable de *douves*. Cependant, il arrive quelquefois qu'on n'en rencontre pas ; ainsi ces vers intestinaux ne sont pas la cause de la maladie, comme on l'a cru.

Au premier rang des moyens préservatifs de cette maladie, on doit placer la précaution de ne jamais faire paître les animaux le matin avant que la rosée n'ait disparu, ni le soir dès qu'elle se montre sur les plantes. Il faudrait pouvoir éviter aussi de conduire les animaux aux pâturages pendant et après la pluie, lorsque les herbes sont encore mouillées; mais cela est souvent très-difficile, dans des saisons où les pluies sont presque continuelles. Au reste, ce n'est pas pour avoir pâturé deux ou trois fois de l'herbe mouillée par la pluie que des troupeaux, fréquentant d'ailleurs un territoire sain, peuvent être attaqués de la cachexie; mais si cela se renouvelle fréquemment et pendant longtemps, le danger devient imminent, et c'est un tel état de température qui donne lieu aux épizooties de cachexie aqueuse. Il n'y a réellement alors, d'autre moyen de s'en garantir que celui de conserver une provision de fourrages secs, suffisante pour suppléer aux pâturages par des distributions aux râteliers, toutes les fois que les herbes sont mouillées; mais ce moyen est fort coûteux et n'est pas à la portée de tous les propriétaires de troupeaux. Il n'est pas nécessaire, au reste, que les animaux reçoivent constamment leur nourriture entière en fourrages secs; mais lorsqu'ils ont mangé une portion de bon foin, ils peuvent avec beaucoup moins de danger être conduits aux pâturages, en choisissant les intervalles de beau temps. On doit redoubler d'attention, dans ces circonstances, pour éviter de conduire les troupeaux dans les lieux bas et humides, dont le pâturage est dangereux en tout temps. On doit aussi éviter scrupuleusement, sur la fin de l'été et en automne, le pâturage des terrains qui ont été soumis à l'irrigation, ou qui ont été couverts d'eau par l'effet des débordements, quand même ce débordement aurait eu lieu longtemps auparavant dans le cours du printemps. Les débordements d'hiver ne paraissent pas exercer la même influence nuisible, du moins dans la plupart des cas. Des aliments toniques et stimulants doivent aussi entrer dans le régime des animaux que l'on veut préserver de la cachexie. Ainsi le pâturage des plantes amères astringentes ou aromatiques leur convient spécialement dans ce cas, ainsi que les fourrages dans lesquels se rencontrent en grande proportion des plantes de cette nature. Il est bon aussi de distribuer aux animaux des baies de genièvre, ou de la poudre de gentiane mélangée dans leurs aliments. On croit généralement que le sel commun est un puissant préservatif contre la cachexie; mais des observations qui me sont particulières, me font considérer cette opinion comme étant fort douteuse. On a dit, pour preuve de cette assertion, que les troupeaux qui fréquentent certains pâturages imprégnés de sel, ne sont pas sujets à la cachexie; mais cela ne serait-il pas dù plutôt à la nature des plantes qui croissent sur ces pâturages? L'opinion généralement répandue sur ce sujet demande, du moins je le pense, d'être étudiée par des observateurs attentifs et exempts de prévention.

Quant aux moyens curatifs de la cachexie, c'est certainement aussi dans la classe des remèdes stimulants et toniques qu'il faudra les chercher; et le vin poivré, que l'on a recommandé dans ce cas, produit réellement des effets marqués, sinon pour guérir les animaux malades, du moins pour retarder les progrès du mal; mais on doit peu compter sur l'efficacité des remèdes de ce genre, dès que les signes extérieurs de la maladie se sont manifestés. Dans la première période de la cachexie, les animaux peuvent encore très-bien prendre la graisse, et dans beaucoup de cas, le parti le plus profitable pour le propriétaire d'un troupeau, au moment de l'invasion de la maladie, c'est de soumettre à l'engraissement tous les animaux douteux et de les livrer le plus promptement possible à la boucherie. La viande des animaux attaqués de cette maladie a peu de sapidité, mais elle n'est nullement malsaine ; et dans les temps où il règne une épizootie de ce genre, on n'en consomme réellement guère d'autre, car les bouchers tuent alors très-peu d'animaux sains.

DEUXIÈME SECTION

Coup de sang ; Sang de rate

Le *coup de sang* reconnaît pour cause des circonstances diamétralement opposées à celles qui produisent la ca-chexie aqueuse ; ce sont des aliments trop stimulants, or-dinairement sous une température brûlante. Une saignée pratiquée à temps sauve presque toujours l'animal ; mais on ne peut trop se hâter, car celui-ci succombe souvent après quelques instants de maladie.

On a donné le nom de *sang de rate* à une maladie des bêtes à laine, qui fait souvent de grands ravages dans les mêmes circonstances que celles qui produisent le coup de sang et dont la terminaison funeste est ordinairement aussi très-prompte ; mais cette maladie diffère essentiellement du coup de sang ; et la saignée ne peut sauver l'animal, lorsque la maladie s'est déclarée. On s'est assuré qu'elle consiste en une affection charbonneuse éminemment contagieuse par le contact, et qui peut même se communiquer aux hommes qui ouvrent le corps des animaux morts de cette maladie.

Il est fort difficile de soustraire les troupeaux aux influences qui font naître les deux maladies dont je viens de parler. On peut toutefois recommander les boissons d'eau acidulée ou d'eau blanchie par une addition de farine ou de sons; mais il faut que ces boissons soient administrées copieusement, et comme régime habituel des animaux pendant un temps assez long. Au reste un changement dans la température, c'est-à-dire l'apparition d'un temps pluvieux, fait ordinairement cesser tous les accidents, tandis que pour la cachexie, la température, qui a produit les germes de la maladie, laisse dans l'organisation des animaux des lésions bien plus profondes et plus durables.

TROISIÈME SECTION

Météorisation ou enflure

La *météorisation* ou enflure est le résultat d'une véritable indigestion d'une trop grande abondance de certains aliments verts très-substantiels, et qui laissent dégager beaucoup de gaz pendant la digestion. Cette maladie cause parfois de graves accidents, principalement lorsque les troupeaux paissent du trèfle, de la luzerne, ou d'autres plantes de la famille des légumineuses. On a dit quelquefois que certaines plantes de cette famille, par exemple la lupuline ou le trèfle blanc, peuvent être pâturées sans aucun danger de météorisation. J'ai eu fréquemment l'occasion de reconnaitre que c'est une erreur contre laquelle il importe de se tenir en garde ; et j'ai vu plusieurs fois des pâturages, composés presque uniquement de l'une ou de l'autre de ces deux espèces de plantes, dans lesquels il était pour ainsi dire impossible de conduire un troupeau, sans que la météorisation ne se manifestât peu d'instants après sur un certain nombre de bêtes. Il est certain que, pour des causes qui sont encore peu connues, la faculté de produire la météorisation est fort variable entre divers pâturages de prairies artificielles, dans des terrains de même nature, et couverts des mêmes espèces de plantes. On a dit aussi que c'est dans les temps où l'herbe est humide que la météorisation est le plus à craindre ; mais c'est encore là une erreur manifeste. C'est aux époques de la sécheresse, lorsque les herbes sont fort nourrissantes sous un petit volume, que le danger de météorisation est le plus imminent. C'est surtout dans les soins assidus du berger que l'on doit chercher des garanties pour prévenir ces accidents ; car lorsqu'ils se sont manifestés sur un grand nombre d'animaux, ordinairement à une certaine distance de l'habitation, il ne peut guère être question d'administrer des remèdes, ou même d'opérer la ponction, qui toutefois peut réussir de même que pour le bétail à cornes ; mais la réussite exige des précautions et des soins de détails qu'il est bien difficile d'étendre à beaucoup d'animaux à la fois, surtout dans un instant où l'homme qui opère ne peut guère conserver son sang froid, entouré qu'il est d'animaux près de succomber à une maladie dont les progrès sont rapides.

Si le troupeau se trouve à portée d'une rivière ou d'un étang, on doit l'y conduire aussitôt que les premiers symptômes de météorisation se manifestent, et l'on fait entrer tous les animaux dans l'eau, jusqu'à un endroit où leur corps y plonge entièrement. Le refroidissement subit, causé par l'immersion dans l'eau, diminue la gravité du mal. Au reste, comme je viens de le dire, les soins les plus importants d'un berger, relativement à la météorisation, consistent dans l'attention qu'il apporte à surveiller constamment son troupeau; à lui faire traverser rapidement et par intervalle les pâturages où il sait qu'existe le danger; à examiner constamment les animaux, afin de s'apercevoir des premiers signes de météorisation; et à éloigner immédiatement le troupeau, lorsque les plus légers indices d'enflure se manifestent. Il doit aussi, s'il est possible, laisser les animaux apaiser leur plus gros appétit dans des pâturages qui n'offrent pas de danger, avant de les conduire dans ceux où il y a lieu de craindre la météorisation. Si avant la sortie du troupeau, on pouvait lui distribuer à la bergerie un peu de fourrage sec, on diminuerait beaucoup aussi le danger de cet accident; mais on est bien rarement en mesure de pouvoir donner ainsi du fourrage sec au troupeau pendant une grande partie de la belle saison; et, si on le pouvait, cela deviendrait fort coûteux.

QUATRIÈME SECTION

Gale

La *gale* est souvent l'effet de l'état misérable dans lequel sont tenus des troupeaux mal nourris et logés avec malpropreté ; mais il est aussi des cantons où cette maladie règne constamment, même dans des troupeaux bien soignés. Des bergers très-expérimentés pensent même qu'il est impossible d'en garantir les animaux de certaines sous-races de l'espèce commune, et dans certains cantons dont on croit que les pâturages disposent les animaux à cette maladie. On se contente donc d'empêcher que le mal ne fasse de trop grands progrès, en détruisant par des remèdes y appropriés les boutons de la gale à mesure qu'ils se manifestent. En procédant ainsi, on diminue les inconvénients de la maladie, mais on ne peut l'empêcher de se perpétuer ; et ce n'est que par un traitement général, employé en même temps pour tous les animaux du troupeau, et en l'appliquant à toute la surface de leur corps, que l'on peut essayer d'extirper la maladie. Il est fort difficile, au reste, de tenir les troupeaux de bêtes à laine exempts de gale, dans les localités où ils doivent fréquenter les mêmes pâturages que les animaux attaqués de cette maladie. L'opinion qui s'est établie relativement à l'impossibilité d'extirper la gale chez les bêtes à laine de certains cantons, vient vraisemblablement de ce qu'aucun propriétaire ne peut réellement espérer d'atteindre ce but dans les cantons où les troupeaux sont composés d'animaux appartenant à divers particuliers; car l'introduction d'un seul animal galeux chez l'un suffirait pour les infester bientôt tous, en supposant même qu'on fût parvenu à extirper momentanément la maladie, par des soins employés simultanément par tous les propriétaires.

On peut employer des remèdes très-variés pour opérer la guérison des boutons de gale, tels que des pommades ou des onguents dont des préparations sulfureuses ou mercurielles font ordinairement la base; mais le remède le plus généralement employé dans les cantons où cette maladie est enzootique, consiste en un liquide que l'on désigne sous le nom d'*eau* ou *sauce de tabac*, qui s'obtient en grand dans beaucoup de fabriques, et qui fait l'objet d'un commerce assez étendu en Allemagne et sur nos frontières de l'Est. On fait mystère de sa préparation, mais c'est certainement une décoction de tabac qui en fait la base; et ce liquide n'est peut-être que le résidu de certaines opérations dans les fabriques de tabac. Comme cette eau se vend à un prix assez bas, dans des dépôts qui existent sur nos frontières, les propriétaires de troupeaux ne songent guère à la préparer eux-mêmes. Ce remède est fort efficace, et quelques gouttes de ce liquide suffisent pour guérir un bouton de gale par une seule application. Les bergers portent ce liquide dans une corne à étroite ouverture, et, pendant que le troupeau pait, ils s'occupent à *galer* les moutons, c'est-à-dire à saisir l'animal chez lequel ils remarquent des signes de démangeaison, à rechercher les boutons qui en sont la cause, et à faire tomber sur chacun d'eux quelques gouttes de sauce de tabac après avoir mis à nu le bouton en écartant la laine, et en grattant avec l'ongle ce bouton et les parties de la peau qui l'avoisinent. Nulle part, on n'emploie en même temps de traitement intérieur, comme le recommandent souvent les vétérinaires, et l'on ne remarque pas qu'il en résulte des inconvénients pour la santé des animaux.

Si l'on veut guérir radicalement un troupeau attaqué de la gale, il faut, immédiatement après la tonte, avoir recours au bain suivant qui est fréquemment mis en usage en Allemagne, où l'on considère son efficacité comme parfaitement assurée. Je n'ai eu occasion de l'employer qu'une fois; mais la gale a disparu complétement sur le troupeau qui y a été soumis. Pour 1000 animaux tondus, prenez 4 kilogrammes (8 livres) de chaux vive, 5 kilogrammes (10 livres) de potasse, 6 kilogrammes (12 livres) d'huile empyreumatique, 3 kilogrammes (6 livres) de goudron liquide, 2 hectolitres de purin filtré à travers une toile, et 8 hectolitres d'eau. On prépare le liquide dans un tonneau d'une contenance suffisante; à cet effet, on convertit la chaux en un lait de chaux par l'addition d'un peu d'eau, on ajoute la potasse pour en former une espèce de bouillie, à laquelle on mêle l'huile empyreumatique et le goudron, en agitant le tout pendant longtemps à l'avance pour que la combinaison soit bien complète. On verse ensuite l'eau et le purin peu à peu sur cette bouillie, en agitant continuellement le mélange. Le liquide étant ainsi préparé, on emploie pour l'opération deux cuviers de grandeur suffisante pour qu'on puisse y faire entrer un mouton. On emplit l'un des deux cuviers de liquide, et l'on y plonge à diverses reprises un animal, en le saisissant par les quatre pieds et par la tête. Après cette immersion, on place l'animal debout dans l'autre cuvier qui reste vide et qui est destiné à recueillir le liquide, afin de n'en pas perdre. On frotte avec la main ou avec une brosse les parties malades, et on laisse s'égoutter le liquide dans le cuvier pendant quelques instants. On opère de même successivement sur toutes les bêtes du troupeau.

Tous les boutons de gale se guérissent par l'effet de cette opération; mais il en reparaît ordinairement d'autres dans les huit ou quinze jours qui suivent. Beaucoup de personnes croient que c'est le produit des œufs de *l'acarus de la gale* qui étaient implantés dans la peau des animaux. On répète donc l'opération, le huitième jour, avec de nouveaux liquides préparés à cet effet; et l'on recommence encore une fois et même deux fois, toujours à une semaine d'intervalle, jusqu'à guérison parfaite. Entre les bains, si l'on remarque des signes de démangeaison chez quelques animaux, on recherche avec soin les boutons qui y donnent lieu, et l'on opère immédiatement la guérison par l'application de quelques gouttes du même liquide, dont on a dû conserver pour cela quelques litres avant de commencer l'opération du bain. Les brins courts de la laine prennent une teinte rousse par l'effet de cette opération; mais cette couleur ne tarde pas à disparaître, ainsi que l'odeur forte dont la peau des animaux était chargée.

CINQUIÈME SECTION

Claveau ou clavelée

Le *claveau* est encore une maladie éminemment contagieuse qui fait souvent de grands ravages dans les troupeaux de bêtes à laine. Cette maladie présente, dans ses caractères et dans sa marche, beaucoup d'analogie avec la petite vérole de l'homme ; mais on s'est assuré par des expériences positives, que la vaccine n'a pas, comme pour la petite vérole, la propriété de prévenir l'invasion du claveau. On ne peut produire cet effet que par l'inoculation de la matière claveleuse elle-même, comme on pratiquait l'inoculation du virus de la petite vérole, avant qu'on ne connût la propriété préservatrice du vaccin. Il est donc question dans cette opération de donner à un troupeau le claveau proprement dit ; et l'on ne peut se dissimuler que si l'on n'use pas des précautions les plus minutieuses, ce claveau peut se communiquer à d'autres troupeaux, et que l'on introduirait ainsi dans un canton, une maladie épizootique meurtrière qui, sans cela, ne s'y serait peut-être pas montrée pendant fort longtemps. En effet, les épizooties claveleuses ne reviennent souvent qu'à de longs intervalles ; mais lorsque le claveau existe dans un pays, il parcourt et décime successivement tous les troupeaux avec peu d'exceptions, souvent dans le cours d'une ou deux années. L'inoculation artificielle du

claveau est donc une opération soumise à des considérations fort graves; et l'on ne peut trop s'étonner de la
légéreté avec laquelle elle a été recommandée par quelques personnes, comme une pratique qu'un propriétaire
de troupeau doit s'empresser d'adopter dans tous les cas.

Il est toutefois certains cantons où les épizooties claveleuses sont beaucoup plus fréquentes : ce sont ceux qui
avoisinent les lieux où de grandes quantités de bêtes à
laine arrivent constamment de divers pays; là le danger de
la contagion est toujours imminent, et l'on peut conseiller
aux propriétaires des troupeaux qui se trouvent ainsi placés, de prendre un parti qui diminue ordinairement les
chances de la mortalité. Mais dans les cantons où la maladie ne se montre guère que tous les dix ou quinze ans,
il me semble qu'il est beaucoup plus prudent d'attendre
que le germe de la contagion existe dans le voisinage, ou
même que le troupeau en soit attaqué; car à l'aide des
précautions convenables, on peut espérer s'en garantir; et
lorsqu'un ou deux animaux en seront attaqués dans le
troupeau, il sera encore temps de faire claveliser les autres.
En effet, l'invasion n'a jamais lieu sur un grand nombre
d'animaux à la fois; mais un ou deux seulement en montrent d'abord les symptômes, puis un certain nombre d'autres en sont attaqués dix ou quinze jours après; et la maladie continue à se propager ainsi, de manière qu'il se passera
ordinairement une couple de mois avant que tous les animaux du troupeau en aient été atteints. Ainsi, en surveil-
lant avec soin l'invasion de la maladie, on l'aperçoit toujours à temps pour qu'on puisse donner artificiellement le

claveau à presque tous les animaux qui composent le troupeau. On croit généralement que la maladie ainsi inoculée, présente beaucoup moins de gravité que lorsqu'elle se communique naturellement : et beaucoup de faits tendent à établir cette supposition. C'est là toutefois un point sur lequel il faut que des observations plus nombreuses viennent éclairer les propriétaires de troupeaux; et il importe qu'on étudie avec plus de soin, qu'on ne l'a fait jusqu'ici, les circonstances qui peuvent influer sur la gravité du claveau inoculé. Il faut surtout que ces observations soient faites par des hommes non prévenus, avec le seul désir de connaitre la vérité. Cette disposition d'esprit est plus rare qu'on ne le croit dans les hommes qui observent les faits; et je dirai à l'appui de cette assertion que, pour le claveau en particulier, on s'est complu dans ces derniers temps à citer dans tous les recueils, avec de grands détails, les exemples de clavélisation dans lesquels on n'avait perdu qu'un petit nombre des animaux qui y avaient été soumis, par exemple deux ou trois par cent et quelquefois moins. Mais lorsque l'opération a été malheureuse, lorsqu'on a perdu un quart ou un tiers du troupeau, comme je pourrais en citer des exemples, on s'est tu, dans la plupart des cas, comme si l'on eût craint de faire connaitre des faits contraires à l'opinion que l'on avait embrassée d'avance. C'est ainsi que se forment et se propagent les préjugés. Il est certain que dans beaucoup de cas, le claveau inoculé ne se manifeste que par un seul bouton au lieu de l'insertion du virus, et sans que l'animal n'éprouve autre chose qu'un malaise de peu de gravité. Si ce bouton s'est bien développé, l'animal sera réellement préservé du claveau pour le reste de sa vie. Mais dans d'autre cas, et souvent sans qu'on puisse déterminer les causes de cette différence, l'inoculation donne lieu à une éruption générale, souvent confluente et qui constitue un claveau tout aussi dangereux que celui qui s'est communiqué par voie naturelle. Ce cas s'est présenté à moi d'une manière très-remarquable : ayant d'abord fait inoculer le claveau à une trentaine d'animaux pris au hasard dans un troupeau de mérinos, la maladie se montra très-bénigne, et un petit nombre d'animaux seulement eurent cinq ou six boutons répandus sur la surface du corps, outre le bouton de l'insertion ; dans tous les autres, ce dernier seul se développa. Je fis prendre du virus sur ces animaux pour opérer l'inoculation du reste du troupeau. L'opération fut pratiquée de même que pour les premiers et par la même personne. Mais cette fois, le résultat fut très-différent : il se développa une éruption générale chez presque tous les animaux ; la maladie fut fort grave et la mortalité considérable. Je remarquai que le claveau se montra particulièrement avec des symptômes très-graves sur les animaux composant un lot qui avait été soumis quelques mois auparavant à un commencement d'engraissement et qui étaient restés dans un état d'embonpoint supérieur aux autres, mais qui n'avait cependant rien d'excessif pour un troupeau d'élève. Une partie de ces animaux étaient des moutons mérinos, et les autres des bêtes de race allemande à grosse laine. Les uns et les autres furent attaqués généralement d'un claveau confluant qui en fit périr un grand nombre. Le reste du troupeau était composé d'animaux qui avaient été inoculés d'abord. Dans ceux-là, la maladie eut beaucoup moins de malignité que dans le lot dont je viens de parler ; cependant, l'éruption fut générale dans le plus grand nombre, et la maladie se développa avec assez de gravité pour faire succomber plus du dixième des animaux de cette classe. Cette opération a été exécutée pendant l'hiver, mais par un temps peu rigoureux. Le premier lot inoculé fut placé à part, dans une écurie assez froide, et le reste du troupeau demeura dans la bergerie, dont la température était plus élevée, mais qui est cependant très-aérée. Le fumier de la bergerie avait été évacué une couple de mois auparavant, en sorte qu'il s'y en trouvait déjà une couche assez épaisse, tandis qu'on fit une litière entièrement neuve au premier lot placé à part. Est-ce à cette différence dans la température du local ou de la couche sur laquelle les animaux reposaient, que l'on doit attribuer la diversité des résultats ? Ni le vétérinaire qui soignait le troupeau, ni moi nous n'avons pu résoudre positivement cette question. Je connais plusieurs autres faits de clavélisations malheureuses dont on a pris soin d'étouffer la connaissance. Je pense qu'on peut conclure de là, non pas que l'inoculation du claveau est une mauvaise pratique en elle-même, mais qu'il y a des considérations que l'on ne connaît pas encore suffisamment, relativement aux circonstances dans lesquelles le claveau inoculé peut prendre un caractère plus ou moins grave. L'agnelage était commencé, lorsque j'introduisis ainsi le claveau daus la bergerie de Roville. On jugera vraisemblablement que je commis là une faute. Il serait superflu d'exposer ici le motif particulier qui me força en quelque sorte à prendre ce parti ; ce qui importe, c'est de rechercher l'instruction qui peut résulter des faits observés. Il est certain d'abord que ce n'est pas dans l'état de gestation ou d'allaitement des femelles qu'il faut chercher la cause du caractère de gravité que prit la maladie ; car les moutons, les béliers, et les femelles qui ne portaient pas, présentèrent de même les symptômes du claveau général assez malin. Cependant, l'inconvénient fut encore plus grave pour les mères nourrices et pour les brebis dont l'état de gestation était avancé ; car ces dernières avortèrent presque toutes, et le lait se perdit chez les autres, en sorte qu'on ne put sauver qu'un très-petit nombre de leurs agneaux. Un propriétaire du département de la Haute-Garonne éprouvait en même temps des effets semblables, dans un troupeau qu'il avait soumis à l'inoculation peu de temps avant l'époque de l'agnelage ; et il a publié les détails de cette désastreuse opération, dans le *Journal des propriétaires ruraux de Toulouse*. C'est là une honorable exception à l'assertion que je viens d'émettre sur le silence qu'ont gardé d'autres propriétaires dans des cas analogues. Il résulte certainement de ces faits que l'on doit bien se garder d'introduire le claveau dans un troupeau, à l'époque où les femelles allaitent ou sont en état de gestation. Mais cela n'explique pas les causes du développement d'un claveau général produit par l'inoculation ; car cet effet s'est manifesté chez ce propriétaire comme chez moi, sur les mâles de même que sur les femelles.

Il semble résulter des faits dont on a donné jusqu'ici

connaissance au public, que c'est surtout pour les agneaux
que la clavelisation artificielle offre peu de danger, lorsqu'on pratique cette opération, peu de temps après le sevrage, dans le mois d'avril ou de mai. Il est certain, en
effet, que cette saison de l'année ainsi que l'automne sont
les plus favorables aux succès de l'opération; car on sait
que le claveau naturel présente moins de dangers aux
époques de température moyenne, que dans les saisons
très-chaudes ou très-froides. Lorsque les animaux adultes
d'un troupeau sont à l'abri de la contagion, parce qu'ils
ont eu antérieurement la maladie, soit naturellement, soit
artificiellement, il peut être fort utile de faire ainsi claveliser tous les ans les agneaux, ce qui fait disparaître, d'une
manière constante, tout danger de contagion pour le troupeau. Mais le premier pas à faire est fort critique, lorsqu'il
est question d'un troupeau entier qui n'a pas encore eu le
claveau. C'est alors que le cultivateur prudent attendra, je
pense, que le danger de la contagion soit réel pour se déterminer à une inoculation générale.

Cette inoculation se pratique de même que pour la vaccine, au moyen d'une aiguille cannelée dont on trempe la
pointe dans du virus claveleux recueilli à cet effet, ou
dans un bouton de claveau bien développé. On pratique
ensuite deux ou trois piqûres, en introduisant la pointe de
l'aiguille sous l'épiderme de l'animal que l'on veut inoculer. Il est généralement reconnu aujourd'hui, que l'endroit
le plus convenable pour cette insertion est le dessous de
la queue, à 3 ou 6 centimètres (1 ou 2 pouces) de sa
naissance. Cinq ou six jours après, on examine le lieu de

l'insertion, pour reconnaître si le bouton s'est bien développé; et l'on inocule de nouveau les animaux chez lesquels la première opération aurait été sans effet.

Quant au traitement des animaux atteints de claveau
naturel ou artificiel, la nature doit en faire presque tous
les frais; et les remèdes qui ont été si souvent préconi-
sés, sont généralement plus nuisibles qu'utiles, sans doute
parce qu'on ne possède pas encore d'observations assez
précises sur les résultats obtenus par divers modes de
traitement. Tant que les animaux conservent l'appétit, ou
quand il est revenu après l'éruption, on leur donne avec
modération des fourrages de bonne qualité et même un
peu de grains. Dans la période critique de la maladie, les
animaux ne cherchent pas à manger mais boivent volontiers. On a soin qu'ils aient toujours à leur disposition de
bonne eau, dans laquelle on délaie un peu de farine
d'orge ou de féveroles. Lorsque les troupeaux parquent et
sont nourris au pâturage, il est douteux qu'il soit convenable de rien changer à leur régime, pourvu que la température ne soit ni froide ni pluvieuse.

SIXIÈME SECTION

Tournis

Cette maladie attaque seulement les jeunes animaux
dans leur première année, rarement dans la deuxième, et
presque jamais dans la troisième. Les mérinos sont beau-

coup plus sujets à cette maladie que les animaux de race commune; et dans certaines localités, ou dans certaines années, elle cause parmi les premiers de très-grands ravages. J'ai perdu dans une année, plus du tiers de mes agneaux par l'effet du tournis; tandis que dans d'autres années, j'en ai rencontré à peine des exemples dans le même troupeau, sans qu'il me soit possible d'assigner aucune cause vraisemblable à cette différence.

Le tournis est l'effet d'une *hydatide* qui se loge dans la substance cérébrale des animaux : elle forme une vésicule membraneuse transparente et sans couleur, dont la grosseur surpasse souvent celle d'un œuf de pigeon. Lorsque cette vésicule est placée à la surface de la substance du cerveau, l'os du crâne se trouve souvent assez aminci, à cet endroit, pour fléchir très-sensiblement sous la pression du doigt, en sorte qu'on reconnait, par ce moyen à l'extérieur, l'endroit où est logée l'hydatide; mais il est beaucoup de cas où ce signe ne peut en décéler l'existence qu'à l'ouverture de la tête des animaux. Cette vésicule ne peut se recueillir entière qu'avec beaucoup de précautions, parce qu'elle est très-fragile. Si on la place sur une assiette, et qu'on perce la membrane qui la forme, elle se vide en laissant écouler un liquide qui a l'apparence de l'eau. Il se rencontre souvent, dans diverses parties du cerveau du même animal, plusieurs hydatides de différentes grosseurs.

L'animal qui est attaqué de cette maladie a peine à suivre le troupeau, et s'en écarte fréquemment dans la marche ou au pâturage. Il a l'air triste et égaré, tient la tête penchée souvent d'un côté, et tourne quelquefois sur lui-même, comme s'il ne pouvait s'avancer en ligne droite. L'animal vit quelquefois pendant longtemps dans cet état, et peut même souvent s'engraisser, si on le nourrit à la bergerie dans une loge séparée. Dans d'autres cas, il mange peu et maigrit promptement.

Le tournis a résisté jusqu'ici à tous les moyens qu'on a employés pour le guérir; et nous devons le considérer comme incurable dans l'état actuel de l'art. Les moyens que l'on a employés sont tous chirurgicaux, et consistent dans divers procédés de ponction, dans la cautérisation avec un fer rouge, ou dans l'opération du trépan. Mais les cas de guérisons opérées par ces moyens, que l'on a cités dans quelques recueils, sont si peu nombreux et même si douteux qu'ils ne peuvent inspirer aucune confiance. Aussi, dès que le tournis s'est manifesté dans un animal par des symptômes qui sont toujours reconnaissables, le plus prudent est d'abattre le plus tôt possible cet animal, afin de tirer parti de sa chair qui est d'aussi bonne qualité que si l'animal était parfaitement sain.

Les larves d'*œstres*, qui se logent dans les sinus frontaux des bêtes à laine, donnent quelquefois lieu à des symptô-mes ayant quelque ressemblance avec ceux du tournis; mais il faut bien se garder de confondre ces deux affec-tions, car la présence des œstres n'est que temporaire; et il est bien rare que ces larves se rencontrent en assez grand nombre dans le même animal pour causer une ma-ladie grave. Dans ce cas, leur présence détermine tou-jours l'écoulement d'une matière visqueuse, par les naseaux, ce qui suffit pour distinguer cette affection du tournis. L'ouverture des animaux morts naturellement, ou tués, ne laisse plus de doute, puisque dans le cas de tournis on ne manque pas de trouver l'hydatide, si on la cherche avec quelque soin dans la capacité cérébrale. Quelquefois on reconnait l'existence simultanée de l'hydatide et des œstres; mais alors c'était la première qui était la véritable cause du tournis. Les larves d'œstres sortent naturellement par les naseaux, à l'époque où elles se transforment en insectes parfaits; mais on peut les détruire avant cette époque par des injections de liquide amer, ou astringent, dans les naseaux. Il me parait vraisemblable qu'une injection d'huile produirait encore un effet plus prompt.

SEPTIÈME SECTION

Du Piétain ou Fourchet.

Le piétain ou fourchet est une tumeur qui se convertit bientôt en ulcère, et qui attaque les pieds des bêtes à laine, quelquefois par les temps très-secs et brûlants, quelquefois aussi, lorsqu'elles fréquentent des terrains fangeux, ou après de longues marches; mais spécialement pendant l'opération de l'engraissement à la bergerie, et lorsque cet engraissement est déjà un peu avancé. La tumeur se manifeste d'abord dans la partie qui sépare les

deux ongles et près de la couronne; l'animal commence
à boiter dès ce moment. Mais dans peu de jours, l'abcès
fait des progrès, et la matière purulente se répand entre
le pied et le sabot; l'animal ne peut plus poser le pied à
terre sans de grandes douleurs, et on le voit même marcher sur ses genoux. Cette maladie n'attaque quelquefois
qu'un ou deux pieds de l'animal, quelquefois tous les
quatre. Les animaux perdent l'appétit par l'effet de la
douleur qu'ils ressentent et de la fièvre qui accompagne la
suppuration; la mort en serait le résultat si l'on n'y appor-
tait un prompt remède, ou si l'on ne livrait à la boucherie
les animaux qui sont atteints de cette affection.

Le piétain se guérit assez facilement, lorsque la maladie
n'est pas très-avancée : pour cela, on pratique des scarifi-
cations, à l'aide du bistouri, dans la fourchette malade; on
coupe jusqu'au vif la corne des ongles, partout où elle est
détachée du pied par le pus, et même là où l'on remarque
de la sensibilité sous la pression du doigt. On saupoudre
ensuite de sulfate de cuivre, ou vitriol bleu pulvérisé,
toutes les parties scarifiées ou incisées, en faisant péné-
trer autant qu'on le peut cette poudre dans les incisions.
Si le pied est très-malade, on l'enveloppe de toile grossière ou de cuir assujetti par une ligature au bas de la
jambe; mais dans le plus grand nombre de cas, cette précaution n'est pas nécessaire, et le mal se guérit souvent
en peu de jours sans qu'il soit nécessaire de réitérer l'o-
pération. Quelques bergers remplacent le sulfate de cuivre
par de l'essence de térébenthine, qui réussit également.
Lorsqu'on emploira le sulfate de cuivre, il faudra qu'on

se rappelle que cette substance est un violent poison, et que son emploi exige les plus grandes précautions. Il faut aussi qu'on sache que ce sel se décompose très-rapidement dans l'atmosphère des bergeries, qui est toujours mêlée de beaucoup de carbonate d'ammoniaque. La poudre change de couleur et n'est plus alors qu'un carbonate de cuivre mêlé de sulfate d'ammoniaque, qui a perdu toute son efficacité. Par ces deux motifs, on doit toujours tenir cette poudre enfermée dans des fioles bien bouchées.

Le piétain passe pour être éminemment contagieux; et en effet, lorsque quelques animaux en sont attaqués, surtout dans un troupeau qui est tenu dans la bergerie, le mal fait des progrès rapides, et bientôt un grand nombre d'animaux en sont atteints. C'est un accident qui se manifeste fréquemment dans les lots de moutons que l'on engraisse à la bergerie, et qui cause de grandes pertes à l'engraisseur, si les soins ne sont pas administrés avec beaucoup d'activité et d'intelligence. On doit séparer immédiatement les animaux qui en sont atteints, et renouveler très-fréquemment la litière; car tout porte à croire que c'est à l'aide de la matière purulente qui s'y dépose, que la maladie se transmet aux animaux sains.

CINQUIÈME PARTIE

CINQUIÈME PARTIE

DES PORCS

CHAPITRE I

CONSIDÉRATIONS GÉNÉRALES

Les porcs ne sont pas généralement considérés comme présentant dans les exploitations rurales un article d'une haute importance, comme objet de vente; cependant, ces animaux forment un des sujets les plus importants de l'économie domestique, car leur chair est à peu près la seule qui se consomme, dans la plupart des exploitations rurales, pendant la plus grande partie de l'année; et partout on s'arrange de manière à obtenir cette chair dans la maison même, sinon en y faisant naître les animaux qui la produisent, du moins en les achetant jeunes, pour les faire croître et les engraisser. En effet, les truies produisant un grand nombre de petits, il n'en faut que peu pour suffire aux besoins d'une population nombreuse; et la spéculation de produire des petits cochons pour les vendre au sevrage, s'est trouvée ainsi séparée naturellement, dans la plupart des cantons, de l'industrie qui consiste à élever les jeunes cochons et à les engraisser. Dans presque toutes les localités, on entretient et l'on engraisse pour la vente, dans chaque exploitation rurale, un petit nombre de cochons de plus que ceux qui sont nécessaires pour la consommation du ménage ; mais très-rarement on fait, de l'entretien et de l'engraissement de ces animaux pour le commerce, une spéculation sur une grande échelle. Il est certain cependant qu'à l'aide de dispositions convenables, principalement pour le logement de ces animaux, on pourrait dans beaucoup de localités, en faire une spéculation lucrative.

Les diverses races de cochons varient beaucoup de canton à canton : par la taille et le volume du corps ; par la couleur ou le pelage qui est blanc, noir, fauve, ou taché de ces diverses couleurs ; par la grandeur des oreilles, qui sont larges et retombantes dans quelques races, et par d'autres particularités qui se rapportent plus spécialement aux qualités économiques de chaque race. Elles ont été fréquemment croisées entre elles, et il serait entièrement superflu de présenter la nomenclature de celles qui se rencontrent dans les diverses parties du territoire français. En général, ces races se distinguent par de longues jambes et un corps allongé et étroit, ce qui est l'opposé des formes que l'on considère, dans toutes les races d'animaux, comme les plus favorables pour la promptitude de la croissance et de l'engraissement. Ces formes, au reste, sont déterminées par le régime auquel on soumet ces animaux.

En effet, dans les cantons où l'on se livre à la production des cochons pour en approvisionner d'autres localités, on entretient ordinairement les truies et les verrats, une grande partie de l'année, dans des pâturages où ils errent en liberté sur de grands espaces ; en sorte que leurs formes, de même que leurs mœurs, doivent se rapprocher de beaucoup de celles du porc sauvage ou sanglier. Ces formes d'ailleurs, présentent sous un point de vue un avantage pour le but qu'on se propose. Elles rendent ces animaux propres à supporter les voyages parfois assez longs qu'on est obligé de leur faire faire pour aller trouver les acheteurs.

On a importé d'Angleterre, dans ces derniers temps, plusieurs races de porcs qui diffèrent par la taille et le poids des individus ; mais qui ont de commun une grande analogie dans les formes générales des animaux, ce qui leur donne une physionomie tout à fait particulière. Dans toutes ces races, les animaux sont très-bas sur jambes ; le ventre, qui traîne quelquefois presque à terre, est arrondi en forme de tonneau ; la croupe est large, aplatie par-dessus ; les cuisses sont très-volumineuses ; le thorax est ample et remarquablement large ; et les épaules très-charnues. Les animaux de ces races se distinguent généralement aussi par une grande douceur ; et l'on conserve souvent des verrats jusqu'à un âge avancé, sans qu'ils donnent des signes de cette férocité qui est généralement le partage des mâles des races communes. On croit que ces races ont été créées en Angleterre par le croisement des femelles de races ordinaires avec des mâles de cochons-chinois. Cela peut être vrai pour les plus petites races anglaises, mais il est certain que le régime auquel ces animaux sont assujettis dans ce pays, a pu suffire seul pour produire cette modification dans les formes et pour accroître beaucoup l'aptitude à l'engraissement; car c'est ce même régime qui a opéré des modifications entièrement semblables dans les races de moutons et dans les races bovines, comme je l'ai déjà expliqué dans la deuxième section du chapitre I. Il est certain que partout où l'on fait naître des porcs pour être nourris et engraissés dans l'exploitation même ou dans le voisinage, et où l'on nourrit les animaux à l'intérieur ou dans de riches enclos peu distants de l'habitation, c'est à ces races anglaises qu'il convient de donner la préférence; car la nourriture est employée avec beaucoup plus de profit qu'avec ceux des races communes. Mais les individus des races anglaises sont peu propres aux voyages; on ne peut donc conseiller de les adopter, dans le cas où l'on fait des élèves pour aller les vendre dans d'autres cantons. Et si l'on place ces races dans des pâturages où les animaux sont forcés d'acheter leur nourriture par beaucoup d'exercice et de travail, elles dégénéreront bientôt, et les formes se modifieront conformément à cette nouvelle destination.

Une entreprise d'élève de porcs sur une grande échelle, permettrait de tirer un parti très-profitable des racines et des fourrages verts de la famille des légumineuses. C'est toutefois une spéculation qui, à la vente, présente beaucoup de diversité dans les prix, surtout si on voulait se livrer spécialement à la production des animaux pour les vendre encore jeunes ; car il n'est aucune espèce de bétail dont les prix varient dans une si grande proportion, d'une année à l'autre. Cette circonstance s'explique facilement, lorsque l'on considère que chaque truie faisant un grand nombre de petits, on peut accroître dans une grande proportion, durant l'espace d'une seule année, le nombre des animaux de cette espèce qui existent sur la surface d'un grand pays. C'est en effet ce qui arrive dans les années où il y a abondante production des récoltes qui servent habituellement de nourriture aux cochons, et où les grains sont à bas prix ; car alors, beaucoup de personnes étant disposées à accroître le nombre des cochons qu'elles engraissent annuellement, le prix des jeunes animaux s'élève beaucoup, et les éleveurs sont disposés à en forcer la production. Mais s'il survient, l'année suivante, un déficit dans la récolte des pommes de terre, des châtaignes, des glands, etc. ; et si le prix des grains s'élève trop pour qu'on puisse les faire consommer avec profit par les cochons, il se trouve alors sur les marchés un encombrement de jeunes animaux, et il en résulte un grand avilissement dans le prix. La paire de jeunes cochons au sevrage se vendra quelquefois douze à quinze francs, ou même davantage, et deux ou trois ans après, on aura de la peine à les vendre au prix de quatre à cinq francs. Malgré cela, lorsque la spéculation d'un établissement est dirigée vers la production des jeunes cochons pour la vente, on ne trouvera presque jamais son compte à vouloir se défendre contre ces variations, en refusant de vendre lorsque les prix sont bas, ou en forçant la production lorsqu'ils se sont élevés au-dessus de la moyenne. Comme il est impossible de prévoir la durée de l'état de choses du moment, il se fera bien souvent, ou qu'on n'arrivera pas à temps pour profiter de la hausse dans les prix, ou qu'on éprouvera des pertes considérables, en nourrissant pendant longtemps avec de grandes dépenses les animaux que l'on aurait refusé de vendre. Le plus prudent est donc de continuer, sans de grandes perturbations, à tenir la production et la vente dans les proportions que l'on a fixées d'après les convenances de l'exploitation et les ressources alimentaires dont on peut disposer. On vendra quelquefois à de bas prix; mais c'est la moyenne d'un grand nombre d'années qu'il faut considérer : et, dans maintes circonstances, cette moyenne est très-favorable à l'éleveur, soit qu'il vende de jeunes cochons en sevrage, soit qu'il ait disposé les choses de manière à les nourrir jusqu'à l'âge de quatre ou six mois. Si l'on veut faire l'élève complet jusqu'à l'engraissement, on trouvera généralement moins de chances défavorables, mais aussi moins de chances de prix très-élevés; et cette spéculation peut convenir dans les localités où l'on est assuré de vendre les cochons gras à de bons prix. C'est aux personnes qui voudraient se livrer à cette dernière spéculation, qu'il conviendrait surtout d'adopter les races de porcs anglais.

Les succès et les profits que l'on obtiendra des spéculations sur les cochons en général, dépendront, peut-être plus que pour toutes les autres espèces de bestiaux, des soins qu'on leur consacrera et de l'intelligence avec laquelle sera dirigée l'éducation. C'est là une vérité que l'on connaît bien dans les pays où l'on se livre avec quelque étendue à l'élève des porcs : aussi fait-on là un cas particulier d'une servante attentive et appliquée, qui connaît et pratique avec assiduité les soins de détail qu'exigent ces animaux ; et souvent on ne craint pas de lui donner un gage plus élevé qu'à aucun des autres employés de la ferme.

La disposition des bâtiments est aussi une circonstance qui peut exercer une très-grande influence sur les profits, dans l'élève des porcs. Si l'on voulait se livrer à une spéculation un peu étendue de ce genre, il serait nécessaire de consacrer aux logements de ces animaux une cour séparée, qui contiendrait toutes les loges, comme je l'ai expliqué en traitant des *bâtiments d'exploitation*.

CHAPITRE II

DE LA REPRODUCTION

Les truies pourraient porter fort jeunes, si l'on aban-
donnaient les accouplements à la nature ; mais il convient
communément d'attendre l'âge de huit mois au moins pour
les faire saillir. On ne doit pas non plus permettre aux
verrats de saillir avant l'âge de huit ou neuf mois ; et l'on
doit encore les ménager beaucoup à cet âge. Ces animaux
sont bien loin alors d'avoir acquis toute leur croissance ;
car elle n'est généralement complète qu'à l'âge de deux ou
trois ans. Au reste, il n'est aucun genre d'animaux dont la
croissance puisse être plus fortement modifiée par l'alimentation ; et un porc abondamment nourri pourra avoir
plus de taille et de poids à six mois, qu'un autre de la
même race à l'âge d'un an ou même de dix-huit mois, si
ce dernier a été nourri avec parcimonie. Une truie ou un
verrat qui auraient été soumis à ce dernier régime, ne
pourraient être livrés à l'accouplement avant l'âge d'un an,
sans que leur croissance en souffrit beaucoup.

Les truies portent un peu moins de quatre mois ; et
comme elles sont disposées à recevoir le verrat peu de
jours après qu'elles ont mis bas, on pourrait à la rigueur
en tirer trois portées par an ; mais on se contente de deux,

même pour les truies copieusement nourries, parce que l'allaitement les épuisant beaucoup, il convient de leur laisser quelque temps pour se refaire après le sevrage. Quant à celles qui sont nourries dans les pâturages pendant une grande partie de l'année, on ne leur demande ordinairement qu'une portée ; et l'on dispose les choses de manière qu'elles mettent bas dans le mois de mars.

Certaines truies, surtout dans quelques races, sont très-fécondes, et donnent généralement des portées de dix ou douze petits, et quelquefois davantage. A la première portée elles en donnent moins ; mais lorsqu'une truie déjà bien formée ne produit pas au moins six ou sept petits à cette portée ou huit ou dix à la seconde, on s'en défait communément, parce qu'on juge qu'elle ne sera pas assez féconde. On réforme également les truies qui se montrent peu soigneuses de leurs petits ; qui les écrasent fréquemment par maladresse ; ou qui les nourrissent mal, quoiqu'elles soient elles-mêmes bien nourries. On réforme à plus forte raison celles qui dévorent leurs petits ; car c'est une habitude vicieuse dont elles ne se corrigent guère. Pour éviter qu'elles ne la contractent, on doit veiller exactement à l'instant du part ; et les empêcher de dévorer l'arrière-faix, ce qui les exciterait à porter leur voracité sur leur progéniture. Lorsqu'on prévoit qu'une truie va mettre bas, on doit aussi lui retirer toute la grande paille, et ne lui laisser qu'une litière peu abondante et composée de paille courte, parce que les petits nouvellement nés se cachant sous la grande litière, la mère les écrase souvent sans les apercevoir. La truie qui met bas, doit toujours être logée seule; et la personne qui la soigne ne doit la quitter qu'après la naissance de tous les petits, et après qu'elle a enlevé l'arrière-faix. Une truie, en la supposant même très-bien nourrie, ne peut guère allaiter avec succès plus de huit ou neuf petits. Si on lui en laissait un plus grand nombre, il s'en trouverait presque toujours plusieurs de chétifs et qui n'auraient que peu de valeur. Il vaut donc mieux détruire à l'instant de la naissance les plus faibles de la portée qui dépasseraient ce nombre. La truie doit être très-bien nourrie pendant l'allaitement; et de préférence avec des résidus de laiterie, ou de la farine délayée dans l'eau en bouillie très-claire. Les petits doivent être tenus avec leur mère dans une étable chaude; car lorsqu'ils ont été saisis du froid à cet âge, ils ne prennent jamais beaucoup de croissance par la suite.

Les petits cochons mangent communément dès l'âge de quinze jours les mêmes aliments que la mère; et l'on avance beaucoup plus leur croissance si on leur donne à part, du lait écrémé, du petit-lait, ou de la farine délayée. On le fait en les retenant dans la loge, pendant que la mère est lâchée dans la cour. On les sèvre communément à six semaines; et dans les premiers temps, on doit leur donner à manger, quatre fois par jour, les mêmes aliments dont je viens de parler, ainsi que du trèfle, de la luzerne, des feuilles de choux et surtout des laitues, que ces animaux aiment beaucoup et qui leur conviennent. Au reste, les plantes vertes ne doivent former, à cet âge, qu'une partie de l'alimentation : il faut aux jeunes animaux une nourriture plus substantielle, si l'on veut qu'ils acquièrent promptement un grand développement. Les grains font partie essentielle de leur régime, à moins qu'on ne puisse leur consacrer en certaine abondance les résidus de laiterie. On châtre quelquefois les jeunes cochons pendant l'allaitement; mais alors ils deviennent moins vigoureux et moins grands que ceux que l'on ne châtre qu'à l'âge de quatre ou six mois. La castration des deux sexes est d'un usage général pour ces animaux, et partout on trouve des châtreurs de profession qui ont acquis une grande habitude de cette opération; en sorte qu'on a peu à redouter les accidents qui pourraient en être la suite, surtout pour les femelles, entre les mains d'hommes peu expérimentés.

CHAPITRE III

NOURRITURE ET ENGRAISSEMENT

Dans certains cantons, principalement dans les pays de
montagnes, les cochons sont nourris au pâturage pendant
une grande partie de l'année; et là où il existe des terrains
marécageux acides que l'on ne peut assainir par quelque
motif que ce soit, on ne peut guère en tirer un parti plus
profitable que de les consacrer au pâturage des cochons.
Souvent aussi on fait pâturer ces animaux dans les chaumes
des terres arables; mais cette pratique, présentant tous les
vices de la vaine pâture en général, offre de plus l'inconvénient de produire dans le sol, des affouillements qui en
rendent la surface très-inégale, et qui gênent les opérations d'une culture soignée, parce que le labour qui suit est
nécessairement défectueux, et ne peut rétablir l'égalité de
la surface. L'accès des prés doit, par le même motif, être
soigneusement interdit aux porcs. On les fait quelquefois
pâturer dans des terrains couverts de trèfle ou de luzerne;
mais il est bien plus profitable de faucher ces plantes pour
les faire consommer par ces animaux dans leurs loges ou
dans la cour : on évite d'ailleurs par là l'inconvénient des
affouillements. Quelques personnes regardent comme fort
bon d'utiliser la disposition qu'ont les porcs à fouiller la

terre, en les plaçant dans des champs où les pommes de terre ont été récemment arrachées, ou qui contiennent des tubercules de terre-noix (*bunium bulbocastanum*), de macjon (*lathyrus tuberosus*), ou autres qui peuvent servir de nourriture à ces animaux. Mais si l'on considère avec attention la manière d'opérer des porcs, on trouvera d'abord que les aliments qu'ils se procurent ainsi leur profitent peu, à cause de la fatigue qu'ils doivent prendre pour se les procurer ; ensuite, qu'ils ne mettent ainsi à profit qu'une petite partie des tubercules qui se trouvent dans le sol, parce que fouillant au hasard et sans indices, ils sont forcés, pour en découvrir un petit nombre, de faire de grandes excavations qui en couvrent beaucoup d'autres. Au total, ce moyen de récolte, qui parait d'abord si économique, est fort imparfait et peu profitable.

Dans toute éducation économique des cochons, les plantes vertes pendant l'été, et les racines pendant l'hiver, doivent entrer pour une grande proportion dans leur nourriture, depuis l'âge de deux ou trois mois jusqu'à l'époque où on les met à l'engrais. Ceux qui sont nourris ainsi de plantes vertes pendant l'été, sont généralement exempts des maladies inflammatoires qui font quelquefois périr un grand nombre de ces animaux. Parmi les plantes vertes, le trèfle, la luzerne, les vesces, les féveroles et les autres plantes de la famille des légumineuses, sont celles que l'on emploie le plus généralement à cet usage. Les porcs les mangent avec plaisir et profitent bien à ce régime, pourvu que les plantes soient encore jeunes et tendres ; mais dès que les tiges deviennent un peu dures, et que les feuilles perdent leur première fraîcheur, ces animaux les mangent mal et dépérissent bientôt, si l'on continue à ne les leur présenter que dans cet état. Ainsi lorsqu'on destine une prairie artificielle à la nourriture des porcs, on doit la couper plus jeune et plus fréquemment que pour toutes les autres espèces d'animaux. Si de la luzerne doit atteindre à deux pieds de hauteur, il vaudra mieux la couper pour les porcs à la moitié de sa croissance : on fera alors un plus grand nombre de coupes dans l'année, et les animaux la mangeront toujours avec avidité. Les porcs refusent généralement de manger les graminées, ou du moins ne les mangent pas avec plaisir; mais d'autres plantes spontanées conviennent très-bien à leur nourriture, par exemple la persicaire (*polygonum persicaria*) et la renouée ou trainasse (*polygonum avicu-lare*); mais on peut rarement se les procurer aussi facile-ment et en aussi grande quantité que les légumineuses. On peut en dire autant de quelques *chénopodées*, en par-ticulier du *chénopodium viride* qui s'élève assez haut, et dont les porcs mangent avec avidité les feuilles succulentes et nombreuses, ainsi que les jeunes tiges. Les feuilles de choux, surtout celles des grandes espèces qui ne pom-ment pas, peuvent encore former une ressource impor-tante pour la nourriture des cochons d'élève, en automne et au commencement de l'hiver. Ils mangent avec plaisir les feuilles de betteraves, et c'est vraisemblablement à ces animaux qu'on peut les consacrer avec le plus de profit dans l'automne, à l'époque de l'arrachage des betteraves. Pendant l'été, une des plantes qui offrent le plus de res-

sources pour la nourriture des porcs, est la grande chico-
rée (*cichorium intibus*). Si on la place dans un sol riche,
elle repousse avec une extrême promptitude, même malgré la sécheresse ; et les porcs dévorent avec avidité ses
feuilles longues, larges et succulentes, ainsi que ses jeunes
tiges. Cette plante étant excessivement amère, il ne conviendrait vraisemblablement pas d'en faire l'unique nourriture des animaux ; mais mêlée à d'autres aliments elle
contribue puissamment à entretenir leur santé. La laitue
est peut-être de toutes les plantes, celle dont les porcs sont
le plus avides ; elle convient parfaitement à l'entretien de
leur santé, et les nourrit très-bien. Lorsqu'on possède des
terrains très-riches dans le voisinage de l'exploitation, il
est très-utile de les ensemencer en laitues destinées aux
porcs, et que l'on cultive par la méthode jardinière. Les
fruits de mauvaise qualité présentent encore, dans beaucoup de cantons, une ressource importante pour la nourriture des porcs pendant l'été.

Pour la nourriture d'hiver, les betteraves, les pommes
de terre et les carottes doivent presque partout faire la
base du régime pour les porcs. Ils mangent bien les betteraves et les carrottes crues et découpées en tranches ;
il n'y a donc pas de raison de croire que la cuisson accroisse la propriété nutritive de ces racines. Cependant
les cochons les mangent encore avec plus d'avidité et en
plus grande quantité après la cuisson ; et par ce motif cette
préparation est nécessaire, lorsqu'on veut faire entrer ces
racines pour une grande proportion dans la ration, et
surtout lorsqu'on veut les donner dans le cours de l'en-

graissement. Pour les pommes de terre la cuisson est toujours utile ; car les porcs n'en mangent qu'en petite quantité lorsqu'elles sont crues et elles leur profitent peu. Si l'on veut que les cochons croissent avec une certaine rapidité, il est nécessaire d'ajouter à ces aliments, dans toutes les saisons, soit une certaine proportion de grains, soit des résidus de laiterie. Presque tous les grains conviennent aux cochons d'élève ; et c'est d'après les prix des diverses denrées que l'on doit régler son choix. Les criblures des grains ne peuvent être employées avec plus de profit qu'en les consacrant à ces animaux. Excepté pour les porcs à l'engrais ou les truies nourrices, on peut à la rigueur donner les grains entiers ; mais il est bien préférable de les faire préalablement moudre ou égruger, ou de les faire cuire avec les racines après qu'ils ont été détrempés dans l'eau.

Les résidus de laiterie forment, sans aucun doute, le meilleur de tous les aliments pour les porcs, soit pour leur faire prendre promptement beaucoup de croissance dans leur jeunesse, soit pour hâter leur engraissement ; et lorsque des animaux ont été habitués à ce régime, on ne peut guère le changer sans qu'ils dépérissent bientôt. Le lait écrémé les nourrit encore mieux que le petit-lait, et là où l'on ne peut tirer un très-bon parti des fromages, on emploie avec beaucoup de profit le lait écrémé à la nourriture de ces animaux.

Dans quelques localités où l'on peut se procurer en tout temps des chevaux abattus par les équarrisseurs, on peut fonder sur la chair de ces animaux un régime économique très-profitable pour les porcs. On leur donne cette viande crue, ou après l'avoir fait bouillir dans de grandes chaudières. Dans ce dernier cas, les porcs consomment le bouillon et la viande. La chair des porcs nourris ou engraissés par l'une ou l'autre de ces méthodes est de très-bonne qualité. On pourrait certainement utiliser ainsi, dans toutes les exploitations rurales, la chair des animaux qui meurent par accident; mais ce brusque changement dans le régime, pour un court espace de temps, ne serait peut-être pas sans inconvénient pour la croissance ou pour l'engraissement des porcs.

Les cochons des races anglaises peuvent s'engraisser à tout âge; et lorsqu'on les nourrit copieusement, ces animaux sont constamment en état d'être tués, en sorte qu'il est à peine nécessaire de les *achever* par un engraissement proprement dit. Les animaux des races communes ne s'engraissent bien que lorsqu'ils ont atteint au moins une bonne partie de leur croissance ; et c'est communément à l'âge de douze à dix-huit mois que l'on procède à leur engraissement qui dure de six semaines à deux mois.

Les cochons à l'engrais peuvent être tenus dans des loges découvertes et abritées seulement par un hangar. Beaucoup de personnes croient même qu'ils s'engraissent plus promptement, lorsqu'ils sont exposés ainsi au grand froid pendant l'hiver. Le seul inconvénient dans ce cas, c'est, par les fortes gelées, la prompte congélation des aliments liquides dans les auges. On perdrait ainsi beaucoup d'aliments, si l'on n'avait le soin de donner la nourriture un peu chaude et de n'en mettre à la fois dans les auges que la quantité que les animaux peuvent manger avant qu'elle soit refroidie.

·Les grains doivent entrer pour une proportion assez considérable dans la nourriture des porcs à l'engrais, toutes les fois qu'ils ne reçoivent pas beaucoup de résidus de laiterie. L'orge et le sarrazin sont fréquemment employés à cet usage; mais les pois et le maïs y sont particulièrement propres.

Les grains, dans ce cas, doivent toujours être réduits en farine ou égrugés, et donnés en breuvages épais, ou mêlés à d'autres aliments humides. Lorsqu'on y emploie les pommes de terre, il est bon d'en faire cuire à la fois pour une huitaine de jours, et de les mettre encore chaudes dans une cuve où on les écrase grossièrement, en y mêlant la farine ou les grains concassés qui doivent être consommés dans le même espace de temps. Pour la première cuvée, on mêle à la masse de la pâte de farine aigrie ou du levain; le tout s'aigrit bientôt, et en cet état les animaux consomment ce mélange avec plus d'avidité et en plus grande quantité. Pour les cuvées suivantes, on n'emploie plus de levain; mais on a soin de laisser dans la cuve un peu de l'ancienne pâte, afin de faire aigrir plus promptement celle dont on emplit de nouveau la cuve. Pour faire consommer cette pâte à ces animaux, on la délaye avec de l'eau chaude, en consistance de bouillie liquide.

Les résidus des brasseries, des distilleries de grains ou de pommes de terre, conviennent aussi très-bien à la nourriture des porcs, mais n'avancent pas beaucoup l'engraissement, à moins qu'on n'y ajoute du grain. Les résidus d'amidonneries sont beaucoup plus riches en matières nutritives. Les résidus de la fonte du suif, connus généralement sous le nom de tourteaux ou pains de crétons, forment un aliment très-nourrissant que l'on mêle aux autres substances employées à l'engraissement.

On ne doit pas placer dans la même loge un grand nombre de cochons destinés à l'engraissement; il vaudrait mieux n'en réunir que deux ou trois, habitués de longue main à vivre ensemble. On doit surtout éviter de réunir des animaux de différentes tailles, parce que les forts gourmandent les faibles et les empêchent de profiter. Si un animal est méchant et tourmente les autres, on doit l'en séparer au plutôt. Les cochons à l'engrais doivent être tenus avec une grande propreté, par le renouvellement fréquent de la litière; et leur loge doit être assez grande pour qu'ils y aient toujours une place propre, où ils puissent se coucher sans se mettre en contact avec leurs ordures. Cette observation peut s'appliquer, du reste, aux porcs dans tous les âges de leur vie. Une grande propreté est nécessaire pour que ces animaux profitent; et ils la recherchent avec un soin particulier, quoi que puissent en penser les personnes qui ne connaissent pas leurs mœurs.

Dans les pays de forêts, on engraisse fréquemment les porcs à la *glandée*, c'est-à-dire en leur faisant consommer sur place les glands qui tombent des chênes, à l'époque de leur maturité. Cette manière de consommer les glands convient réellement mieux que de les recueillir pour les distribuer dans les loges, parce que cette récolte exige un travail fort coûteux, et parce qu'il est fort difficile d'emmagasiner les glands sans qu'ils se gâtent. Cette nourriture produit un lard d'excellente qualité ; et elle convient mieux pour l'engraissement que pour l'élève, parce que la propriété astringeante des glands en rendrait, à la longue, l'usage fort nuisible à la santé des animaux. Le *panage*, ou dépaissance des fruits du hêtre, s'emploie aussi pour l'élève et l'engraissement des cochons ; mais le lard que produit cette nourriture est loin d'égaler en qualité celui qui résulte de l'engraissement à l'aide des glands. Le fruit du hêtre, étant huileux, produit un lard qui se fond très-facilement à la cuisson, circonstance qu'on remarque également dans le lard des animaux qui, durant l'engraissement, ont reçu en grande proportion, des tourteaux de graines oléagineuses.

SIXIÈME PARTIE

SIXIÈME PARTIE

DE LA PRODUCTION DE LA GRAISSE

M. Dumas, dans divers mémoires insérés dans les *Annales de chimie et de physique,* a exposé et développé conjointement, soit avec M. Cahours, soit avec MM. Boussingault et Payen, une théorie générale des forces assimilatrices dans trois classes d'êtres organisés, composées des végétaux, des animaux herbivores et des animaux carnivores. D'après cette théorie, les végétaux seuls ont la faculté de s'assimiler les principes élémentaires, et de les combiner entre eux pour en former diverses substances qu'on peut appeler matériaux immédiats du végétal ; comme le sucre, la gomme, l'amidon, le ligneux, les substances grasses, l'albumine, la gélatine, etc. Les animaux herbivores ont besoin de trouver ces matériaux tout formés dans les végétaux dont ils se nourrissent ; et leurs organes digestifs ne peuvent faire subir que de légères modifications à ces matériaux. L'animal s'assimile les substances dont son organisation a besoin, principalement les substances azotées ; et le sucre, l'amidon et les huiles sont surtout employés à entretenir la chaleur de la vie, en se détruisant et en formant de l'acide carbonique par la combustion qu'éprouvent ces substances dans l'acte de la respiration. Les animaux carnivores s'assimilent de même les matières azotées de leurs aliments ; et la différence la plus importante entre leur alimentation et celle des herbivores, consiste en ce que, dans ces derniers, les substances azotées neutres et les substances grasses jouent concurremment le rôle de combustibles pour produire la chaleur de la vie, et peuvent se remplacer mutuellement, tandis que dans les carnivores le seul combustible est la graisse que contiennent leurs aliments.

Le grandiose de cette doctrine, qui embrasse une si grande partie des phénomènes de la vie, a quelque chose d'imposant et il est digne de la haute intelligence qui l'a conçu. Il ne peut être question ici pour moi d'examiner si cette doctrine est fondée, et si elle se plie à l'explication de tous les phénomènes qu'elle embrasse. Mon seul rôle est de rechercher si, dans son état actuel, elle peut être appliquée, comme on a déjà tenté de le faire, aux opérations de l'agriculture.

La graisse, outre le rôle qu'elle joue immédiatement comme combustible dans l'ordre des fonctions de la vie, a la faculté de se déposer momentanément dans les tissus et dans les diverses parties du corps, afin d'y former, d'après les vues de la nature, un approvisionnement pour des besoins ultérieurs. On avait cru jusqu'ici que la graisse se forme dans les animaux, principalement, par la décomposition de substances fort diverses contenues dans les végétaux ; et beaucoup de chimistes, en particulier M. Liebig et M. le docteur Playfair, croient encore que c'est par la désoxygénation du sucre, de l'amidon et des autres substances de cette classe, que se forment les substances grasses. D'après les doctrines des chimistes français, au contraire, la graisse ne se forme dans les animaux que par l'assimilation des substances du même genre, c'est-à-dire des substances hydrogénées qui se rencontrent dans les aliments. Cependant, dans une réponse à M. Liebig, insérée dans le cahier de mai 1843 des *Annales de chimie et de physique*, ces savants semblent admettre que, dans certains cas, le sucre pourrait donner lieu à une production de graisse dans les animaux ; mais ils pensent que ce ne serait pas alors par la perte d'une portion de son oxygène, comme le croit M. Liebig, mais par l'effet d'une fermentation spéciale qui donnerait lieu à la production d'un acide gras.

Quoi qu'il en soit, par une analyse beaucoup plus exacte que celles qu'on avait faites avant eux, les chimistes français ont trouvé des matières grasses dans beaucoup de substances végétales alimentaires où l'on n'en soupçonnait pas ; et, d'après les recherches analytiques faites à Bichelbron sur le lait produit par plusieurs vaches pendant un temps assez long, ainsi que sur les fourrages qu'elles avaient consommés, il a été reconnu que la matière grasse contenue par ces derniers dépasse de beaucoup la quantité de beurre contenue dans le lait. D'après quelques autres faits du même genre, et en étendant à l'engraissement du bétail la théorie qui en résulte, d'après des observations en petit nombre et que j'examinerai plus loin, on a cru pouvoir déterminer d'avance, par l'analyse chimique, les substances les plus propres à favoriser ces deux genres de productions, en fournissant aux animaux la plus grande quantité de graisse toute formée. Voici les proportions de matières grasses que MM. Dumas, Boussingault et Payen, ont trouvées dans quelques-unes des substances qu'on emploie le plus communément à la nourriture des bestiaux, et que je vais présenter dans l'ordre de leur richesse d'après l'analyse (1).

Grains de maïs	de 7,50 à	9,00	pour cent.
Paille d'avoine		5,10	—
Gros son de froment	4,10	5,20	—
Petit son	3,80	4,80	—
Luzerne sèche		3,50	—
Trèfle sec	3,00	4,00	—
Foin et regain	2,00	4,00	—
Grains d'avoine		3,30	—
Paille de froment		2,40	—
Farine de féveroles		2,00	—
Grains de seigle		1,75	—
Farine de froment	1,40	1,56	—
Carottes		0,16	—
Pommes de terre		0,08	—
Betteraves		0,05	—

La simple lecture de ce tableau frappera de stupéfaction, qu'on me permette d'employer ce mot, tout homme expérimenté dans l'art de l'engraissement du bétail. L'examiner

(1) *Annales de chimie et de physique*, tome 8, § 63.

en détail serait beaucoup trop long ; je me bornerai à quelques-uns des traits les plus saillants : la paille est si fréquemment employée par les cultivateurs comme aliment
pour les diverses espèces de bétail, soit seule, soit conjointement avec du foin ou des racines, qu'ils ont tous une
opinion bien arrêtée sur les effets de cet aliment. Ils
croient que c'est celui de tous les fourrages qui favorise
le moins la production de la graisse ; et ils le croient parce
qu'ils le voient. Dans beaucoup de cantons, on donne la
préférence à la paille d'avoine, principalement pour les
vaches laitières ; dans d'autres, c'est à celle d'orge, et ailleurs on regarde la paille de froment comme préférable :
cette dernière opinion est celle de Thaër. Mais on regarde
cela partout comme des nuances ; et toutes les pailles de
céréales sont unanimement considérées, par tous les praticiens, comme le fourrage le moins nutritif et surtout le
moins engraissant que l'on puisse donner aux bestiaux.
Nous voyons cependant, d'après l'analyse, que la paille
d'avoine se classe presque en tête du tableau, sous le rapport de la production de la graisse. D'après ces données,
10 kilogrammes de paille d'avoine, donnés à un bœuf,
équivaudraient pour son engraissement à environ 20 kilogrammes de foin, à 25 kilogrammes de farine de féveroles,
ou à 15 kilogrammes de grains d'avoine, etc. Le gros son
de froment serait *deux fois et demie* plus engraissant que
la farine de féveroles, et *trois fois* plus que la farine de
froment. Encore une fois, ce sont là des rapports qu'on
ne peut pas discuter, tant ils sont au rebours de toutes les
connaissances acquises par l'observation des faits. C'est là

une énigme dont des recherches ultérieures viendront peut-être nous donner le mot.

Tant que ces données restent dans le domaine de la science pure, il n'y a rien à dire; mais il y a les plus graves inconvénients à vouloir prématurément en provoquer l'application à l'agriculture. Le fait suivant suffira pour le faire comprendre : d'après l'analyse, la betterave se trouve placée précisément au dernier rang parmi les aliments propres à l'engraissement du bétail; et, dans la séance du 21 janvier 1843 de la Société royale et centrale d'agriculture, une discussion s'étant élevée sur la valeur de la betterave pour cet usage, M. Boussingault a dit, conformément à l'opinion exprimée dans le Mémoire qui lui est commun avec MM. Dumas et Payen, que la betterave étant très-pauvre en matière grasse, il faut, lorsqu'on veut l'employer à l'engraissement des bestiaux, la mélanger à d'autres fourrages, qui contiennent, comme la paille, l'élément graisseux. Mais il résulte au contraire de l'expérience de tous ceux qui en ont fait l'essai, que la betterave est un des aliments qui favorisent le plus la production de la graisse, de même que celle du lait ; et il serait très-fâcheux qu'une assertion hasardée sur de simples données scientifiques, eût pour effet de répandre de la défaveur sur la culture d'une plante considérée aujourd'hui, à bon-droit, par les praticiens les plus expérimentés, comme une des plus précieuses dont on puisse employer les produits à toutes les branches de l'économie du bétail.

Un grand nombre de cultivateurs savent par leur propre expérience que la betterave, au lieu de mériter le rang d'infériorité que lui assignent les chimistes français, est au contraire un des aliments qui favorisent le plus, chez toutes les femelles, la sécrétion d'un lait riche et abondant, ainsi que l'engraissement du bétail à cornes et des moutons. Je crois pouvoir citer ici mon expérience personnelle, parce qu'elle est fondée sur une longue pratique, et parce que, ce qui est assez rare parmi les cultivateurs, il m'est possible de l'appuyer sur des faits recueillis dans des notes tenues avec un grand soin. Les faits que je vais exposer pourront, je pense, répandre de la lumière sur diverses questions résolues d'après les données de la théorie par de savants chimistes.

Dans le cours de 15 années, on a opéré à Roville l'engraissement de plusieurs centaines de bœufs, par une alimentation dont la betterave formait la base. L'engraissement était très-prompt ; et, sous le rapport de l'excellente qualité des animaux pour la boucherie, et surtout de la grande proportion de suif qu'ils présentaient, je ne crains pas de dire que parmi les industriels qui fréquentent l'abattoir de Nancy, où ces bœufs ont été vendus, il est généralement admis que ces animaux occupaient le premier rang parmi tous ceux qu'on y amenait. Je me contenterai d'indiquer les principaux résultats du dernier engraissement que j'ai fait à Roville, celui de l'hiver de 1841 à 1842, résultats bien d'accord avec ceux des années précédentes.

Selon l'usage constant de l'établissement, il était pris note tous les jours, sur un registre à ce destiné, de la livraison des divers fourrages qui était faite au chef bouvier. Un autre registre était destiné à recevoir les indications des progrès de l'engraissement : les bœufs y étaient placés selon un numéro d'ordre qu'ils recevaient à l'arrivée, et qui était marqué au feu sur l'une des cornes. Une page était consacrée à chaque bœuf, et portait en tête son numéro, son signalement, sa provenance, son prix d'achat et la date de son entrée, ainsi que d'autres renseignements, lorsqu'on les croyait utiles. Deux colonnes indiquaient ensuite le poids brut en vie et le poids de viande nette, d'abord à l'entrée, et ensuite une fois chaque semaine à jour et à heure fixes. Le poids brut se constatait à l'aide d'une balance-bascule établie dans la ferme ; et le poids de viande nette à l'aide du cordon mesurant la circonférence du thorax, dont j'ai parlé ailleurs, et dont les indications sont très-exactes, comme je l'ai constaté par un grand nombre d'expériences directes. Le poids de viande nette, ou poids de boucherie, est celui des quatre quartiers de l'animal dépécé, après qu'on en a enlevé les viscères ainsi que le suif qui y est adhérent, la peau, la tête et les pieds. C'est d'après ce poids que se règle le cours des marchés ; en sorte que le suif, la peau et les abatis appartiennent au boucher, et leur valeur se répartit sur la plus value qu'il paie sur les quatre quartiers. C'est pour cela que le prix des 100 kilogrammes de viande sur pied est toujours plus élevé que celui de la viande en détail.

Pendant plusieurs années la vente des bœufs gras à Roville a été faite au quintal, d'après le poids net constaté après l'abattage ; un agent de la ferme était envoyé pour assister à cette opération et au pesage. Lorsque je me fus

.convaincu ainsi de l'exactitude des indications du cordon, les bœufs furent vendus pris à Roville, et le prix que j'en demandai était fixé d'après le calcul des données fournies par le mesurage, et le cours du moment. Presque toujours ce prix était accepté sans diminution par l'acheteur.

L'engraissement de 1841 à 1842 s'est composé de 31 bœufs presque tous très-maigres, achetés successivement en divers lots, du 1er novembre 1841 au 4 mars 1842. La vente a eu lieu du 17 février au 7 juillet 1842, et presque tous les bœufs étaient, ce qu'on appelle en terme de boucherie, *fin gras*. Le nombre total des jours d'entretien pour ces 31 bœufs, relevé sur les tableaux individuels, se porte à 4,586 ; ce qui donne pour durée moyenne de l'engraissement de chaque bœuf, 148 jours.

Le poids total brut était, à l'entrée, de 17,320 kilogrammes, ce qui donne en moyenne pour chaque bœuf, 558 kilogrammes 7 centigrammes. A la sortie, le poids brut était de 22,250 kilogrammes, ou en moyenne 717 kilogrammes 7 centigrammes. L'augmentation moyenne par bœuf a donc été de 159 kilogrammes, ce qui donne une augmentation moyenne par jour de 1 kilogramme 75 grammes.

Le poids de la viande nette, à l'entrée, était de 8,913 kilogrammes, ou en moyenne, par bœuf, 287 kilogrammes 5 décigrammes. A la sortie, il était de 12,062 kilogrammes 5 décigrammes, ou en moyenne, par bœuf, 389 kilogrammes 1 décigramme. L'augmentation a donc été par bœuf, de 101 kilogrammes 6 décigrammes, ou en moyenne, par jour et par bœuf, de 687 grammes sans compter le suif des viscères qui, comme je l'ai dit, n'est pas compris dans la pesée des quatre quartiers. "

La consommation totale, relevée sur le livre de distribution, se compose ainsi qu'il suit :

Betteraves....................	172060	kilogrammes.
Pommes de terre	2800	—
Foin et regain.....	26170	—
Farine de féveroles, de poids et d'orge.....	8191	—
Tourteaux de colza..	640	—
Mélasse de betteraves....................	1510	—

La ration moyenne d'un bœuf par jour d'entretien, a donc été :

Betteraves....................	57	kilogrammes	518	grammes.	
Pommes de terre..............	»	—	610	—	
Foin et regain	5	—	706	—	
Farine de féveroles, de pois et d'orge	1	—	786	—	
Tourteaux de colza.............	»	—	140	—	
Mélasse de betteraves..........	»	—	527	—	

Si nous cherchons maintenant quelle quantité de graisse était contenue dans la totalité des aliments, d'après les analyses des chimistes français, nous trouvons les nombres suivants :

Betteraves.....	172060	kilog.	à 0 05 =	86	kilog.	030	gr.
Pommes de terre	2800	—	0 08 =	2	—	240	—
Foin et regain........	26170	—	3 » =	785	=	100	—
Farine de féveroles, de pois et d'orge......	8191	—	2 » =	163	—	820	—
Tourteaux de colza....	640	—	10 » =	64	—	»	—
Mélasse de betteraves..	1500	—	» » =	»	—	»	—

Total des matières grasses..... 1101 kil. 190 gr.

Dans cette évaluation, j'ai cru devoir porter la farine mélangée de divers grains au taux indiqué par les chimistes pour la farine de féveroles qui en formait plus de la moitié, attendu qu'ils n'ont rien publié relativement aux deux autres espèces de grains ; mais la différence ne pourrait être que très-peu considérable, surtout si l'on considère que, d'après leur analyse, le blé dur ne contient qu'un peu plus de deux pour cent de matières grasses. J'ai évalué à dix pour cent la substance grasse dans la petite quantité de tourteaux qui a été consommée ; j'ai lieu de croire que cette évaluation est plutôt trop forte que trop faible, attendu que dans cette année, où le prix de l'huile était exorbitant, les fabricants soumettaient plusieurs fois les tourteaux à des pressions énergiques, afin de leur faire produire tout ce qu'il était possible d'en tirer ; et ces tourteaux étaient secs et durs comme du bois.

Quant à la mélasse des betteraves, je ne lui ai pas attribué de substance grasse, parce que après avoir été soumise à la défécation par la chaux et la filtration, on ne peut guère supposer qu'elle en contienne une quantité appréciable.

MM. Dumas, Boussingault et Payen ont admis que l'augmentation de poids brut qu'acquiert un animal à l'engraissement se décompose ainsi :

Eau...............................	50 pour cent.
Matière azotée....................	17 —
Grains............................	53 —

D'après ce calcul, les 4,930 kilogrammes d'augmentation des 31 bœufs se composeraient de 1,643 kilogrammes de matière grasse, ce qui dépasserait de 542 kilogrammes les 1,101 kilogrammes que nous avons trouvés dans les aliments consommés. Mais ce n'est pas tout : il me semble que ces chimistes ont évalué ici beaucoup trop bas la proportion de la graisse produite ; et c'est une question qu'il me parait utile d'examiner, parce qu'elle a conduit ces trois savants à une erreur d'un autre genre dont je parlerai tout à l'heure.

C'est à des expériences sur l'engraissement des porcs que ces savants ont d'abord appliqué cette donnée : savoir *que l'augmentation de poids des animaux se compose seulement d'un tiers de matière grasse.* Pour reconnaitre combien cette base est erronée, il suffit d'examiner avec attention un porc gras dépécé ; la perte pour un animal bien gras est d'environ vingt pour cent de son poids en vie par la soustraction du sang et des viscères. Ainsi, un porc de 100 kilogrammes se réduit à 80 kilogrammes, poids de boucherie et dans lequel la tête est comprise.

Les deux bandes de lard forment environ la moitié de ce poids ; or, celles-ci ne contiennent qu'une couche très-mince de fibre musculaire noyée dans la graisse, et qui ne dépasse certainement pas deux ou trois pour cent du poids des bandes. Si l'on y ajoute cinq ou six pour cent pour le poids de la peau qui reste adhérente au lard, et dix pour cent pour l'eau que le tout contient, le poids des deux bandes se trouvera réduit à 33 kilogrammes de grains. Les autres parties du porc contiennent encore beaucoup de graisse qui est visible à l'œil, principalement lorsqu'on dépèce un porc fraichement tué. Dans les cuisses, dans les épaules, la proportion de graisse dépasse visiblement celle de la chair musculaire. Les os eux-mêmes contiennent beaucoup de graisse; et un porc gras de 100 kilográmmes donne, en outre, environ 10 kilogrammes de saindoux adhérent aux viscères. Au total, il est bien difficile de croire que le poids de substance grasse dans un porc bien gras ne dépasse pas soixante pour cent du poids de l'animal en vie; mais cette substance grasse est précisément celle qui forme l'augmentation du poids que l'animal a acquis pendant son engraissement, car auparavant il contenait peu de graisse.

Les substances qui se sont assimilées au porc pendant l'engraissement doivent donc se composer d'une plus grande proportion de graisse que le corps entier de l'animal; et il est vraisemblable qu'environ les trois quarts en poids de cet accroissement se composent de matières grasses, au lieu d'un tiers seulement, comme l'admettent les chimistes français. Mais cette dernière supposition peut seule s'accorder avec leurs doctrines sur la formation de la graisse; car ils font remarquer que, d'après le rapprochement établi sur cette base entre la graisse produite et celle qui était contenue dans les aliments, il parait que la majeure partie de cette dernière se fixe dans les tissus de l'animal; et si l'on admettait que l'augmentation de poids pendant l'engraissement se compose seulement de moitié en graisse, il se trouverait un déficit de matière grasse dans les aliments employés à l'engraissement.

Dans les bœufs la proportion de la graisse relativement à la chair musculaire est moins considérable que dans les porcs. Cependant elle dépasse encore de beaucoup la proportion du tiers de l'accroissement du poids de l'animal, que les chimistes ont admis pour les uns et pour les autres. Un bœuf bien gras d'environ 400 kilogrammes de viande nette, comme ceux dont il est question dans l'expérience que j'ai citée, contient généralement environ 50 kilogrammes de suif.

Les bœufs que l'on amène aux marchés de Paris n'en produisent pas autant; et la cause de cette différence est facile à comprendre; ces derniers bœufs n'arrivent là qu'après avoir fait un voyage qui est ordinairement de 15 à 20 jours, pendant lesquels ils perdent une quantité assez considérable de leur poids; mais c'est sur le suif que porte principalement cette diminution. D'ailleurs lorsqu'on veut faire entreprendre une longue marche à des bœufs, on ne peut les pousser au dernier degré de graisse; car ils seraient alors incapables de la supporter. Ceux qui étaient engraissés à Roville avaient bien de la peine à supporter la seule journée de marche qui devait les amener à Nancy; il est arrivé plus d'une fois qu'on a été forcé d'aller chercher sur un camion un bœuf qui était couché de lassitude sur la route ou dans les rues de la ville, et qui ne voulait plus se relever. Le suif n'étant pas payé par le boucher, et sa valeur étant comprise dans celle des quatre quartiers, comme je l'ai expliqué, je n'avais pas d'intérêt à en faire constater le poids; et l'acheteur cherchait à le dissimuler autant qu'il le pouvait, comme cela est facile à comprendre. Cependant, à· l'époque où un employé de la ferme assistait chaque fois à la pesée de la viande des bœufs que j'avais vendus, cet employé a pu souvent assister aussi à la pesée du suif; et pour plusieurs bœufs dont l'état de graisse n'était pas plus avancé que ceux dont j'ai parlé tout à l'heure, le poids du suif s'est porté à 60, 70 et même à 75 kilogrammes. Je suis bien certain qu'il n'y a pas d'exagération dans le poids moyen de 50 kilogrammes que j'ai indiqué.

Ces 50 kilogrammes, pour être réduits à l'état de graisse sèche dans la chaudière du fondeur, perdent environ 3 kilogrammes d'eau, et on en extrait en outre environ 4 kilogrammes de tourteaux, composés de membranes et contenant encore beaucoup de graisse. En évaluant cette dernière à un kilogramme on arrive à ce résultat que les 50 kilogrammes de suif en branches contiennent 44 kilogrammes de matière grasse sèche. La quantité de graisse répandue dans la viande et les os des quatre quartiers est encore très-considérable ; et elle se montre en masse plus ou moins volumineuse, ou en couches de diverses épaisseurs, dans beaucoup de parties de la chair.

Pour évaluer la proportion dans laquelle se rencontre ainsi la graisse dans la chair et les os, on peut s'éclairer de l'analyse d'une tête de mouton destinée à servir d'aliment à des porcs, analyse qui se trouve insérée dans le travail des trois chimistes français. On a procédé à cette analyse en faisant bouillir cette tête pendant quatre heures dans l'eau, et en recueillant à part la viande, les os et la graisse; cette dernière, à l'état humide, s'est trouvée dans la proportion de 12, 4 pour cent de la tête dépouillée et crue. En admettant que cette graisse perde six pour cent par la dessiccation, la proportion se réduirait à onze, six pour cent. Mais la tête est une des parties de l'animal qui contient le moins de graisse; et à l'inspection d'un bœuf gras dépécé, on se persuadera facilement qu'il en contient plutôt en proportion plus considérable. Cependant si nous admettons celle-ci, soit onze, six pour cent du poids des quatre quartiers du bœuf, que nous savons être en moyenne de 389 kilogrammes, nous trouverons 45 kilogrammes de graisse sèche; et cette quantité est si peu exagérée qu'on en trouve environ la moitié, seulement dans les masses volumineuses de graisse adhérentes aux reins, aux rognons et aux cuisses. En joignant ces 45 kilogrammes aux 44 kilogrammes de suif des intestins, on a un total de 89 kilogrammes de graisse sèche, contenue dans un bœuf gras.

Je néglige encore ici la masse de graisse contenue dans la tête, les pieds, le foie et les autres viscères qui ne sont pas compris dans le poids des quatre quartiers, et qui contiennent bien 2 ou 3 kilogrammes de graisse. Cependant il convient de retrancher de ce total la petite quantité de graisse qui est présumée exister dans le corps de l'animal avant l'engraissement; car quelque maigre que soit un bœuf, il contient toujours un peu de graisse. En évaluant cette portion au dixième de la quantité de graisse trouvée dans un bœuf gras, cette dernière se trouverait réduite à 80 kilogrammes.

Nous avons vu que l'augmentation moyenne du poids brut d'un bœuf pendant la durée de l'engraissement avait été de 159 kilogrammes, la graisse formerait donc, très-approximativement, la moitié de cet accroissement; et l'augmentation de poids pour chaque bœuf ayant été par jour de 1 kilogramme 75 grammes, la production journalière de graisse aurait été par tête un peu plus de 500 grammes. L'augmentation totale du poids brut des 31 bœufs ayant été de 4,930 kilogrammes, elle se composerait, dans la proportion ci-dessus, de 2,480 kilogrammes de graisse. D'un autre côté, la quantité totale de graisse contenue dans les aliments consommés ayant été de 1,101 kilogrammes, il se trouve dans les aliments, pour la production de la graisse, un déficit de 1,379 kilogrammes de substance grasse; ou de plus de moitié de la quantité de graisse produite, sans compter la matière grasse qui se rencontrerait certainement dans les excréments.

Je laisse aux savants à tirer les conséquences de tout ceci, relativement aux doctrines de chimie organique. M'adressant spécialement aux agriculteurs, j'ai voulu leur faire sentir qu'ils ne doivent admettre qu'avec beaucoup de défiance les conséquences des tableaux dans lesquels on croit pouvoir classer; d'après les analyses chimiques, les substances alimentaires les plus propres à l'engraissement du bétail. Je désire surtout les prémunir contre la défaveur avec laquelle la chimie traite ici la betterave qui forme, sans aucun doute, une des acquisitions les plus précieuses que la culture rurale ait faites dans les temps modernes.

MM. Dumas, Boussingault et Payen, en comparant la proportion des produits créés par des bœufs à l'engrais d'une part, et par des vaches laitières de l'autre, en les nourrissant d'aliments semblables, arrivent à cette conséquence que la vache extrait de ses aliments une quantité de matière sèche beaucoup plus considérable que le bœuf à l'engrais. Ils en concluent : *que le bœuf à l'engrais utilise moins de matière grasse ou azotée que la vache laitière; que celle-ci, sous le rapport économique, mérite de beaucoup la préférence, s'il s'agit de transformer un pâturage en produits utiles à l'homme.* Ils insistent plusieurs fois sur cette idée; et recommandent à l'administration les mesures qui peuvent favoriser la multiplication des vaches. Il est difficile de comprendre que ces savants aient pu croire qu'une telle question peut être résolue par l'analyse chimique. La préférence à donner à l'une ou à l'autre espèce de bétail est une question fort complexe, et qu'on ne résoudrait que fort difficilement par l'examen de ses divers éléments ; mais elle se résout d'elle-même d'une manière bien plus sûre par la libre concurrence qui a lieu entre les producteurs de lait et ceux de viande grasse, et entre les consommateurs des divers produits. Par l'effet de cette concurrence, il s'établit nécessairement un équilibre entre les deux genres de production; or, de cet équilibre, il résulte une solution entièrement opposée à celle que la chimie nous donne.

Dans une multitude de localités, on peut à volonté consacrer un pâturage, soit à la reproduction du lait, soit à celle de la viande grasse ; et il est unanimement reconnu

par les nourrisseurs que cette dernière paie, à un taux
plus élevé que la laiterie, les pâturages riches et par conséquent propres à l'un ou à l'autre de ces deux emplois.

Aussi, dans la Normandie, le Charolais, etc., c'est toujours aux bœufs à l'engrais que l'on consacre les riches
pâturages : on ne nourrit de vaches laitières que sur ceux
de qualité inférieure, qui ne seraient pas propres à l'engraissement du bétail. Il en est de même pour l'engraissement ou la nourriture à l'étable : à Roville, où j'étais forcé
de faire plusieurs fois chaque année des achats de bœufs
maigres, sur des foires éloignées de quatre ou cinq journées de marche, il m'aurait beaucoup mieux convenu
d'entretenir des vaches laitières ; et deux fois dans l'espace
de vingt ans, j'ai fait, pour arriver à cette substitution, des
expériences pendant une année sur une douzaine de vaches chaque fois. Dans la première tentative, on produisait du beurre qui était fort recherché comme beurre
frais, et qui se vendait à un prix beaucoup plus élevé que
le cours ordinaire ; on tirait également parti des fromages
maigres. Dans le second essai, le lait était employé à l'engraissement des veaux que l'on achetait à cet effet, et qui
se vendaient gras à des prix fort élevés. Au moyen d'une
comptabilité fort exacte, il fut reconnu que le dernier emploi était plus profitable que la production du beurre et
du fromage, mais encore beaucoup moins que l'engraissement des bœufs ; en sorte qu'on fut forcé de s'en tenir à
ce dernier emploi des fourrages de la ferme. Il est donc
entièrement inexact de dire *que la vache laitière, sous le
rapport économique, mérite de beaucoup la préférence,*

s'il s'agit de transformer un pâturage en produits utiles à l'homme. Il n'existe qu'une exception en faveur de la laiterie : c'est le cas où le lait peut se vendre en nature près des grands centres de population, qui ne peuvent s'approvisionner de substances de cette nature que dans un rayon peu étendu ; ceci est la laiterie d'exception.

Il n'est pas difficile, je crois, d'indiquer du moins les principales causes de l'erreur à laquelle on s'est laissé conduire par l'analyse chimique. Il serait superflu de discuter les données du problème que l'on a posé, savoir : *que la vache doit tirer des mêmes aliments une quantité de matière sèche double de celle que peut en extraire un bœuf à l'engrais.* Cela ne résoud en aucune façon la question économique. Dans toute production industrielle, ce n'est pas la quantité du produit qu'il faut calculer, mais sa valeur ; et cette valeur est la mesure de son utilité pour la société, car c'est l'utilité que l'on paie. Les substances sèches que la vache produit dans son lait sont, principalement, le beurre, une matière azotée ou caséum, et le sucre de lait. Le beurre est considéré généralement comme représentant la plus grande partie de la valeur du lait. Le sucre de lait, qui s'y trouve en proportion fort considérable, offre peu de valeur, et n'est guère employé qu'à la nourriture des porcs. Le caséum n'a encore qu'une valeur peu élevée ; car les fromages maigres, lorsque le beurre a été totalement extrait, ne se vendent guère dans les campagnes qu'à raison de 15 centimes le kilogramme, après avoir été égouttés mais non pressés. J'ai reconnu par l'expérience que, dans cet état, le fromage mou perd environ quatre-vingt pour cent d'eau, en le faisant sécher aussi complétement qu'il est possible sur un poêle. Cela donnerait donc au caséum sec une valeur de 75 centimes le kilogramme.

Ce caséum est une substance beaucoup moins nutritive que la viande. Je ne suis pas bien sûr que l'on n'objectera pas à cette assertion, une proportion de tant pour cent d'azote; mais dans ce cas, ce serait encore ici l'azote qui aurait tort, car le fait est bien constant. Dans les exploitations où l'on se livre à la production du beurre, on recueille une très-grande quantité de caséum qui se consomme par les gens de la ferme et par les ouvriers, soit à l'état de lait caillé, soit à l'état de fromage mou; et bien souvent même on en consacre une grande partie à la nourriture des porcs. Il suffit d'avoir vu quelle énorme quantité de fromage mou consomment les valets de ferme, et même les enfants lorsqu'on leur en donne à discrétion, pour demeurer convaincu qu'ils pourraient tout au plus consommer le quart de son poids en viande. Le caséum forme du reste un aliment très-salubre, et les médecins en conseillent souvent l'usage sans restriction à des personnes à qui ils interdisent l'usage de la viande et même du bouillon; ce qui prouve, au surplus, qu'ils considèrent le caséum comme beaucoup moins nutritif que la viande.

Le caséum uni au beurre que contenait le lait, et passé à l'état de fromage fort par l'effet d'une fermentation particulière, semble acquérir plus de valeur; en effet le fromage façon de Gruyères que l'on fabrique dans les Vosges contient environ soixante-six pour cent de son poids de

matière sèche, qu'on peut supposer formée de parties
égales de beurre et de caséum. Ce fromage se vendant
sur place au prix de 1 franc 20 centimes le kilogramme, si
nous supposons au beurre une valeur de 1 franc le kilogramme, cela établit pour le caséum sec une valeur de
2 francs 60 centimes. Et cependant, dans ces conditions,
l'industrie de la fabrication du fromage est encore moins
profitable que l'engraissement des bœufs, dans les pâturages qui sont également propres à l'un et à l'autre emploi.
Quant à la propriété nutritive du caséum dans cet état, on
ne peut guère l'apprécier, car les fromages de cette espèce sont des condiments plutôt que des aliments : un
morceau de fromage aide l'ouvrier à manger un gros
morceau de pain ; et l'on sait quel cas faisait Brillat de
Savarin d'un morceau de fromage fort, à la fin d'un repas
copieux, pour faciliter les fonctions de l'estomac.

Quant à l'engraissement des bœufs, l'augmentation de
poids que ces derniers éprouvent se compose presque en
totalité de graisse qui en forme, comme nous l'avons vu,
à peu près la moitié ; et de chair musculaire qui, dans les
parties exemptes d'os et de graisse, comme le filet, perd,
d'après l'expérience que j'en ai faite très-approximativement, quatre-vingt pour cent de son poids par la dessiccation poussée aussi loin que possible dans un air sec et
très-chaud. Je considérerai cette proportion comme substance sèche ; quoique par la dessiccation dans le vide on
puisse certainement encore en enlever quelques centièmes
d'eau. La viande est pour les hommes l'aliment par excel-
lence ; et son prix est en conséquence toujours élevé,

relativement aux autres substances alimentaires. En supposant que le prix de la viande exempte d'os, comme celle dont je viens de parler, s'élève à 1 fr. 40 centimes le kilogramme, cela porterait la matière sèche au prix de 7 francs le kilogramme. Mais ce qui a été ajouté à la viande pendant l'engraissement, ce n'est pas de la fibre musculaire, car celle-ci existait vraisemblablement toute entière dans l'animal maigre, ce sont les substances azotées solubles dont s'imprègne la fibre. C'est ce qui forme la partie la plus précieuse et la plus recherchée de la viande, celle qui possède éminemment la sapidité et la propriété nutritive; car la fibre par elle-même est vraisemblablement peu alimentaire, si même elle l'est. C'est pour cela que la viande dépourvue de graisse se vend, si elle provient d'un animal gras, à poids égal à un prix beaucoup plus élevé que le même morceau tiré d'un animal maigre. La portion de matière azotée acquise par le bœuf pendant son engraissement a donc une valeur beaucoup plus élevée que la viande; et si l'on connaissait la proportion dans laquelle se trouve cette substance relativement à la fibre insoluble, on reconnaîtrait probablement que la substance soluble à l'état sec a une valeur double ou triple de celle de la viande desséchée que j'ai évaluée à 7 francs le kilogramme.

Ces considérations suffisent pour faire comprendre comment il se fait que les substances sèches produites chaque jour pendant l'engraissement d'un bœuf ont une valeur commerciale plus élevée que les substances sèches provenant du lait d'une vache nourrie des mêmes aliments, quoique le poids des dernières soit plus considérable. Elles suffiront aussi, je pense, pour montrer combien on se trompe lorsqu'on veut résoudre par des pesées de centièmes de matières sèches une question économique de ce genre, sans prendre en considération la valeur commerciale que chacune d'elles tire de son utilité réelle pour satisfaire aux besoins de l'homme. Mais il y a plus, et si l'analyse chimique était forcée de s'embarrasser de tous ces détails commerciaux, on verrait encore mieux que ce n'est pas à elle qu'il appartient de résoudre les questions qui se tranchent toutes seules, et d'elles-mêmes, par la libre concurrence des producteurs.

SEPTIÈME PARTIE

SEPTIÈME PARTIE

ALIMENTATION ET ENGRAISSEMENT DES ANIMAUX

M. Boussingault a publié en 1836 et 1838 les détails d'un travail fort étendu, et par lequel il a cherché à déterminer, par l'analyse chimique, la valeur alimentaire des diverses substances que l'on emploie à la nourriture du bétail. Il est parti de cette supposition que, l'azote contribuant plus que tous les autres aliments à la nutrition des animaux, il suffit de déterminer la quantité relative de ce principe que contiennent les substances alimentaires, pour les classer dans l'ordre de la valeur qu'elles possèdent comme nourriture du bétail. Comme on le voit, c'est la même donnée qui plus tard a servi de base au travail de MM. Boussingault et Payen sur la classification des engrais, travail que j'ai examiné dans la division précédente.

M. Boussingault a publié d'après les recherches analytiques auxquelles il s'est livré, deux tableaux où est indiquée la valeur d'un assez grand nombre de substances employées à la nourriture du bétail. C'est le bon foin de prairies naturelles qu'il a pris pour point de comparaison ; et il lui a donné pour équivalent le nombre 100, en sorte que les chiffres indiqués comme l'équivalent des autres substances expriment le nombre de kilogrammes qu'il faudrait employer de chacune, pour remplacer 100 kilogrammes de foin dans l'alimentation des bestiaux. Tout le monde, sans doute, placera une entière confiance dans les analyses faites par M. Boussingault ; et ce qu'il s'agit d'examiner ici, se rapporte seulement à l'exactitude du principe qu'il a pris pour base de sa classification. — Est-il bien vrai que la puissance alimentaire des diverses substances soit en rapport avec la quantité d'azote qu'elles contiennent? Voilà la question. — On ne peut en trouver la solution qu'en comparant les résultats donnés par l'analyse, avec ceux que fournit l'expérience acquise par les cultivateurs dans la nourriture du bétail ; car les recherches faites méthodiquement, dans le but spécial de l'expérimentation directe, sont trop peu nombreuses pour qu'on puisse en tenir compte. Cependant nous trouverons ici des données plus positives qu'en ce qui concerne les engrais ; parce que les faits qui se rapportent à l'alimentation des bestiaux, dans la pratique agricole, ont été généralement observés avec plus d'attention. Il s'est établi ainsi dans la pratique, sur un certain nombre de substances alimentaires, des données qui méritent toute confiance ; car elles sont déduites d'une multitude d'observations faites par des hommes très-intéressés à la solution de ces questions, et parmi lesquels il s'en rencontre un grand nombre qui réunissent plus de jugement et de lumières que ne le croient beaucoup de savants académiciens. Je vais me livrer à cet examen comparatif, pour quelques-unes des substances qui figurent sur les tableaux de M. Boussingault.

L'analyse attribue aux pailles de céréales une valeur nutritive beaucoup inférieure à celle qu'on leur reconnaît généralement dans la pratique. Les cas où l'on remplace le foin par de la paille sont si fréquents dans les exploitations, que c'est là un point sur lequel on a dû acquérir depuis longtemps des notions positives. Je vais considérer ici en particulier la paille d'avoine : on estime généralement que cette paille, consommée par les animaux, remplace plus de la moitié de son poids en foin. Mais les résultats de l'ana'yse donnent pour nombre équivalent de cette paille 547, qui représentent ainsi 100 de foin. Il est vrai que les pailles qu'on donne aux bestiaux sont souvent mêlées de tiges de diverses plantes qui ont végété dans les récoltes, tandis que l'analyse a été certainement faite sur de la paille pure. Mais beaucoup de ces plantes adventives forment de très-mauvais fourrages. Il arrive fort souvent que la paille est complétement exempte de plantes étrangères, ce qui se remarque surtout dans les années où la température a été particulièrement favorable à la végétation de l'avoine ; et on n'en estime pas moins pour cela la paille de cette céréale.

M. Boussingault a rapproché les équivalents indiqués par l'analyse, des chiffres auxquels il donne le nom d'équivalents pratiques, et qu'il a trouvés, comme il le dit, dans un tableau où feu M. Antoine avait réuni les valeurs nutritives des divers fourrages, comme les avait indiquées plusieurs auteurs qu'il cite. Mais je suis forcé de dire ici que cet excellent et malheureux jeune homme, avait procédé à ce travail avec beaucoup de légèreté. D'abord l'auteur a cité des écrivains qui ne font aucune autorité dans leur pays, en omettant d'autres agriculteurs dont les travaux méritent une entière confiance, par exemple Burger; ensuite ce tableau contient beaucoup d'erreurs matérielles, en sorte qu'on ne doit le consulter qu'avec une grande défiance. Pour ce qui concerne la paille d'avoine en particulier, il a pris, je ne sais où, des données qu'il attribue à Schwerz, et desquelles il résulterait que cette paille n'équivaudrait qu'au quart de son poids en foin. Cependant Schwerz (1) cite comme méritant toute confiance les données fournies par Block, et d'où il résulte pour la paille d'avoine, une estimation qui en porte la valeur nutritive à la moitié de celle du foin. Les autres agriculteurs, au nombre de neuf, cités dans le tableau de M. Antoine, attribuent à la paille d'avoine des valeurs dont la moyenne lui donne pour équivalent le chiffre de 182, au lieu de celui de 547 qui résulte de l'analyse; en sorte que cette dernière n'attribue à la paille d'avoine qu'une valeur précisément trois fois moindre que celle qui résulte des chiffres de la pratique,

Pour les feuilles de betteraves, M. Boussingault reconnait lui-même que l'analyse se trompe. En effet, le chiffre équivalent serait 172, c'est-à-dire que 172 kilogrammes de ces feuilles à l'état frais pourraient remplacer 100 ki-

1) *Préceptes d'agriculture pratique*, deuxième partie, page 37,

logrammes de foin; tandis que d'après l'observation des faits, les bestiaux sont fort mal nourris en recevant même pour une partie seulement de leur ration, trois ou quatre fois le poids du foin qu'on veut remplacer par les feuilles de betteraves. Cette circonstance tient vraisemblablement à ce que la plus grande partie de l'azote contenu dans ces feuilles y est à l'état de nitrate de potasse, qui y est généralement très-abondant; et il n'y a pas de motif de croire que l'azote ainsi combiné puisse être assimilé par les animaux. Mais plusieurs autres substances alimentaires peuvent se trouver dans le même cas, ce qui tend à vicier radicalement les résultats obtenus pas l'analyse.

Quelque cause analogue a sans doute exercé son influence sur les résultats relatifs à la paille de pois à laquelle, à l'inverse des pailles de céréales, les résultats analytiques attribuent évidemment une valeur beaucoup supérieure à sa valeur réelle. En effet, le chiffre équivalent de cette paille est 64, en sorte que, à poids égal, elle serait presque le double plus nutritive que le foin, et justement aussi nutritive que les grains de maïs et d'orge, selon les évaluations du même tableau. C'est là une donnée qui choquera singulièrement tous les agriculteurs expérimentés; la paille de pois est employée si fréquemment à la nourriture des animaux, et principalement des moutons, qu'on a dû se former, dans une multitude d'exploitations, des idées exactes sur sa valeur comme fourrage. Jamais aucun cultivateur n'a trouvé qu'elle a une valeur même égale à celle du foin; et les chiffres que M. Boussingault cite comme étant le résultat des données fournies par plusieurs écrivains agricoles de l'Allemagne, varient de 130 à 200. J'ai toutefois écarté de la liste des auteurs, que M. Boussingault a copiée sur le même tableau dont j'ai parlé plus haut, un seul nom qui fait peu d'autorité parmi les agriculteurs allemands. Les autres, au contraire, au nombre de sept, se composent d'agriculteurs reconnus comme très-expérimentés dans ce pays. Cette évaluation est bien conforme à l'observation des faits par tous les cultivateurs, en sorte que le résultat de l'analyse attribue à la paille de pois une valeur nutritive environ trois fois plus élevée que celle qu'elle possède réellement.

Les résultats de l'analyse fournissent aussi pour les grains farineux, des anomalies inexplicables. Je vais en présenter seulement un exemple pris dans le rapport entre le froment et les féveroles. D'après l'expérience de tous les cultivateurs, il passe pour constant que le froment est, à poids égal, le plus nutritif de tous les grains ; viennent ensuite les grains de légumineuses. Thaër est le seul qui attribue, en général, aux graines des légumineuses, une valeur supérieure à celle des céréales (1) ; mais il présente cette assertion d'une manière vague et sans préciser aucun chiffre ni aucune espèce de grain en particulier. Au contraire, il cite ailleurs (2), comme méritant toute confiance, les valeurs comparatives des grains d'après les analyses d'Einhoff ; et c'est d'après ces chiffres qu'il calcule

(1) *Principes raisonnés d'agriculture*, § 1079.
(2) *Idem* § 253.

les données théoriques qu'il établit. Dans ces analyses, le froment contenant 78 pour cent de parties nutritives, les divers grains légumineux en contiennent de 73 à 75. Le haricot seul est porté à 85, ce qui lui attribue une valeur nutritive supérieure à celle, du froment. Mais comme ce grain n'est jamais donné aux animaux, qui tous le refusent, il ne peut en être question ici. D'après les analyses d'Einhoff, le chiffre des féveroles est 73 , c'est-à-dire inférieur de 5 à celui du froment. Au § 172, après avoir dit qu'on peut donner aux chevaux toute espèce de grains dans la proportion de leur valeur nutritive, et que les pois et les féveroles leur conviennent particulièrement bien, Thaër indique les chiffres 10 et 11 pour la valeur nutritive des grains légumineux, celle du froment étant exprimée par 12. Il n'y a donc pas de doute sur son opinion à cet égard. Parmi tous les agriculteurs cités dans le tableau de M. Antoine, il n'en est pas un qui attribue aux féveroles, et même aux pois, une valeur supérieure à celle du froment; et il ne s'en trouve qu'un seul, Pabst, qui attribue aux pois et aux féveroles une valeur nutritive égale à celle du froment. Je pense que parmi tous les praticiens qu'on pourrait consulter, on n'en trouverait pas qui assignassent aux féveroles une valeur supérieure.

Cependant, d'après les résultats analytiques de M. Boussingault, le chiffre équivalent du froment étant 49, celui des féveroles est 20. Il est donc évident que ces résultats attribuent aux féveroles une propriété nutritive beaucoup plus que double de leur propriété réelle. Pour les pois auxquels les résultats analytiques donnent pour chiffre équivalent 31, l'erreur est moins considérable, mais encore très-grande.

Pour les tourteaux de colza et de lin, M. Boussingault indique, comme équivalent tiré de l'analyse, le chiffre 22 ; tandis que les chiffres qu'il attribue à l'orge et au maïs sont 59 pour le premier et 63 pour le second ; en sorte que les tourteaux seraient à poids égal, à peu près trois fois aussi nutritifs que ces grains. Cette proportion est évidemment erronée, d'après les faits que fournit l'expérience. D'après ma pratique, et d'après celle d'un grand nombre d'éleveurs qui emploient habituellement à la nourriture du bétail, les tourteaux, l'orge, le maïs, les féveroles ou les pois, ces diverses substances ne présentent entre elles, à poids égal, que des différences légères de valeur nutritive ; et on les substitue les unes aux autres à poids égal, selon qu'on a plus de facilité pour se les procurer. On estime généralement qu'elles équivalent au double de leur poids en bon foin. Les résultats analytiques attribuent donc encore aux tourteaux une valeur nutritive à peu près égale au triple de leur valeur réelle.

Je me suis contenté d'indiquer les différences les plus saillantes ; et je pourrais multiplier encore beaucoup les observations qui tendent à montrer qu'on obtient une appréciation erronée de la valeur nutritive des substances fourragères, lorsqu'on ne prend en considération que l'azote qu'elles contiennent. Einhoff dans les analyses dont j'ai parlé plus haut, a procédé d'une autre manière : il a déterminé la proportion des divers matériaux immédiats présumés nutritifs dans les végétaux, comme le gluten ou les substances qui lui sont analogues par leur composition, l'amidon et les matières mucilagineuses ou sucrées ; et il a considéré la somme de ces divers corps, comme représentant la valeur nutritive de la substance analysée. Il y a sans doute ici un vice qui consiste à regarder ces diverses matières comme nutritives au même degré ; mais il est certain que les résultats que l'on obtient ainsi se rapprochent plus de l'observation des faits, que ceux qu'on tire du dosage de l'azote. Peut-être trouvera-t-on quelque jour des moyens d'analyse qui indiquent la valeur nutritive d'une manière plus exacte que ceux-ci.

Il paraît cependant bien vraisemblable que la propriété alimentaire des divers matériaux immédiats des végétaux, dépend en partie de l'action qu'ils exercent sur les organes des animaux. Mais cette action est une propriété physique qui, de même que les autres, n'est pas intimement liée à la composition chimique des diverses substances organiques. La saveur, la solubilité, etc., sont souvent entièrement différentes dans des corps dont la composition chimique est presque la même, comme le sucre, l'amidon, la gomme, le ligneux : ou même dont la composition est entièrement identique comme la fibrine et l'albumine du sang ; et la fibrine, l'albumine et la caséine des végétaux. Toutes ces substances sont composées des mêmes éléments dans les mêmes proportions ; cependant leurs propriétés physiques sont fort différentes, et elles exercent sur les organes des impressions diverses.

S'il est vrai, comme tout porte à le croire, que la saveur des aliments n'est que le commencement de leur action sur les organes digestifs, il faut bien admettre qu'il existe entre les diverses substances relativement à l'alimentation, quelque autre différence que celle de leurs principes élémentaires. Cela devient encore plus évident lorsqu'on songe que les substances les plus âcres, ainsi que les plus violents poisons du règne végétal, sont composés des mêmes principes que les substances alimentaires. Comment se fait-il que les mêmes éléments qui sont innocents ou nutritifs dans telles combinaisons, deviennent vénéneux dans une autre? Evidemment il y a ici quelque chose qu'on ne sait pas encore; et les principes élémentaires que la chimie connaît, ne sont pas tous dans les rapports des corps organisés avec les êtres vivants. Il semble donc qu'on ne puisse faire dépendre entièrement la propriété nutritive de la composition élémentaire des aliments. Si nous considérons maintenant les matériaux immédiats formés de ces éléments, il est bien vraisemblable aussi que la proportion dans laquelle ils se rencontrent dans les aliments, peut exercer beaucoup d'influence sur leur propriété nutritive, indépendamment de la valeur qu'on pourrait attribuer à chacun de ces matériaux. L'analyse élémentaire de chacun de ces derniers, ou de tous réunis, serait donc encore impuissante pour exprimer la valeur nutritive de ce composé.

Il résulte des premières expériences de M. Magendie que le sucre ne peut seul entretenir la vie, du moins dans les animaux carnivores; et tout porte à croire que c'est parce qu'il ne contient pas d'azote. Mais d'après des expériences postérieures du même savant, la gélatine animale

seule ne peut pas être non plus considérée comme alimentaire, à moins qu'on ne lui associe des matières non
azotées. Dans le dernier cas, la gélatine serait alimentaire
dans la proportion du sucre et de l'amidon qu'on lui asso-
cierait ; de même que dans le premier, le sucre serait alimentaire dans la proportion des matières azotées qu'on y
ajouterait.

Au surplus, les recherches de ce genre sont du domaine
de la science pure. Elles ne peuvent avoir pour but que de
satisfaire la curiosité philosophique de l'homme, selon
l'expression de M. de Gasparin, et elles intéressent fort
peu l'agriculture considérée comme science technolo-
gique. En effet, s'il s'agissait de déterminer la valeur nutritive d'une plante nouvelle, ce qui est à peu près le seul
cas où on puisse supposer que l'aide de l'analyse chimique
soit utile, la voie de l'expérimentation directe sur les animaux serait beaucoup plus facile et plus sûre ; et celle-ci
du moins est à la portée de tous les cultivateurs. A l'aide
de quelques soins et de certaines combinaisons, qui ne sont
malheureusement pas assez connues de la classe d'hommes
qui entretient du bétail, on peut déterminer avec beaucoup
de précision, je ne dis pas la valeur nutritive de telle
substance ou de telle plante considérée d'une manière
générale et en quelque sorte abstraite ; mais la valeur des
substances alimentaires qu'on a sous la main, modifiées
comme elles le sont par les différences de sol, de climat,
de culture, etc. J'ai publié ailleurs les résultats d'une série
d'expériences de ce genre, que j'ai entreprises à Roville
en 1831, et qui m'ont fourni des données très-positives

sur la valeur comparée des diverses substances alimentaires que j'y ai soumises. C'est certainement vers ce genre d'expérimentation qu'il est utile de diriger l'attention des cultivateurs, bien plutôt que vers les résultats des analyses chimiques.

FIN DU TOME IV.

TABLE DES MATIÈRES

DU QUATRIÈME VOLUME

PREMIÈRE PARTIE.

DU BÉTAIL. — GÉNÉRALITÉS.

CHAPITRE Ier.

De l'économie des bestiaux en général.

CHAPITRE II.

Des races, de l'influence des croisements et du régime.

CHAPITRE IV.

De la nourriture des bestiaux.

PREMIÈRE SECTION.

VALEUR COMPARATIVE DES DIVERS ALIMENTS.

Avantage de la nourriture des bestiaux à l'étable. — Méthodes anglaises pour la tenue du bétail. — Avantages relatifs des pâtures grasses dites prés d'embouche, etc. — Pâturages de montagnes. — Progression par laquelle on peut arriver à la nourriture à l'étable, dans les exploitations améliorées. — Insuffisance de l'analyse chimique pour indiquer les rapports des divers aliments entre eux, relativement à leurs facultés nutritives. — Résultats indiqués par l'expérience sur ce sujet. — Foin de prairies naturelles. — Valeur comparative de diverses plantes fourragères. — Variation de la propriété nutritive de quelques parties des végétaux, aux diverses époques de leur croissance. — Valeur nutritive des pailles et des balles de diverses espèces de plantes. — Du regain. — Rapports de facultés nutritives entre les fourrages consommés en vert ou à l'état de foin. — Vice des méthodes par lesquelles on évalue les fourrages verts d'après leur poids. — Moyen d'établir cette appréciation. — Valeur comparative de diverses espèces de grains sous le rapport alimentaire. — Valeur des tourteaux de diverses espèces de graines oléagineuses. — Du son de froment. — Valeur comparative de diverses racines. — Des résidus des brasseries, des distilleries et des amidonneries, p. 29.

DEUXIÈME SECTION.

PRÉPARATION ET DISTRIBUTION DES ALIMENTS.

De l'usage de hacher la paille et les fourrages secs et verts. — Circonstances dans lesquelles ce procédé est utile. — Mélange de fourrages de diverses espèces. — Avantages de faire moudre ou égruger les

TROISIÈME SECTION.

RATIONNEMENT DES ANIMAUX.

DEUXIÈME PARTIE.

DE LA DIVERSITÉ DES RACES

CHAPITRE Ier.

De l'élève des chevaux.

PREMIÈRE SECTION.

DE LA DIVERSITÉ DES RACES.

DEUXIÈME SECTION.

DE LA REPRODUCTION.

CHAPITRE II.

Des attelages.

PREMIÈRE SECTION.

DES ATTELAGES DE CHEVAUX.

DEUXIÈME SECTION.

COMPARAISON ENTRE LES ATTELAGES DE CHEVAUX ET DE BOEUFS.

TROISIÈME SECTION.

EMPLOI DES VACHES AUX TRAVAUX D'ATTELAGE

TROISIÈME PARTIE.

DES BÊTES BOVINES.

CHAPITRE Ier.

De l'élève des bêtes à cornes.

PREMIÈRE SECTION.

DE LA DIVERSITÉ DES RACES BOVINES.

DEUXIÈME SECTION.

DES CIRCONSTANCES ÉCONOMIQUES DE LA PRODUCTION.

l'on attribue généralement à la nourriture que les animaux trouvent dans la vaine pâture; p. 126.

CHAPITRE II.

De la reproduction.

PREMIÈRE SECTION.

DU TAUREAU.

DEUXIÈME SECTION.

DE LA VACHE ET DES ÉLÈVES.

CHAPITRE III.

Des vaches laitières.

PREMIÈRE SECTION.

NOURRITURE ET ENTRETIEN DES VACHES.

DEUXIÈME SECTION.

PRODUIT DES VACHES EN LAIT.

TROISIÈME SECTION.

DES DIVERS EMPLOIS DU LAIT.

§ 1er *Vente du lait en nature.*

§ 2. *Fabrication des fromages.*

§ 3. *Fabrication du beurre.*

CHAPITRE IV.

De l'engraissement du bétail à cornes.

PREMIÈRE SECTION.

CONDITIONS ÉCONOMIQUES DE L'ENGRAISSEMENT.

DEUXIÈME SECTION.

CONNAISSANCE DU POIDS DES BOEUFS.

QUATRIÈME PARTIE.

DES BÊTES A LAINE.

AVANT-PROPOS.

Conseils aux Éleveurs.

CHAPITRE Iᵉʳ.

Des diverses races.

PREMIÈRE SECTION.

VARIÉTES DE LA RACE COMMUNE.

CHAPITRE II.

De la reproduction.

PREMIÈRE SECTION.

APPAREILLAGE ET ACCOUPLEMENT.

DEUXIÈME SECTION.

SOINS DEPUIS L'ÉPOQUE DE LA NAISSANCE.

CHAPITRE III.

Nourriture et régime.

PREMIÈRE SECTION.

NOURRITURE D'ÉTÉ.

DEUXIÈME SECTION.

NOURRITURE D'HIVER ET LOGEMENT.

CHAPITRE IV.

Détails divers de l'économie des bêtes à laine.

PREMIÈRE SECTION.

DU PARCAGE DE NUIT.

DEUXIÈME SECTION.

DES BERGERS.

TROISIÈME SECTION.

TONTE DES TROUPEAUX.

QUATRIÈME SECTION.

ENGRAISSEMENT DES MOUTONS.

CINQUIÈME SECTION.

CALCULS DE PRODUITS ET DE DÉPENSES.

CHAPITRE V.

De quelques maladies des bêtes à laine.

PREMIÈRE SECTION.

CACHEXIE AQUEUSE, OU POURRITURE.

DEUXIÈME SECTION.

COUP DE SANG, SANG DE RATE.

TROISIÈME SECTION.

MÉTÉORISATION OU ENFLURE.

QUATRIÈME SECTION.

GALE.

CINQUIÈME SECTION.

CLAVEAU OU CLAVELÉE.

SIXIÈME SECTION.

TOURNIS.

SEPTIÈME SECTION.

DU PIÉTAIN OU FOURCHET.

CINQUIÈME PARTIE.

DES PORCS.

CHAPITRE Ier.

Considérations générales

CHAPITRE II.

De la reproduction.

SIXIÈME PARTIE.

DE LA PRODUCTION DE LA GRAISSE; p. 577.

SEPTIÈME PARTIE.

ALIMENTATION ET ENGRAISSEMENT DES ANIMAUX; p. 405.

FIN DE LA TABLE DES MATIÈRES DU QUATRIÈME VOLUME.